高端科技专著丛书

团簇组装薄膜的磁电输运性质及应用

邢文宇　蒋　宁　赵世峰　著

电子工业出版社
Publishing House of Electronics Industry
北京·BEIJING

内 容 简 介

纳米材料由于其独特的物理和化学性质而受到广泛关注，对其性能的研究极大地丰富了现代科学的研究内容。纳米系统中新奇现象的发现不仅有助于理解微观世界和寻找新的物理规律，而且对于新型纳米器件的开发也有极大的促进作用。作为物质结构的新层次，团簇所具有的奇异结构和性质为探索新型功能材料开辟了一条新的道路。

本书系统介绍了多体系团簇组装薄膜在输运性质上表现出的尺寸效应，立足前沿课题，内容详实，数据充分，由作者多年的科研实践积累而成，并辅以一定基本知识的介绍，可供材料学、凝聚态物理、薄膜物理等方向的研究生选用，亦可作为相关科研工作者在团簇组装技术、薄膜表征技术、输运特性等相关研究领域的参考书。

未经许可，不得以任何方式复制或抄袭本书之部分或全部内容。
版权所有，侵权必究。

图书在版编目（CIP）数据
团簇组装薄膜的磁电输运性质及应用 / 邢文宇，蒋宁，赵世峰著. -- 北京 : 电子工业出版社, 2025.6（2025.8 重印）.
（高端科技专著丛书）. -- ISBN 978-7-121-50397-9
Ⅰ. TB383
中国国家版本馆 CIP 数据核字第 202558C9K7 号

责任编辑：张　剑（zhang@phei.com.cn）
印　　刷：河北虎彩印刷有限公司
装　　订：河北虎彩印刷有限公司
出版发行：电子工业出版社
　　　　　北京市海淀区万寿路 173 信箱　邮编：100036
开　　本：787×1092　1/16　印张：11.25　字数：252 千字
版　　次：2025 年 6 月第 1 版
印　　次：2025 年 8 月第 2 次印刷
定　　价：88.00 元

凡所购买电子工业出版社图书有缺损问题，请向购买书店调换。若书店售缺，请与本社发行部联系，联系及邮购电话：(010) 88254888，88258888。
质量投诉请发邮件至 zlts@phei.com.cn，盗版侵权举报请发邮件至 dbqq@phei.com.cn。
本书咨询服务方式：zhang@phei.com.cn。

前言

纳米材料由于其独特的物理和化学性质而受到广泛关注,对其性能的研究极大地丰富了现代科学的研究内容。纳米系统中新奇现象的发现不仅有助于理解微观世界和寻找新的物理规律,而且对于新型纳米器件的开发也有极大的促进作用。作为物质结构的新层次,团簇所具有的奇异结构和性质为探索新型功能材料开辟了一条新的道路。同时,团簇特性对于尺寸的超敏感依赖行为也为寻找和设计具有特殊性质的纳米材料提供了足够的空间。由低能团簇束流沉积(low-energy cluster beam deposition,LECBD)技术制备的团簇组装薄膜能够很好地保留团簇的原始结构和性质,更重要的是非常窄的团簇尺寸分布为研究薄膜的尺寸依赖行为和寻找物理性质急剧转变的特征尺寸提供了极大的帮助。本书在该技术的基础上,通过有目的的结构设计和选材制备了一些团簇组装薄膜,系统性地研究了团簇尺寸对薄膜电学输运性质的影响。本书特别注重于寻找特征尺寸处物理性质突变的现象,以此尝试去改善和处理目前自旋电子学领域内遇到的一些难题。同时,文中还使用 ANSYS 有限元仿真和 OOMMF 微磁学模拟软件对实验及理论进行了验证与分析。具体研究内容如下:

(1)基于 LECBD 技术制备了团簇组装的 Fe/Fe_3O_4 核壳纳米结构薄膜,并通过调节 Fe 团簇的飞行距离有效地控制了核壳团簇的氧化程度。在特征核占比范围内发现了一种新型的可切换金属-绝缘体转变(switchable metal-insulator transition,SMIT)行为,其特点是薄膜随着温度变化从金属态快速切换到绝缘态,然后再回到金属态,从而呈现出电阻率温度系数(TCR)的符号快速切换的现象。这一特性归因于电流传导通道在 Fe 核与 Fe_3O_4 壳之间的快速同步切换行为。拥有特征核占比的团簇组装薄膜在保留了 Fe 金属性质的同时又未掩盖 Fe_3O_4 的费尔维(Verwey)转变,因此很好地实现了纳米尺度的协同效应。书中使用 ANSYS 有限元仿真展示了电流传导通道在核与壳之间切换的细节,同时利用有效介质理论验证了拥有 SMIT 特性的核占比范围。本书研究工作为开发新型的 SMIT 特性提供了一种思路和方法。

(2)早期的理论表明具有强表面散射效应的颗粒薄膜存在与其母体材料符号相反的反常霍尔效应(anomalous Hall effect,AHE),如果能够观察到该行为,那么将能有力地推动 AHE 符号反转的理论和应用研究。有鉴于此,本书研究工作通过调节沉积距离制备了一系列不同粒径的团簇组装 $Ni_{80}Fe_{20}$ 纳米结构薄膜。由于单分散团簇的高比表面积和团簇组装薄膜所拥有的疏松多孔结构均能够极大地改善表面效应，因此薄膜的 AHE 随着团簇尺寸减小，在特征尺寸 16.17nm 以下出现了符号反转行为。基于标度定律的拟合结果，确认了符号反转归因于体散射和表面散射效应之间主导地位的切换。通过磁电阻和磁性的测试结果进一步验证了特征尺寸的准确性。同时，使用 OOMMF 微磁学模拟对薄膜的磁学性质进行了更加深入的探究。这一工作为通过表面工程调控 AHE 提供了有效途径。

（3）能够检测极小角度变化的磁敏传感器具有广泛的应用前景，而各向异性磁电阻（anisotropic magnetoresistance，AMR）效应由于独特的角度敏感特性为其发展提供了新的机遇，但是目前的进展仍不尽如人意。因此，书中使用 LECBD 技术制备了具有受限空间特性的团簇组装 $Ni_{80}Fe_{20}$ 薄膜。研究表明团簇尺寸减小至 9.08nm 以下时薄膜的磁电阻（magnetoresistance，MR）曲线会出现显著的跳跃行为。然而，当磁场方向与薄膜的 z 轴存在 0.2° 的偏离时，原本的跳跃行为就会消失，并且当偏离达到 0.5° 时会出现反向的跳跃行为。更重要的是，这种跳跃趋势的切换还伴随着显著的电阻开关行为。因此，极小尺寸的团簇组装 $Ni_{80}Fe_{20}$ 薄膜对角度的偏离具有双重感应。理论分析表明跳跃趋势的切换源于传统 AMR 和畴壁磁电阻（domain wall magnetoresistance，DWMR）之间主导地位的转换。最后，使用 ANSYS 有限元仿真和 OOMMF 微磁学模拟为电阻跳跃行为的出现和切换提供了良好的理论依据。本书研究工作为开发下一代磁敏角度传感器提供了理想的候选材料。

（4）平面霍尔效应（planar Hall effect，PHE）源于自旋轨道耦合和自旋相关 s-d 散射引起各向异性之间的相互作用，磁畴（domain wall，DW）状态的有效调控能够对其性能产生影响。然而由于多畴（multi-domain，MD）与单畴（single-domain，SD）状态之间的切换尺寸范围较窄，难以区分不同磁畴状态对 PHE 的影响。本书研究工作采用低能团簇束流沉积技术制备了具有极窄团簇尺寸分布的 $Ni_{80}Fe_{20}$ 纳米结构合金薄膜，并利用其精确的尺寸可控特性，实现了从多畴、双畴（bi-domain，BD）到单畴状态的演变。多畴状态薄膜的 PHE 表现出明显的回滞行为，但是单畴状态薄膜的 PHE 没有表现出回滞特征。磁畴状态的转换也显著影响了磁场和角度依赖的 PHE 幅值，这主要源于畴壁的钉扎和退钉扎行为对电子散射的影响。该工作展示了磁畴状态的切换对 PHE 的调控能力，有助于对其机制和相关应用的研究。

（5）柔性磁电器件是先进器件的关键类型之一，但制作工艺复杂，灵敏度低，阻碍了其实际应用。本书研究工作以聚偏氟乙烯为衬底，采用团簇-超音速膨胀法制备了柔性 NiFe 各向异性磁弹复合材料。在室温下，NiFe/PVDF 复合材料具有灵敏的角度分辨磁电耦合系数，可达 0.66 μV/（°）。此种复合材料的强各向异性磁弹现象与短程有序团簇结构有密切关联。各向异性磁弹系数可以由温度和磁场强度依赖的各向异性磁电阻推导得到。磁扭矩结果也证明了磁弹性能具有较强的各向异性。压电效应和各向异性磁致伸缩效应的耦合为柔性电子罗盘的发展提供了可供参考的思路。这些结果揭示了未来通过可穿戴电子设备对重要生物健康指标进行非侵入式检测的应用前景。

  由于团簇代表了用于基础研究和应用研究的原型系统，因此探索其带来的新性质非常有意义。上述研究加深了对团簇组装纳米结构薄膜中电学输运特性的认识，较好地展示了团簇在各个方向的潜力与魅力，能够促进团簇物理的基础理论和功能器件的研究。

著 者

作者简介

赵世峰，内蒙古大学教授、博士生导师，从事团簇物理学、磁性/多铁纳米材料与物理研究，先后主持完成了国家重点基础研究发展计划（973 计划）前期研究专项、国家自然科学基金项目、内蒙古自治区杰出青年科学基金、中国博士后科学基金面上项目和第二批特别资助项目等，目前主持国家自然科学基金面上项目、内蒙古自治区重点项目等。在团簇物理学、磁性/多铁纳米材料与物理方面开展了大量研究，已在 Nature Communications、Advanced Materials、Applied Physics Letters 等重要 SCI 学术期刊上发表学术论文 100 余篇，已授权发明专利 10 余项，出版学术专著 2 部。2012 年入选内蒙古自治区高等学校"青年科技英才支持计划"，2013 年获得第九届内蒙古自治区青年科技奖，2014 年获得内蒙古自治区杰出青年基金资助，2015 年入选内蒙古自治区"新世纪 321 人才工程"，2016 年入选内蒙古自治区"草原英才"工程专家，2017 年入选"内蒙古自治区新世纪 321 人才工程"第一层次人选，2020 年其所领导的团队入选内蒙古自治区高等学校创新团队发展计划，2020 年荣获内蒙古自治区青年创新人才奖，2021 年其所领导的团队获得"草原英才"产业创新团队，2021 年荣获内蒙古自治区自然科学奖二等奖。

目 录

第1章 团簇物理学与电子输运特性 ································· 1
  1.1 团簇及其研究现状 ·· 1
      1.1.1 原子制造与团簇 ·· 1
      1.1.2 团簇的结构与特性 ······································ 7
      1.1.3 团簇在纳米科学中的角色 ································ 8
      1.1.4 团簇组装的纳米结构薄膜 ······························· 10
  1.2 金属-绝缘体转变 ·· 11
      1.2.1 单一材料 ·· 14
      1.2.2 复合材料 ·· 15
  1.3 反常霍尔效应 ··· 20
      1.3.1 本征机制和非本征机制 ································· 21
      1.3.2 统一理论 ·· 25
      1.3.3 表面和界面的影响 ····································· 26
  1.4 各向异性磁电阻 ··· 27
      1.4.1 各向异性磁电阻的机理 ································· 28
      1.4.2 各向异性磁电阻的应用 ································· 30
  1.5 平面霍尔效应 ··· 31
      1.5.1 材料体系 ·· 31
      1.5.2 平面霍尔效应的应用 ··································· 36

第2章 团簇组装磁性纳米薄膜的实验与理论技术 ··················· 39
  2.1 团簇束流沉积 ··· 39
      2.1.1 团簇束流源与团簇的形成 ······························· 39
      2.1.2 团簇束流沉积系统 ····································· 42
  2.2 薄膜表征技术及设备原理 ····································· 44
      2.2.1 结构表征 ·· 44
      2.2.2 物性表征 ·· 46
  2.3 ANSYS有限元仿真 ·· 49
  2.4 微磁学模拟 ··· 51
      2.4.1 铁磁体相互作用 ······································· 51

VII

2.4.2 静态和动态微磁学·················53
2.4.3 OOMMF 软件·····················54
2.5 本章小结······························55

第3章 核壳团簇薄膜金属-绝缘体转变的尺寸调控·················56
3.1 引言··································56
3.2 团簇组装 Fe/Fe$_3$O$_4$ 核壳结构薄膜的制备及微结构········57
3.2.1 核壳团簇薄膜的制备与性能表征手段···············57
3.2.2 核壳团簇薄膜的微结构分析·····················59
3.3 Fe/Fe$_3$O$_4$ 核壳团簇薄膜的 ρ-T 特性··············66
3.3.1 不完整核壳结构薄膜的特性·····················66
3.3.2 完整核壳结构薄膜的特性·······················68
3.4 有限元仿真分析························73
3.5 有效介质理论··························74
3.6 本章小结······························76

第4章 中小尺寸团簇组装 Ni$_{80}$Fe$_{20}$ 薄膜的反常霍尔效应·······77
4.1 引言··································77
4.2 中小尺寸团簇组装 Ni$_{80}$Fe$_{20}$ 薄膜的制备及微结构·····78
4.2.1 制备与性能表征手段···························78
4.2.2 微结构分析·································79
4.3 反常霍尔效应的尺寸依赖性···············83
4.4 磁电阻和磁性的尺寸调控·················89
4.5 本章小结······························97

第5章 极小尺寸团簇组装 Ni$_{80}$Fe$_{20}$ 薄膜的各向异性磁电阻········98
5.1 引言··································98
5.2 极小尺寸团簇组装 Ni$_{80}$Fe$_{20}$ 薄膜的制备及微结构·····99
5.2.1 制备与性能表征手段···························99
5.2.2 微结构分析·································100
5.3 团簇薄膜的各向异性磁电阻···············102
5.4 团簇薄膜的磁性分析·····················112
5.5 微磁学模拟及有限元仿真·················116
5.6 本章小结······························118

第6章 团簇组装 Ni$_{80}$Fe$_{20}$ 薄膜平面霍尔效应的尺寸调控·······120
6.1 引言··································120
6.2 团簇组装 Ni$_{80}$Fe$_{20}$ 薄膜的制备及微结构············121

  6.2.1 制备与性能表征手段 ·················· 121
  6.2.2 微结构分析 ·················· 122
 6.3 微磁学模拟及磁性分析 ·················· 122
 6.4 平面霍尔效应的尺寸调控 ·················· 125
 6.5 本章小结 ·················· 133

第 7 章 团簇组装 NiFe/PVDF 柔性复合结构中的磁电耦合 ·················· 134
 7.1 引言 ·················· 134
 7.2 团簇组装 NiFe/PVDF 柔性复合结构的制备及微结构 ·················· 136
  7.2.1 制备与性能表征手段 ·················· 136
  7.2.2 微结构分析 ·················· 136
 7.3 磁性及输运特性分析 ·················· 138
 7.4 磁电耦合的角度依赖性 ·················· 143
 7.5 本章小结 ·················· 146

第 8 章 总结与展望 ·················· 147
参考文献 ·················· 150

第 1 章

团簇物理学与电子输运特性

本章介绍团簇的基本概念、团簇的特性,以及团簇组装纳米结构薄膜的特点和应用,着重介绍电子输运特性研究领域中金属-绝缘体转变、反常霍尔效应、各向异性磁电阻和平面霍尔效应(PHE)等研究方向的背景和发展现状,并讨论各自面临的一些问题与挑战。

1.1 团簇及其研究现状

1.1.1 原子制造与团簇

原子,作为传统意义上构筑材料的最小组成单元,历来受到科研人员广泛关注。为了一探原子世界的究竟,诸多前沿表征方法被发明、创造。扫描隧道显微镜(scanning tunneling microscope,STM)基于量子隧穿效应,可用于研究物质表面的原子排列状态及重构信息,以及与表面电子行为有关的物理性质,同时也可用于操纵单个原子,构筑人工表面纳米结构[1]。像差校正透射电子显微镜(aberration corrected transmission electron microscope,AC-TEM)利用电子具有亚埃量级德布罗意波长的特点,并搭配像差校正器,可以观测材料中原子的排列结构,从而在原子尺度上分辨缺陷、位错、孪晶等晶体结构特点[2]。三维原子探针(three-dimensional atom probe,3DAP)基于场蒸发原理,在原子尺度上实现三维空间中原子种类的分辨,并能够重构出材料的三维结构[3-4]。

三种原子表征方法的基本原理和典型结果如图 1.1 所示。

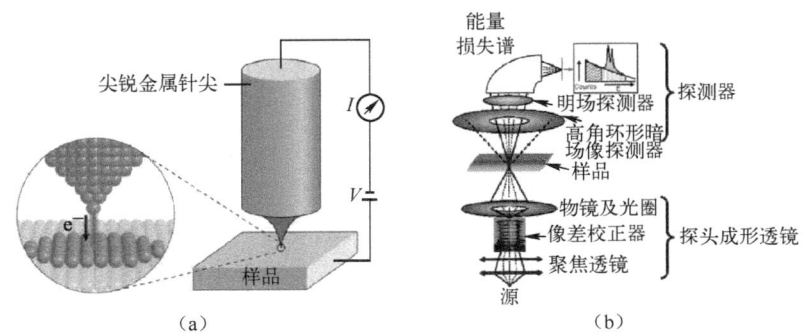

图 1.1 三种原子表征方法的基本原理和典型结果

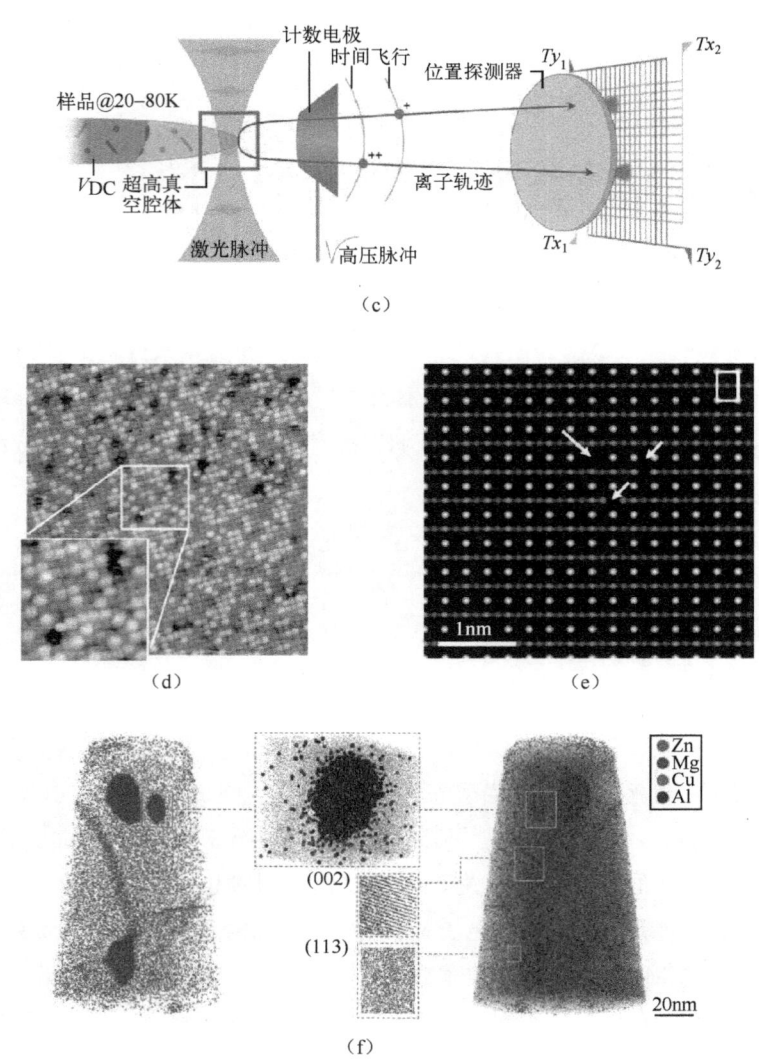

图1.1 三种原子表征方法的基本原理和典型结果（续）

（a）STM原理图[5]；（b）AC-TEM结构与原理图[6]；（c）基于场蒸发原理的3DAP结构与原理图[4]；
（d）STM表征的PtRh（100）表面原子结构[7]；（e）AC-TEM表征的SrTiO$_3$ [011]方向原子缺陷[2]；
（f）3DAP表征的纳米晶铝合金中原子成分分布[4]

原子表征方法的出现，为探索材料在原子尺度下的行为规律提供了支撑。与之对应的是，是否已经发展出了可以称之为原子制造的在原子尺度下制备材料和开发器件的方法？无论对学术界还是工业界而言，实现原子级的人工操纵，进而构建微观尺度的新材料、新器件，实现新应用，都是极为重要的研究方向。

纵观物质科学与材料工业的发展史，不断减小的材料和器件特征尺寸，在相当程度上引领了科学与技术的发展方向。宏观尺度、介观尺度、微观尺度、纳米尺度的发展路径，昭示了物质科学与材料工业的下一个发展方向必然是原子尺度。第一次工业革命带来的蒸汽时代与第二次工业革命带来的电气时代，是人类在宏观尺度的材料开发与利用上迸发出的奇迹。第三次工业革命创造的信息时代，是人类将观察物质世界的视角由宏观转向微观，对物质做到"知其所以然"后所开创的新篇章。尚无定论的第四次工业革命所创造的万物互联时代，同时也是纳米尺度下物质科学研究的黄金时代。为了不断推进集成电路的工艺节点，满足万物互联所需要的海量信息处理与存储需求，不胜枚举的纳米制造技术被发展和创新。同时，在美国发布"国家纳米技术发展规划（NNI）"的20余年后，人们兴奋地看到，纳米尺度并非物质科学研究与利用的"最终章"。原子尺度的物质科学研究与器件制造，将会把世界的发展推向新的高度。

目前，原子制造尚处于早期发展阶段，其中涉及的原子操纵与构筑器件的技术路线，可以概括为三类：一是以孤立原子为对象的扫描探针显微术[5, 7-9]，二是以二维原子晶体为对象的二维堆叠技术[10-12]，三是以数个至数万个原子为对象的原子团簇束流技术。

发端于扫描隧道显微镜（STM）的扫描探针显微术既是一种原子表征技术，也是原子操纵技术。构造新的功能器件，抑或是创造新的材料组合，一种可行的方法是以单个原子为操纵单元，逐个原子地完成器件或材料的组装，而扫描探针显微术是真正意义上可以实现此种设想的一项技术。在STM成像过程中，当针尖尖端靠近样品表面时，会导致尖端原子与表面原子之间相互作用。为了获取样品表面的本征属性，在STM成像时，会将尖端原子与表面原子之间相互作用的影响尽量降低。实际上，这种相互作用可以被用于操纵原子或分子，以在表面上完成原子的可控操纵与组装。

1990年，IBM的艾格勒（Eigler）等人报道用这种方法实现了单个Xe原子在表面上的精确操纵[13]。如图1.2（a）所示，完成Xe离子在Ni（110）面的水平移动需要如下步骤：将针尖不断靠近Xe原子，使得针尖原子与Xe原子之间的相互作用足够强；维持针尖与Xe原子之间的距离，将Xe原子水平移动至目标位置；使针尖远离Xe原子，直至针尖原子与Xe原子之间的相互作用可以忽略（此时一般是成像高度），Xe原子在目标位置上被衬底表面俘获。最终35个Xe原子在Ni（110）面上组成了"IBM"图案，如图1.2（b）所示。

近年来，扫描探针显微术原子操纵技术不断发展，逐渐开始应用于原子尺度的器件构造。举例而言，量子科学和技术近年来成了物理学中的研究热点，固体材料中的单电子自旋是一类颇具前景的候选者，自底向上组装量子器件，完成原子层级之间的精确耦合，一直是该领域中不断探索的前沿方向。Wang等人报道利用扫描探针显微术实现了逐个原子的器件构建，相干操纵，以及耦合电子-自旋量子比特的读出[14]。如图1.2（c）所示，为了实现对隧道结之外的远程量子比特的相干控制，他们利用相近单原子磁体（Fe）所产生的局域磁场梯度来驱动每个单电子自旋。通过在隧道结中使用原子量子比特传感器（Ti），并实施脉冲双电子自旋共振来完成读出过程。他们在实验中以全电学方式演示了单、双和三量子比特的快速操纵。图1.2（d）展示了三量子比特器件的 STM 图像。这种基于扫描探针显微术的原子级别量子比特平台，使得基于电子自旋阵列的量子功能器件成为可能。实际上，扫描探针显微术不但包括 STM 技术，还包括原子力显微镜（atomic force microscope，AFM）技术，前者应用于导电表面，后者可应用于导电和非导电表面，从而对 STM 不能应用的体系形成了补充。

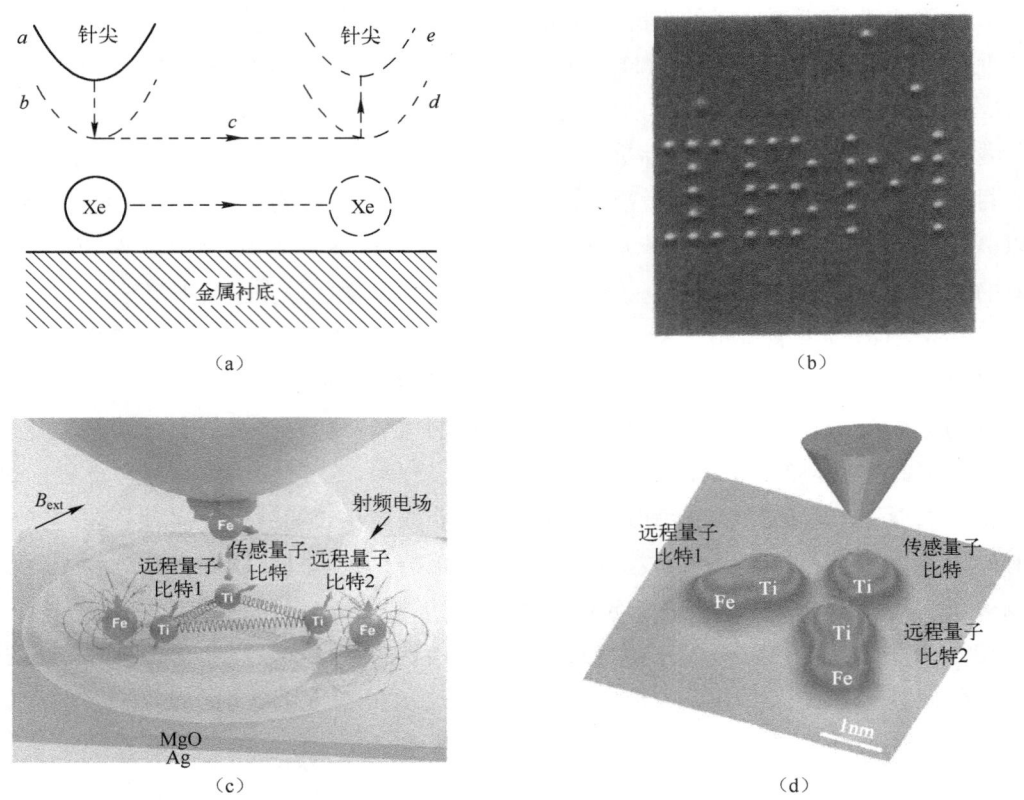

图 1.2 基于扫描探针显微术的原子操纵

（a）利用扫描探针显微术在衬底表面移动 Xe 原子的过程[13]；（b）35 个 Xe 原子在 Ni（110）面上组成 "IBM" 图案，该实验是在超高真空和 4K 条件下完成的[13]；（c）多耦合电子自旋量子比特器件原理示意图[14]；（d）恒流模式下得到的三量子比特器件 STM 图像，图像尺寸为 5.0nm×5.0nm[14]

自从石墨烯（graphene）被发现以来，二维原子晶体因其原子级厚度的特点，在结构与性质方面完全不同于三维体系，因而获得了物理、化学、材料、电子信息等多个领域的广泛关注。而二维堆叠技术的提出与发展，为基于二维原子晶体的材料物性研究和电子学器件构造提供了新的契机。起初，为了降低石墨烯器件的非本征缺陷，减小来自衬底、杂质等的散射效应，迪安（Dean）课题组提出了一种 h-BN/石墨烯/h-BN 的三明治结构，其中 h-BN 与石墨相比晶格失配较小，具有较大的带隙，表面无悬挂键，且能够抑制石墨烯的褶皱起伏[11]。通过干法转移二维堆叠技术，迪安课题组成功实现了 h-BN/石墨烯/h-BN 范德瓦尔斯异质结电子学器件，将石墨烯的载流子迁移率提升了一个数量级。图 1.3（a）所示为干法转移的过程，其中一个孤立的少层 h-BN 首先被剥离至聚合物 PPC 上，然后连续拾取单层石墨烯和少层 h-BN，整个过程中避免了石墨烯与聚合物的接触污染。利用此种方式，可以实现更多层数、更多种类的二维原子晶体堆叠[见图 1.3（b）]，从而构造多种类型的电子学功能器件。韩拯课题组利用二维堆叠技术，实现了二维半导体的垂直三维集成，并成功实现了 4 个晶体管的互补型与非门器件，如图 1.3（c）所示，其中包含两个 n 型和两个 p 型场效应晶体管[15]。通过明场扫描透射电子显微镜图像可以清晰地看到，所有功能层都是由二维原子晶体实现的，并且每个场效应晶体管层之间都被 h-BN 介电层隔开。近年来，基于二维堆叠技术，研究人员构造了二维原子晶体异质结莫尔超晶格器件，发现了关联绝缘态、超导、轨道磁性、整数/分数量子反常霍尔效应等电子关联效应，从而为量子计算的实现奠定了一定的材料和器件基础。

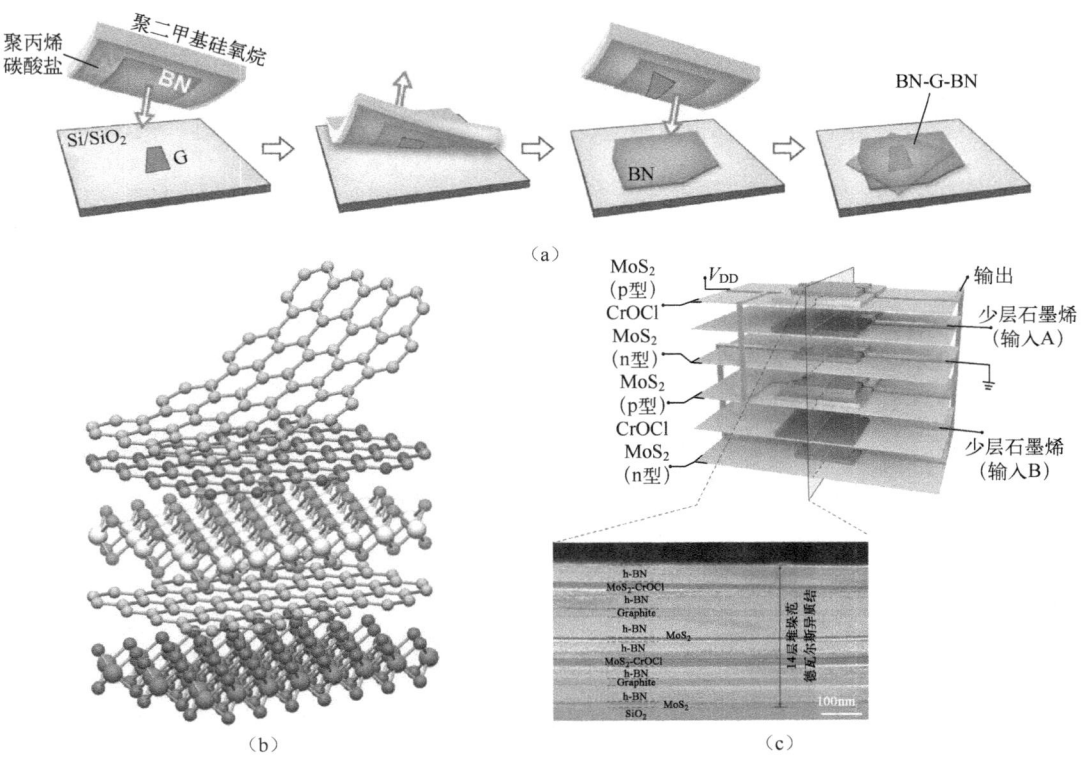

图 1.3　基于二维堆叠技术的原子操纵

（a）二维原子晶体的干法转移和堆叠过程示意图，此方法可避免二维原子晶体与聚合物接触[11]；（b）将二维原子晶体视为原子乐高，以搭建乐高积木的方式，构造不同种类与功能的二维原子晶体异质结器件，即二维堆叠技术[10]；（c）通过二维堆叠技术，利用垂直极化翻转 MoS₂ 场效应晶体管，构筑三维集成与非门器件[15]

团簇是原子或分子的聚集体，是介于原子分子尺度和宏观物态之间的新型结构层次，由于量子限域效应和化学相互作用，团簇的结构特性、电子学性质、磁学性质等与其尺寸和组分密切相关。原子团簇束流技术将团簇作为基本单元完成材料的生长，并保留团簇的基本性质。原子团簇束流技术一般是利用溅射、蒸发靶材等方式产生原子蒸气，再经过冷却过程形成原子团簇，并使用质谱法和磁铁对团簇进行筛选，获得具有特定原子数和特定结构的团簇，最终沉积到衬底上完成团簇材料的组装。如图 1.4 所示，原子团簇束流技术产生的团簇单元尺度往往在一纳米至数纳米，团簇组装材料的尺度在一纳米至数百纳米[16]。团簇单元属于多原子体系，超出了单个原子所固有的物理性质，其中最典型且影响最深远的例子非富勒烯（C_{60}）莫属。在碱金属富勒烯化合物中观测到了超导现象，富勒烯还能在薄膜有机太阳电池中充当 n 型电荷导电通道。

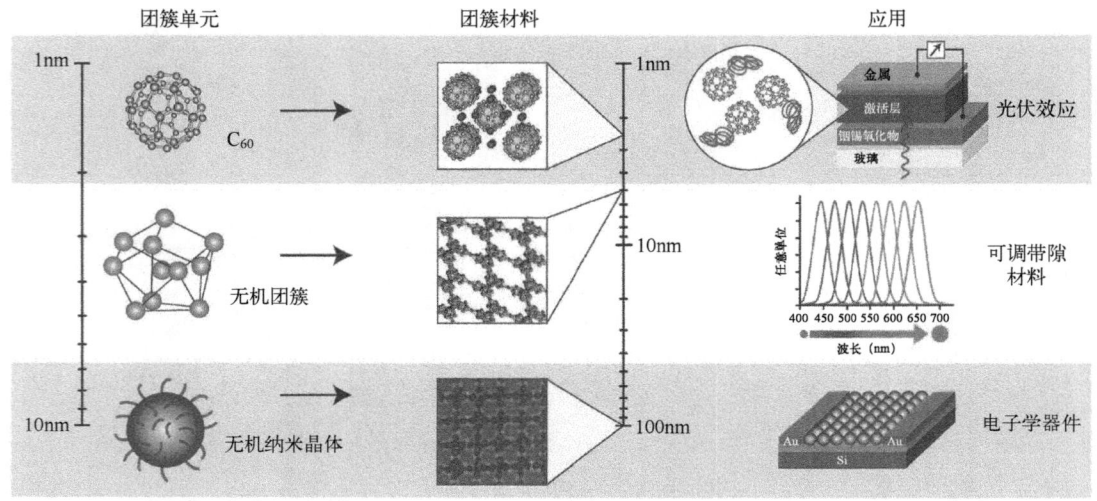

图 1.4 基于原子团簇束流技术的原子操纵：基于原子团簇束流技术，可以自底向上完成富勒烯、无机原子团簇、大无机纳米晶体等定制化功能材料的组装和器件应用开发[16]

　　基于扫描探针显微术的原子制造技术路线，是真正意义上的原子制造，可逐个操纵单个原子，但是效率极低，不适合工业化大规模材料制备和器件生产。而二维原子晶体堆叠技术，可以实现新型电子学器件的原理性验证，但是如何实现规模化量产，是其同样要面临的问题。相较而言，原子团簇束流技术可操纵的原子数量范围宽，其制备方法与现有工业体系差异性小，是最有希望的一种原子制造路线。因此，理解和应用原子团簇束流技术，是原子制造领域目前的关键问题之一。九层之台，起于垒土，我们希望的是，利用原子团簇束流技术，以原子团簇为单元模块，自底向上建造材料金字塔，实现尺度、性质、功能的自由操控。

1.1.2 团簇的结构与特性

纳米材料是指至少有一个维度的尺寸处于纳米量级（1～100nm）的材料，是现代高科技与新型交叉学科发展的基础，也是当今材料科学领域的研究热点。随着纳米技术的发展，材料研究的维度也逐渐从三维（块体）降至二维（如石墨烯和黑磷）和一维（如纳米线和纳米管），甚至零维（如团簇和纳米颗粒）。当物质维度发生变化时，电子态密度分布会受到影响，从而导致由其决定的各种性质也不相同，如图1.5所示[17]。因此，任意数目的维度限制都会让材料的性质发生显著的变化。

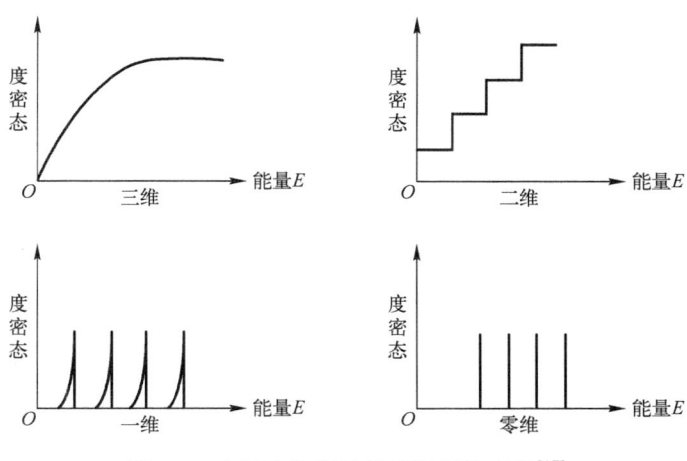

图1.5 电子态密度随维度限制的变化[17]

团簇作为典型的零维材料一直备受关注，这是因为其代表了一类具有特定结构和物理性质的原始聚集体。众所周知，原子和分子是构成物质的基本单元，而团簇是一种大"分子"，是包含几个至几千个原子或分子的介观体系。因此，团簇可以视为介于原子、分子和块体之间的物质结构的新层次，甚至可以说其代表了凝聚态物质的最初状态。团簇的研究集中于探索其几何结构以及电子能级的变化，从而进一步了解它们的结构和物理特性向块体性质演变的过程，如图1.6所示[18]。这是由于当物质处于团簇形态时，可能拥有不同于原子、分子以及块体的全新性质，甚至每个单体数量的增加都会引起团簇的能量和稳定性发生变化，从而使其几何结构发生重构行为，最终诱导出性质的突变。研究表明，不同原子数目的团簇，甚至是相同原子数不同结构（异构体）的团簇，都有可能表现出截然不同的物理性质，这一特性使得团簇存在多种物理性质的相变，包括磁性-非磁性、金属-非金属、固相-液相等[19-22]。因此，在不同原子组合的团簇中，必然存在着更让人意想不到的性能及相应的演化规律，这给予了科研人员更多的创造空间，极大地拓宽了纳米科学的研究范围。

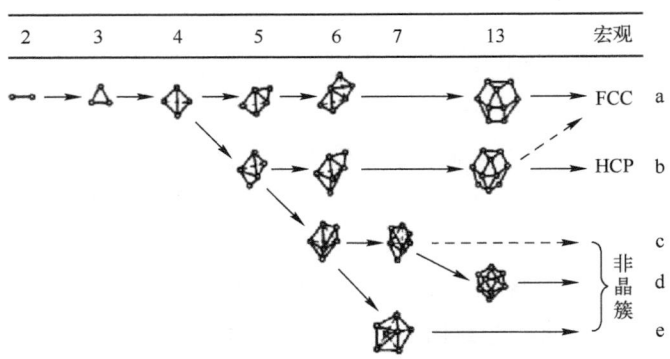

图 1.6 团簇结构随原子数目的演化[18]

近些年来随着团簇科学的深入探索，研究者们发现团簇具有"幻数（magic number）"特征，这是与结构对称性和粒子相互作用势紧密关联的特性[23]。具体而言，某些具有特定原子数目的团簇表现出非常强的稳定性，它们所含的原子数 n 被称为幻数，因此这些团簇被命名为幻数团簇（magic cluster）。幻数特征与原子中的电子状态以及原子核中的核子状态非常类似，这意味着幻数团簇会形成类似闭合电子或原子的壳层结构（shell structure），因此会诱导出极强的稳定性。在质谱分析实验中，团簇的丰度会随着原子数目的增加而逐渐变化，但是幻数团簇的出现会引起峰值的明显增强，这表明其拥有非常好的热力学稳定性。从数学角度来看，幻数是指一系列分离的数，不同类型的团簇由于自身的结构和成键方式存在差异，所以通常具有不同的幻数。

（1）单质金属团簇的稳定性由电子所主导，因此幻数 n = 2、8、18、20、34 等。

（2）碱金属卤化物团簇由离子键主导，因此幻数 n = 13、22、37 等。

（3）惰性团簇的结构由原子位置所主导，因此幻数 n 可利用壳层数 p 得到：

$$n = 1 + \sum_{p=1}^{n}(10p^2 + 2) \tag{1.1}$$

计算可得 n = 13、55、147 等。

幻数团簇的发现令人兴奋，这意味着科研人员可以将其作为稳定的"砖块（building block）"去搭建各种纳米尺度的材料及器件，同时还能在其中保留团簇独有的特性。历史上最经典的幻数团簇必然是 C_{60}，其独特的结构和优异的性质推动了纳米科学的巨大发展[24]。四面体型 Au_{20} 幻数团簇也存在非常强的稳定性，多年来 Au_{20} 的发现极大地促进了催化和光学领域的发展[25]。因此，寻找具有奇异特性的新团簇，并深入理解它们的形成原理和电子结构，一直受到人们广泛的关注。

1.1.3 团簇在纳米科学中的角色

早在 1959 年，物理学家费曼（Feynman）就在加州理工学院举行的物理学年会上提出了纳米科学这一想法，虽然在当时被视为天马行空的幻想，但今天却被当作纳米材料和纳米技术萌芽的标志。经过半个世纪的努力，纳米科学已经取得了巨大的突破，变成了一门具有前沿性、发展性、交叉性和应用性等特点的科研领域。在大部分的情况下，材料和电子元件的微型化发展都能够升级性能、降低能耗甚至诱导新功能的出现，这有利于开发各种性能优越的设备。因此，纳米材料的设计、制造以及相应物性的研究，在科技发展中发挥着重要的作用。更具体地说，寻找和研究具有新特性的微观体系是目前物理学领域最活跃的研究方向之一。正如施韦伯（Schweber）在关于物理学演变的精彩分析中指出的那样："物理学发生了一场重要的变革：正如以前在化学中发生的那样，该领域越来越多的努力是致力于新颖性（创造新结构、新对象和新现象）的研究"[26]。

团簇独有的微观结构和奇异性质为开发新型功能材料提供了一条全新的途径。有限原子数的构成使得团簇具有显著的3个纳米尺度效应：表面效应、小尺寸效应和量子尺寸效应[27]。优异的表面效应源自团簇的高比表面积。当团簇尺寸减小时，表面原子数量会急剧增加，且表面原子的配位数要小于深层原子，因此会出现大量的不饱和键以及高的表面能，这将导致团簇的表面原子拥有很高的活性，从而容易与其他原子结合形成稳定结构，这一特性使得很多团簇都具有优越的催化和吸附性能[28]。金属团簇对表面增强拉曼光谱的研究也有很大的贡献，这源于团簇表面与被测分子间产生的局域电磁场增强效应。当然也有理论认为，团簇表面与吸附分子成键时引起的电子能级改变增强了拉曼光谱的信号，但始终都归因于团簇显著的表面效应[29]。对于过渡金属团簇来说，配位数较低的表面原子会导致原子轨道之间的重叠很小，所以态密度非常窄。因此从多数自旋（majority spin）到少数自旋（minority spin）电子的减少会导致自旋向上（spin up）和自旋向下（spin down）的差距变大，最终导致表面上原子的磁矩要大于深层原子的磁矩[30]。随着团簇尺寸减小，表面原子占比的增加会显著增强磁性，所以过渡金属团簇的磁性要比块体的强得多。小尺寸效应是指当团簇尺寸减小到某一特征长度时，物质的性质会由于周期性边界条件被破坏而表现出显著的改变。例如，当团簇尺寸与平均自由程相当时，团簇的电阻会由于表面散射效应的出现而大幅度增加，并且增加速度会随着尺寸减小越来越快[31]。量子尺寸效应是指当团簇尺寸减小到一定程度时电子能级发生变化的现象，在金属团簇中表现为电子能级从准连续能级转变为离散能级。量子尺寸效应的出现会让原本能用经典理论描述的现象无法成立，因此必须在量子世界重新理解和分析这一行为。比如，当Au团簇直径从3nm变为2nm时，等离激元会由经典为主转变为量子修正为主[32]。可以发现，这三种效应往往是随着团簇尺寸的减小而同时出现的，因此即使是同一种团簇都有可能在光学、电学、磁学、催化等各个领域带来意想不到的奇异性质，这也是团簇科学的魅力。

1.1.4 团簇组装的纳米结构薄膜

近些年，随着团簇性质研究的越发成熟以及工业发展的需求，将团簇组装为各种功能纳米材料成为团簇科学最引人注目的研究内容之一，这是团簇走向应用的必经之路，在这一阶段也必然会发现非常有趣的现象。由于团簇在制备和生长的过程中会受到各种因素的影响，因此在衬底表面能够形成多种形貌结构，如分形结构[33]、岛状结构[34]和网格状结构[35]，在结合模板或元素诱导的情况下还能制备出各种想要的有序阵列[36]，如图 1.7 所示。在各种类型的纳米结构材料中，团簇组装薄膜代表了一类具有特定结构和性质的原始纳米结构固体。就基本结构而言，它们可分为非晶态材料和结晶态材料。事实上，在此类材料中，短程有序由晶粒尺寸所控制，而由于团簇颗粒的随机堆叠特性，材料中并不存在长程有序。就性质而言，它们通常受团簇本身的固有物性、团簇之间的相互作用以及单个团簇的尺寸所控制。因此，团簇薄膜的性质能够从多方面进行调控，并且经常会出现独特的现象。研究者们注重于将团簇组装薄膜的性质与其他方法获得的材料性质进行对比，从而寻找新的效应和反常的现象，以发展新理论并拓宽材料的应用范围。

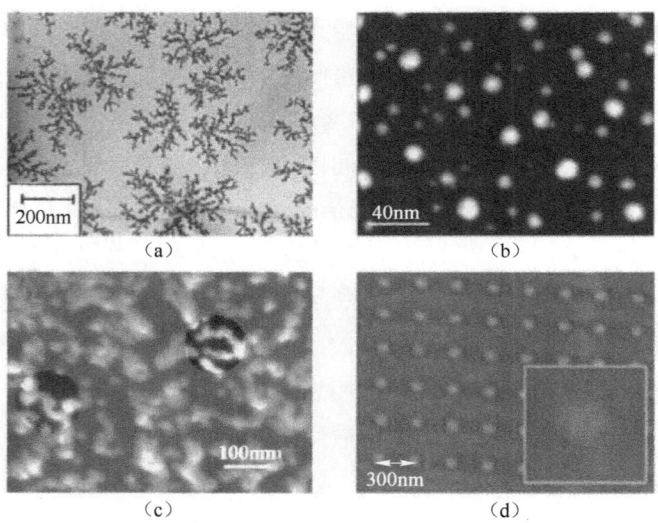

图 1.7 团簇的各类表面结构

(a) 分形[33]；(b) 岛状[34]；(c) 网格状[35]；(d) 有序阵列[36]

团簇组装就是通过某种作用将独立的团簇进行相互连接并沉积到不同的衬底或者物质上面。因此，通过不同的组装方法和结构设计来调整组元属性，能够耦合各种物理性质以达到器件功能的最优化与多样化。迄今为止，用于组装材料的构成砖块已经从富勒烯和原子数可精确控制的团簇发展到了更大且几乎单分散的纳米颗粒[16]。在探索较小的砖块时，如富勒烯和具有精确成分及尺寸的团簇，其性能可以从理论上进行处理，也可以通过实验进行直接测试。对于较大的纳米颗粒，组分的形状、相对尺寸以及表面相互作用均可用于控制材料属性，体现出显著的多样性。灵活的调控手段以及较大的潜力使得团簇组装的纳米材料非常适合各个领域的基础研究和应用研究，比如纳米电子学、纳米磁学、纳米光子学以及纳米医学等[16, 37-39]。

近些年开发的低能团簇束流沉积（LECBD）技术是制备团簇组装材料的一种非常有吸引力的方法。该技术能够产生低能量的均匀团簇，因此团簇着陆到基底时不会碎裂，能够很好地保留原始自由团簇的结构特征。虽然使用高能电离团簇束流技术也能产生团簇，但其巨大的碰撞能量会导致团簇碎裂，因此得到的薄膜形态和性质与基于 LECBD 技术组装的薄膜完全不同。利用 LECBD 系统制备的单分散团簇组装薄膜具有疏松多孔的特性，其密度低至相应块体材料的一半左右，同时还具有特征纳米结构形态和对原始自由团簇的记忆效应，这些都是它们特殊性质的起源。这种技术也为团簇沉积提供了一些独特的可能性，比如可以在团簇着陆前使用各种技术对飞行中的团簇进行控制和筛选。最经典的莫过于团簇的质量选择技术，即通过施加电场对飞行区的大量团簇粒子进行精确分离与尺寸筛选，从而让团簇组装薄膜更加均匀和可控[40]。同时由于产生的团簇在衬底上的随机堆叠特性，研究团簇点阵的覆盖率与各种性能之间的关系也极为方便[41]。从 LECBD 技术（溅射、热蒸发和激光气化）的发展来看，使用该方法能够产生任何材料的团簇束流，即便是最难熔或最复杂的双金属和氧化物等系统，并且尺寸的选择范围可以从数个原子到数万个原子不等。同时大量化合物体系的研究也已证实具有明确成分的合金靶制备的团簇薄膜不会出现成分的偏差[42]。因此 LECBD 技术能提供多个角度的研究内容和研究方式，这给予了科研人员更多的设计和调控空间。最重要的是，使用该技术制备的团簇组装薄膜为探索传统方法无法获得的拥有原始性质的纳米系统提供了机会，这使其有能力开发各种新型材料。将不同尺寸的团簇沉积在衬底表面来制备和调控出具有定制特性的纳米结构材料是一条非常方便且实用的研究思路，这是因为团簇具有优异的尺寸依赖特性，并且往往能够体现出与原子态和体态都不同的性质。因此，本书以 LECBD 技术为基础，通过合理的结构设计和选材寻找团簇薄膜所拥有的新物理效应，进而尝试去处理一些物理问题和应用限制。

1.2 金属-绝缘体转变

金属-绝缘体转变（metal-insulater transition，MIT）是指在一定的外界条件（如温度、应力、磁场、光场等）发生改变后，物质能够在低电阻的金属态与高电阻的绝缘态之间发生快速切换的现象，如图 1.8 所示[43]。MIT 行为往往出现在强关联电子系统中，这种现象包含着极其丰富的物理机制，因此 MIT 一直是凝聚态物理领域的研究热点。早在 1938 年，维格纳就提出了金属电子的相互关联作用以解释 MIT 的潜在机制，多年来 MIT 的机制随着研究的日益深入也越来越丰富[44]。然而由于各种各样外加场带来的丰富现象，目前仍然没有达到对 MIT 机制的全面理解。最具代表性的 4 种 MIT 机制分别为威尔逊（Wilson）转变（基于能带理论）[45]、派尔斯（Peierls）转变（基于周期性的晶格畸变）[46]、莫特（Mott）转变（基于电子关联效应）[47]和安德森（Anderson）转变（基于无序程度）[48]。实际上，对于强关联系统来说，材料中出现的 MIT 行为可能是因为受到了上述 4 种机制共同的影响。例如，无序结构所导致的金属-安德森绝缘体（Metal-Anderson insulator）转变可能会同时受到库仑相互作用的影响，相应的转变机制也被称为安德森-莫特（Anderson-Mott）转变[49]，又如 VO_2 的 MIT 行为在计算结果中也被证明是由莫特转变和派尔斯转变所共同引起的[50]。

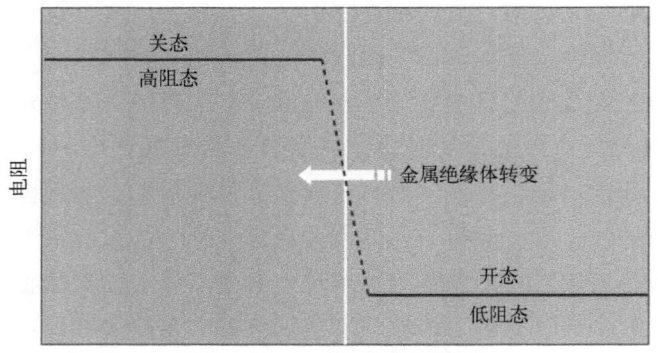

图 1.8　金属-绝缘体转变（MIT）[43]

由于样品的电阻率在转变前后存在显著差距，因此可以预料到这一性质在物理学、材料科学、信息与通信工程等领域都具有巨大的应用价值。比如：电场诱导的 MIT 有利于高频电子器件和忆阻器等设备的发展[51-52]；光场诱导的 MIT 有力地促进了光波导调制器、光学存储器和光电传感器的研究[53-54]；热场诱导的 MIT 能用于热传感器和热存储器等设备的开发与制造[55-56]。图 1.9 展示了 MIT 的应用范围以及部分器件，可以看出其在当前的科学领域中扮演着不可或缺的角色[43]。热场诱导的 MIT 在日常生活中具有广泛应用，因此开发和调控具有该行为的材料十分受欢迎。注意，具有热致（热敏）MIT 特性的材料随着温度变化往往还会伴随自身其他物理性质的改变，比如 VO_2 发生 MIT 行为时其透光率也会出现显著的变化[57]，这种现象非常有利于材料的多功能化研究。因此，科研人员对于热致 MIT 的研究一直充满热情，接下来将对该领域的一些工作进行分类和讨论，这有利于后续工作的设计和调控。

12

第1章 团簇物理学与电子输运特性

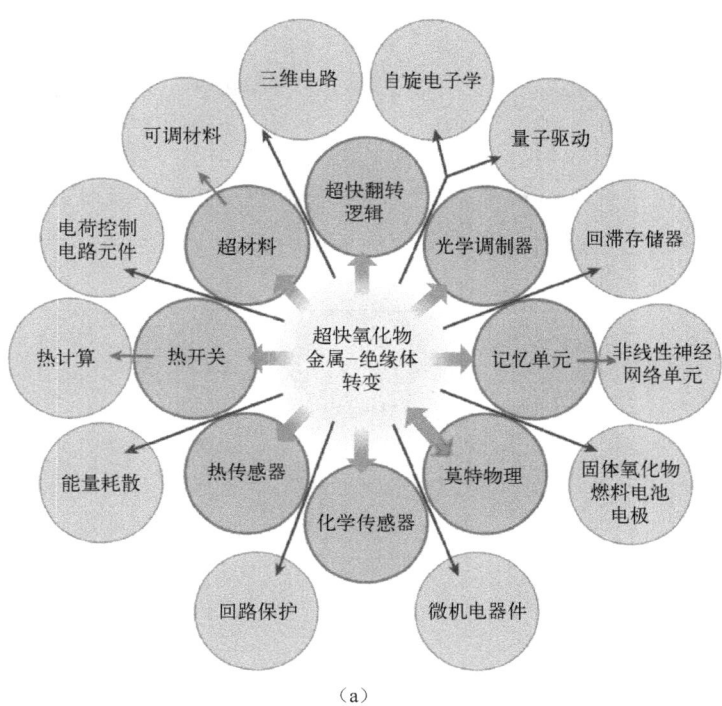

(a)

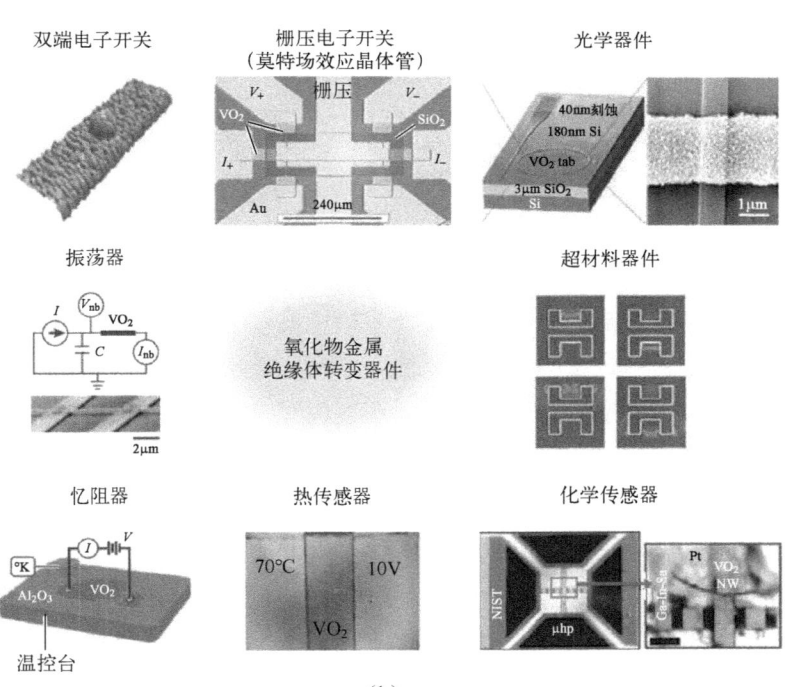

(b)

图 1.9 MIT 应用

(a) MIT 在多个前沿领域中的应用；(b) 部分 MIT 器件[43]

1.2.1 单一材料

单一材料的热致 MIT 研究主要集中于过渡金属氧化物和稀土金属氧化物中，如图 1.10 所示[43]。在常规的材料中，绝缘性和金属性通常是不相容的，所以单一材料的 MIT 行为基本都源自不同温度下物质自身的相变行为。

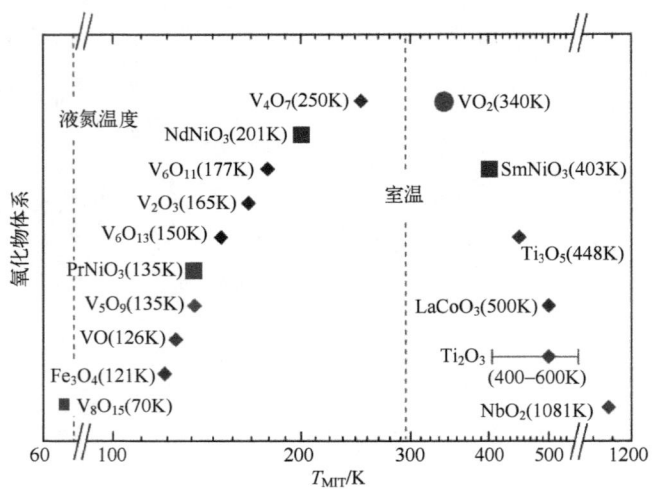

图 1.10 部分具有 MIT 特性的材料及其转变温度[43]

最庞大的家族莫过于钒氧化物，其具有极其复杂的相结构，是典型的强关联体系。目前所发现的钒氧化物基本能够分为两种类型，即沃兹利（Wadsley）相和马涅利（Magnéli）相，两种相的通式分别为 V_nO_{2n+1} 和 V_nO_{2n-1}。前一种相的物质基本不存在 MIT 行为，虽然 V_6O_{13} 是一个例外，并且具有显著的变化率，但因其极难制备，目前只能停留在基础研究阶段。后一种相的物质具有丰富的晶体结构，且随着温度变化基本都存在可逆的结构相变，所以大部分的研究集中于此。在所有钒氧化物中最值得注意的就是 VO_2（马涅利相），不仅因其具有丰富的相结构（至少有 5 种同质异构体），更因其具有最接近室温的 MIT 行为（340K）。

同样受欢迎的材料还有 Fe_3O_4，其在 120K 附近会出现显著的 MIT 行为，这一现象也被称为费尔维（Verwey）转变。有趣的是，Fe_3O_4 的磁化强度和比热容在该转变温度点也会发生显著的变化[58]。经过数十年的研究，虽然关于费尔维转变的物理机制仍然存在争议，但普遍还是认同 Fe_3O_4 的电荷有序（Fe^{2+} 与 Fe^{3+}）是产生该行为的主要原因。还有一些材料（如 $NdNiO_3$ 和 $Nd_2Ir_2O_7$ 等）也存在热致 MIT 行为，对此不再逐一进行详细的介绍。几种物质的电阻或电阻率随温度变化的细节过程集中展示在图 1.11 中，以便于分析和讨论。

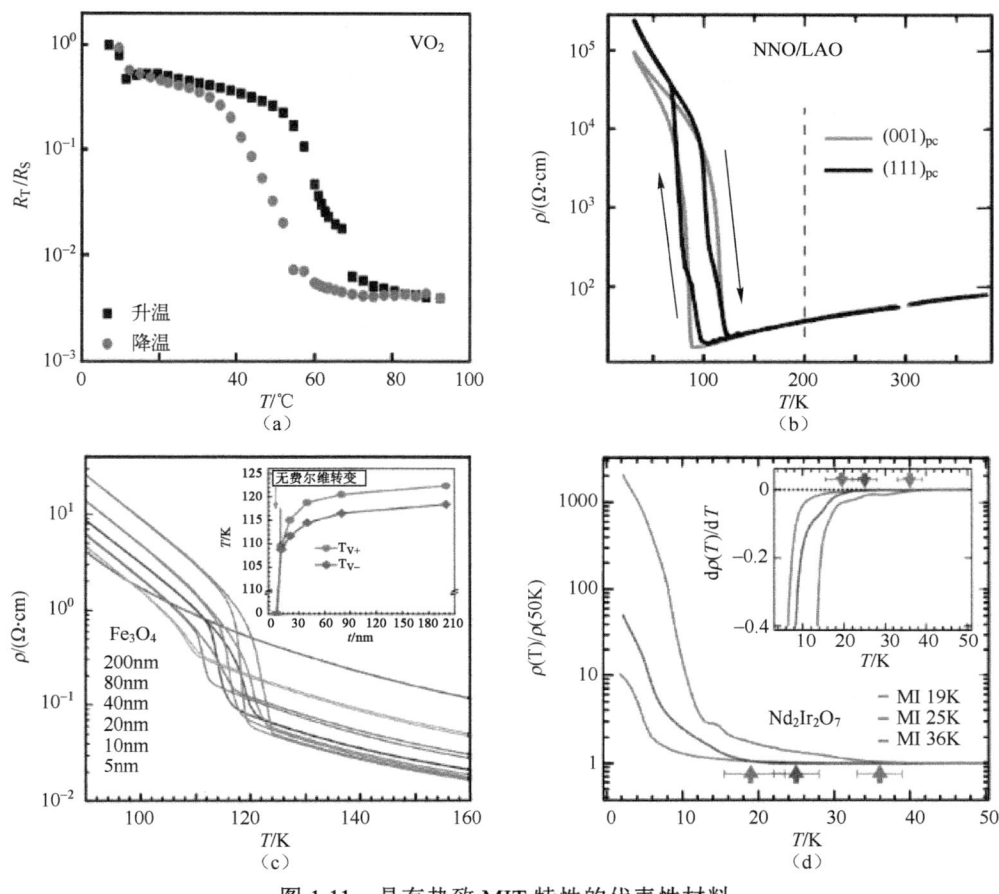

图 1.11 具有热致 MIT 特性的代表性材料
(a) VO$_2$[59]; (b) NdNiO$_3$[60]; (c) Fe$_3$O$_4$[61]; (d) Nd$_2$Ir$_2$O$_7$[62]

通过图 1.11 可以发现，单一材料的热致 MIT 行为非常显著，基本能达到 1~2 个数量级，并且两种电阻态的切换温区较窄，这些都非常符合应用的需求。同时，简单的制备工艺也使得单一材料便于大批量生产，这也是其走向实际应用的优势。但要注意，单一材料的热致 MIT 源于自身相变，这导致该性质难以调控，因此 MIT 的产生温度在各种外加条件下变化较小，这导致其可调节性下降了很多。并且这些材料的 MIT 曲线在升温和降温的过程中并不重合，而是在相变温度点附近存在显著的热滞（thermal hysteresis）现象，这一行为在实际应用中是非常不利的，因为其不能及时和准确地反馈温度变化。最重要的是，具有热致相变引起 MIT 性质的材料并不多，因此在基础科研和实际应用中可选择的范围很窄，所以急需探索拥有该性质的新材料。

1.2.2 复合材料

随着热致 MIT 研究的逐渐深入，单一材料已经不能满足科研人员对于材料的可操作性要求，因此人们将目光聚焦在复合材料中。不同材料的组合不仅能够保留各自基础材料的性质，同时还能通过不同的组装结构来优化和创造新性能，极大地丰富了热致 MIT 的研究范围，从而有利于寻找更完美的应用材料。因此，甚至一些单一热致 MIT 材料也被用于设计新型的复合材料。当前研究 MIT 的复合结构可以分为 3 种：填料模型、层状模型和超晶格模型。

1．填料模型

填料模型是指将尺寸为数纳米到数十纳米的金属颗粒分布于绝缘体基质（如 Al_2O_3 和 SiO_2 等）中而形成的复合结构，它属于典型的无序系统。与均匀的合金系统不同，金属材料和绝缘材料是互不相容的，因此这种复合模型能够很好地保留组分材料各自的属性，并且可以通过控制金属颗粒尺寸、金属占比以及金属类型（如磁性、非磁性和半金属等）为该模型增加更多调控的自由度，使其展现出不同于各个组分的新性质。

模型简单和易于制备的优点使填料模型成为研究热致 MIT 最常见的方法。在该模型中，根据金属颗粒与绝缘体基质的比例以及电阻率的差异可以将系统划分为金属、过渡和绝缘三个区域。由于过渡区域所占的比例非常窄，所以金属颗粒在该区域所占的体积分数也被称为逾渗阈值。注意，该模型的热致 MIT 行为通常就是发生在过渡区域。比如对于 Ni_2MnGa 良好地分散在 $BaTiO_3$ 基质中的工作而言，在接近逾渗阈值 $f_{NMG} = 0.4$ 的样品中，电阻率会在 185K 附近出现突然改变，如图 1.12 所示[63]。研究分析表明，该体系的热致 MIT 是由 $BaTiO_3$ 结构转变引起的应变影响了 Ni_2MnGa 颗粒的丝状传导路径所致。

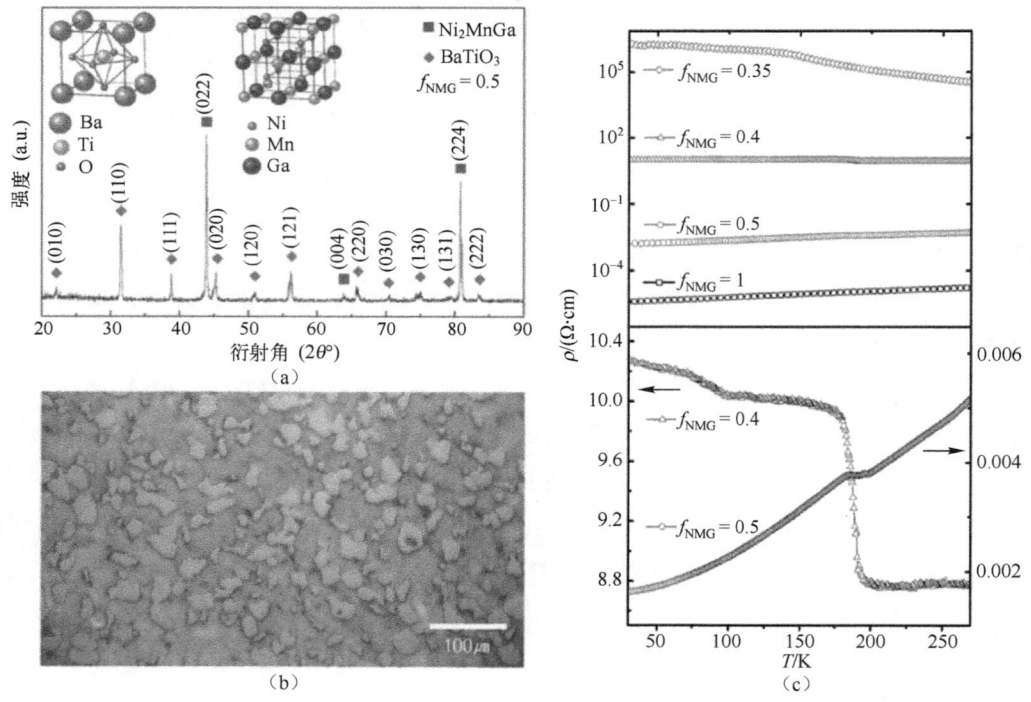

图 1.12 Ni_2MnGa-$BaTiO_3$ 复合薄膜
（a）XRD 图谱；（b）截面图像；（c）电阻率的温度依赖性[63]

当然，也存在更特殊的情况，比如非晶结构的$(Co_{41}Fe_{39}B_{20})_x(SiO_2)_{100-x}$膜在不同的复合比下均能体现出热致 MIT 行为，如图 1.13 所示[64]。虽然逾渗阈值在该体系中为 $x = 50$at.%，但是显然 $x = 33$at.%的热致 MIT 行为更为突出，这表明热致 MIT 的温度和幅度均能通过组分的比例进行有效调控。分析表明，该体系的电阻率在较窄温区内的迅速下降现象，是由升温时 $Co_{41}Fe_{39}B_{20}$ 颗粒发生结晶行为所导致的。

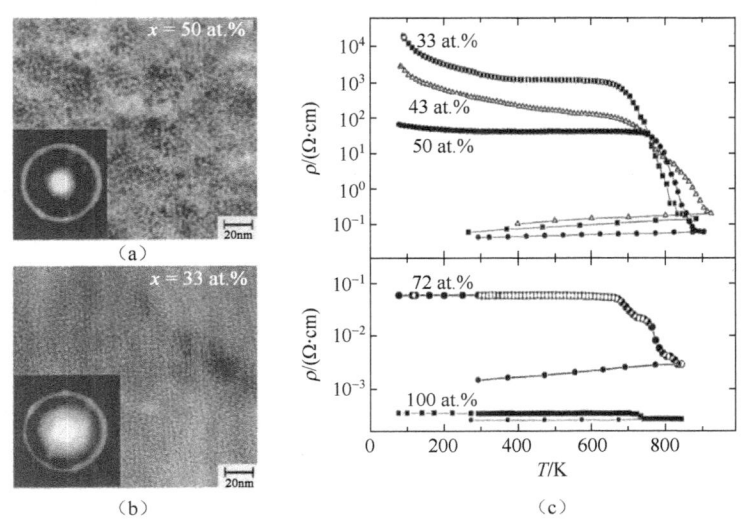

图 1.13 $(Co_{41}Fe_{39}B_{20})_x(SiO_2)_{100-x}$ 复合薄膜

（a）$x = 50$ at.%的微观结构；（b）$x = 33$ at.%的微观结构；（c）电阻率的温度依赖性[64]

通过对比上述两个体系的工作可以发现，虽然二者都存在典型的热致 MIT 行为，但是第二个体系不止电阻率的变化幅度远远大于第 1 个体系，而且出现该行为的比例范围更广，这意味着选择合适的材料是填料模型非常关键的因素。最重要的是，两项研究工作都表明填料模型确实能够体现原始材料不存在的新效应。

2．层状模型

简单来说，层状模型是指将两种或者两种以上的物质借助沉积、旋涂或热压等方法进行有效堆叠复合而形成的结构。研究热致 MIT 的层状复合工作往往集中于将一种物质沉积到具有极薄绝缘体层或者半导体层的衬底上而组成的体系。比如将 30nm 厚的磁性氧化物 Co_3MnO 沉积到具有 1.2nm 厚 SiO_2 的 Si 衬底上形成的 Co_3MnO/SiO_2/Si 薄膜[65]。在这种典型的三层结构中，由于绝缘体层（SiO_2）足够薄，因此隧穿效应成为主要的传输机制。整个体系的电阻在低温下由磁性氧化物支配，所以整体处于高电阻态。而磁性薄膜中的电子可以通过热激发发射到 Si 层中形成导电通道，因此随着温度升高，具有较低电阻态的 Si 层会迅速占据体系的主导地位，所以该体系在240K处会呈现出热致MIT行为，如图1.14（b）所示。

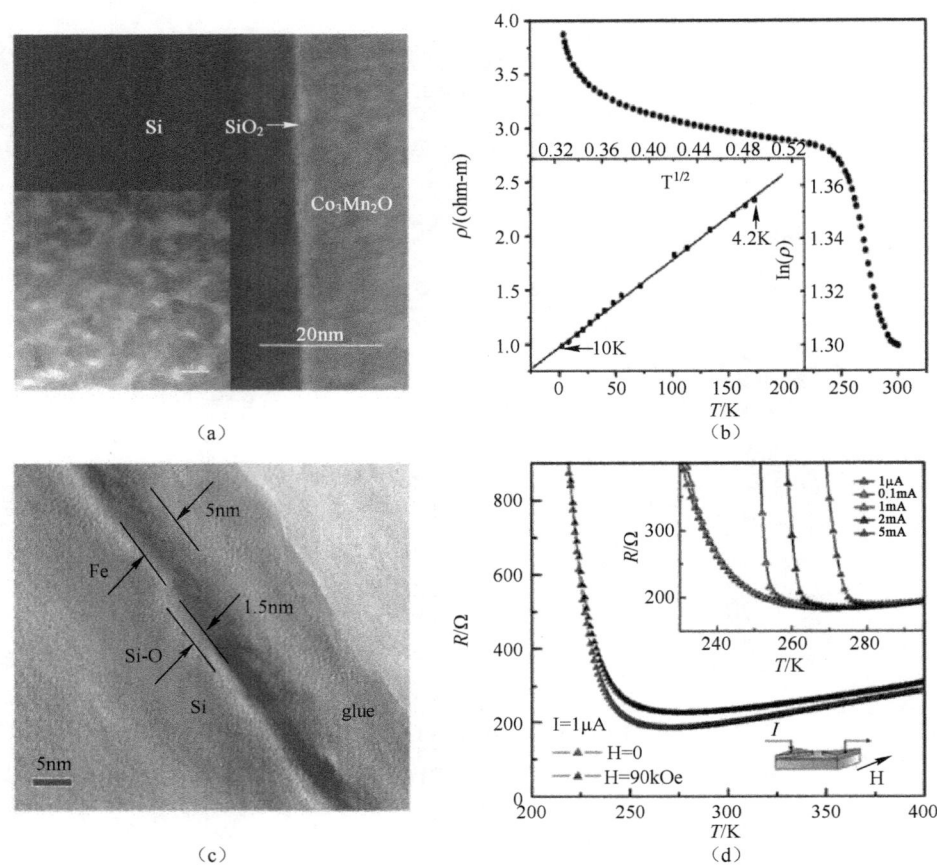

图1.14 层状模型的导电特性

（a）和（b）分别展现了Co₃Mn₂O/SiO₂/Si薄膜的微观结构和电阻率的温度依赖性[65]；
（c）和（d）分别展现了Fe/SiO₂/p-Si薄膜的微观结构和电阻的温度依赖性[66]

将5nm厚的Fe沉积到具有1.5nm厚SiO₂的Si衬底上形成的Fe/SiO₂/p-Si薄膜也存在热致MIT行为[66]。但要注意，该体系并不是让Fe层完全覆盖在SiO₂上，而是将Fe制备成具有微米间隙的两个电极，从而组装成一种特殊的层状结构薄膜，可以称之为间隙（gap）Fe/SiO₂/p-Si薄膜。当温度下降至250K左右时，该体系的电阻会出现明显的增加，这是由于Fe层与Si层之间的电流通道切换行为所引起的。并且从图1.14（d）中可以看出，热致MIT行为能够通过磁场和偏置电流来控制，从而给予了这种特殊层状薄膜更多的调控空间。相反在常规的连续Fe/SiO₂/p-Si薄膜中却并未发现如此显著的MIT行为。上述两个典型的例子清晰地表明，层状模型在热致MIT的研究中也具有极大的潜力，其不仅能通过改变组元还能通过改变层结构的细节来产生和调控MIT行为。

3. 超晶格模型

具有超晶格结构的薄膜是将两种或两种以上的组元以纳米级别薄层形式交叠生长并保持固定周期性制备而成的。在超晶格模型中，不同组元之间的界面处有非常强的关联特性，因此该模型最易衍生出不同于各个组元的独特性质。虽然超晶格薄膜的生长技术较为复杂且发展较晚，但是其为基础理论研究提供了验证计算模型的良好机会，并为应用研究提供了全新的手段。利用该方法研究热致 MIT 也非常普遍，例如在 PrNiO$_3$/PrAlO$_3$ 超晶格（PNO/PAO）的研究工作中，科研人员通过将其沉积在不同的衬底上实现了对热致 MIT 幅度的有效调控，如图 1.15（a）所示[67]。这是因为衬底应力（压缩或拉伸）的不同会导致局部金属镍的电子结构发生明显的改变，进而引起 PNO/PAO 内部的电荷有序相和自旋有序相发生变化，最终达到诱导和调控 MIT 的目标。同样，由于自身就具有热致 MIT 行为的 VO$_2$ 难以通过其他方式调控，所以利用超晶格模型在原子层面对其进行性质的调控和改善是一条非常有效的方法。图 1.15（b）展示了近期 TiO$_2$/VO$_2$ 超晶格的研究工作，结果显示该体系的热致 MIT 行为明显不同于 VO$_2$，最重要的是还能通过生长周期对其进行调控[68]。虽然电阻率的变化幅度弱于 VO$_2$，但是热滞后和转变温度均有了良好的改善，这对于其实际应用更有意义。该体系的理论分析表明，采用超晶格模型能够有效地抑制氧空位的形成，这会使得 VO$_2$ 的相变行为发生变化，因此热致 MIT 行为也会有明显的改变。

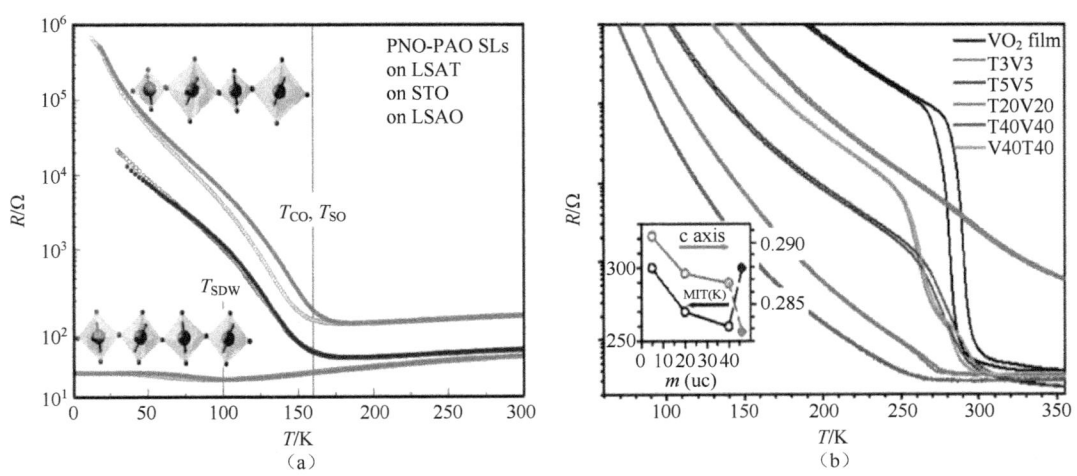

图 1.15 超晶格电阻的温度依赖性

（a）PrNiO$_3$/PrAlO$_3$ 超晶格电阻的温度依赖性[67]；（b）TiO$_2$/VO$_2$ 超晶格电阻的温度依赖性[68]

总而言之，热致 MIT 的研究可以分为单一材料和复合材料两类。通过对上述研究工作分析可以发现，相比于单一材料而言，复合材料由于选择的多样性而具有更多的设计空间，并且转变温度也更易于调控。但是同时也存在转变效应弱和转变温区太宽等严重的缺点，解决这些问题的道路依然很漫长。注意，无论对于单一材料还是复合材料，热致 MIT 行为都仅表现出一次开关效应，并且极窄温区内的变化率也未达到理想的要求。因此，如果能够设计出一种开关温区窄、无热滞后且可切换的热致 MIT 行为，那么就能有力地推动该方向的研究。

1.3 反常霍尔效应

自旋电子学是一门非常具有前景的新兴学科，支持其发展的大部分理论都是凝聚态物理学的核心。该领域主要研究电子自旋的各种理论和特性，进而提高电子设备的效率并开发新功能，如此宽泛的研究内容意味着其必然会引起人们极大的兴趣。随着自旋电子学从基础研究走向实际应用，一些低功耗、高性能以及高集成度的自旋电子器件开始出现，并极大地推动了当今信息技术的发展[69-71]。但要注意，基础理论的研究始终是开发和设计新型自旋电子器件的前提，对于一些重要的物理现象更是如此，只有得到清晰的物理图像才能对其进行调控与修饰，进而走向实际应用。

霍尔效应（Hall effect，HE）在电磁学中扮演着非常重要的角色。1879 年，霍尔（Hall）发现当通电导体置于磁场（垂直于电流方向）中时，电子会偏向导体的一侧，从而在导体两端引起电势差，该现象称为正常霍尔效应（ordinary Hall effect，OHE）[72]。这个发现为测量载流子浓度提供了一个非常简单的方法，极大地促进了固体物理的发展。仅仅两年后，他又发现铁磁性材料的霍尔效应远大于非磁性材料，这个更显著的效应被称为反常霍尔效应（AHE）[73]。鉴于当时人们对电子在固体中运动的知识十分匮乏，这两项发现都是了不起的，特别是后者。研究表明，非磁性材料和铁磁性材料的霍尔电阻率 ρ_{xy} 对外加垂直磁场的依赖性存在质的不同。对于具有 OHE 的前者而言，ρ_{xy} 随外加磁场的增大而线性增加，这归因于洛伦兹力的作用。但是，具有 AHE 的后者却体现出另一种行为，即 ρ_{xy} 在低磁场下会随着磁场的增大先急剧增加，然后在某个磁场值达到饱和状态后变为线性缓慢变化。孔特（Kundt）在 1893 年指出，铁磁体的 ρ_{xy} 的饱和值大致与 z 方向的磁化强度（M_z）成正比。皮尤（Pugh）和利珀特（Lippert）在 1930 年前后结合实验对铁磁体的 ρ_{xy} 建立了一个经验关系式[74-75]，即

$$\rho_{xy} = \rho_{OH} + \rho_{AH} = R_0 H_z + R_s M_z \tag{1.2}$$

式中，ρ_{OH} 和 ρ_{AH} 分别为正常霍尔电阻率和反常霍尔电阻率，因此 R_0 和 R_s 分别对应于正常霍尔系数和反常霍尔系数。研究表明，R_0 的符号和大小主要取决于材料中载流子

的类型和浓度，而 R_s 则是依赖于材料各自的特定参数，特别是其纵向电阻率。

1.3.1 本征机制和非本征机制

虽然近一个世纪以来科研人员对 AHE 的研究从未停止，但至今对其微观机制仍然没有明确的结论，其中一个重要的原因可能是其涉及近些年来才出现的一些拓扑学和几何学理论[76]。关于 AHE 的争论主要包括以下几点：其起源是本征机制还是非本征机制？同一个体系中如何确定哪种机制起主导作用？如何寻找准确的 AHE 标度关系？如何确定表面散射、界面散射以及体散射对 AHE 符号的影响？因此，目前对于 AHE 的精细化研究依然是极具挑战性的工作。常规解释 AHE 的理论分为一种本征机制和两种非本征（斜散射和边跳）机制，具体内容如下所述。

1. 本征机制

1954 年，卡普拉斯（Karplus）和路丁格（Luttinger）为 AHE 提出了一个理论（KL 理论），他们经过计算表明当外部电场施加到固体上时，电子的群速度将会获得一个额外的贡献，可以称之为反常速度（anomalous velocity）。最重要的是该反常速度垂直于施加电场并且总和可能是非零的，因此被认为是产生 AHE 的原因[77]。由于这种贡献仅依赖于能带结构而与载流子的散射无关，所以被称为本征（intrinsic）机制。图 1.16 所示为本征机制示意图[76]。

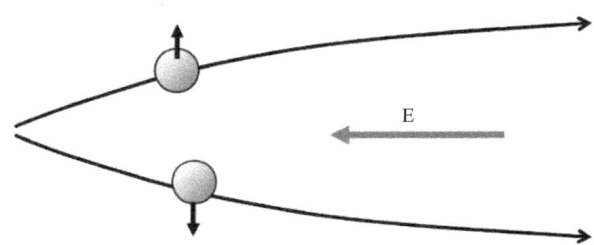

图 1.16 本征机制示意图[76]

在二维情况下，电导率 σ 和电阻率 ρ 均为张量，因此存在以下关系[78]：

$$\begin{pmatrix} j_x \\ j_y \end{pmatrix} = \begin{pmatrix} \sigma_{xx} & \sigma_{xy} \\ \sigma_{yx} & \sigma_{yy} \end{pmatrix} \begin{pmatrix} E_x \\ E_y \end{pmatrix} \tag{1.3}$$

$$\begin{pmatrix} \rho_{xx} & \rho_{xy} \\ \rho_{yx} & \rho_{yy} \end{pmatrix} \begin{pmatrix} j_x \\ j_y \end{pmatrix} = \begin{pmatrix} E_x \\ E_y \end{pmatrix} \tag{1.4}$$

式中，ρ_{xy} 和 σ_{xy} 分别为霍尔电阻率（横向电阻率）和霍尔电导率，ρ_{xx} 和 σ_{xx} 分别为纵向电阻率和纵向电导率。σ 与 ρ 之间为逆矩阵关系，因此通过求解相应的矩阵可得：

$$\rho_{xx} = \frac{\sigma_{xx}}{\sigma_{xx}^2 + \sigma_{xy}^2} \tag{1.5}$$

$$\sigma_{xx} = \frac{\rho_{xx}}{\rho_{xx}^2 + \rho_{xy}^2} \tag{1.6}$$

$$\rho_{xy} = -\frac{\sigma_{xy}}{\sigma_{xx}^2 + \sigma_{xy}^2} \approx -\frac{\sigma_{xy}}{\sigma_{xx}^2} \tag{1.7}$$

$$\sigma_{xy} = -\frac{\rho_{xy}}{\rho_{xx}^2 + \rho_{xy}^2} \approx -\frac{\rho_{xy}}{\rho_{xx}^2} \tag{1.8}$$

寻找 ρ_{xy} 与 ρ_{xx} 的标度关系是判断体系被哪种机制主导的关键，从上面可以得出本征机制中 ρ_{xy} 与 ρ_{xx}^2 成正比。

近些年，牛谦等人结合之前的理论提出了基于贝里相位（Berry phase）的本征机制[79-80]。该理论认为使用动量空间布洛赫（Bloch）波函数的贝里曲率（Berry curvature）可以很好地解释 3d 过渡金属和稀磁半导体的 AHE，并进一步指出贝里曲率其实就是早期 KL 理论中提到的反常速度。理想晶体的布洛赫波函数为

$$|\psi_n(\boldsymbol{k},\boldsymbol{r})\rangle = e^{i\boldsymbol{k}\cdot\boldsymbol{r}}|u_n(\boldsymbol{k},\boldsymbol{r})\rangle \tag{1.9}$$

式中，n、$\boldsymbol{k}$、$\boldsymbol{r}$ 分别为能带指标、波矢和实空间坐标，$u_n(\boldsymbol{k},\boldsymbol{r})$ 为晶格周期函数。载流子在外加磁场中的半经典运动能够使用布赫波函数组成的波包（wave packet）进行描述，其满足以下方程：

$$\dot{\boldsymbol{r}} = \frac{\partial E_n(\boldsymbol{k})}{\hbar\partial\boldsymbol{k}} - \dot{\boldsymbol{k}} \times \boldsymbol{\Omega}_n(\boldsymbol{k}) \tag{1.10}$$

$$\hbar\dot{\boldsymbol{k}} = -e\boldsymbol{E} - e\dot{\boldsymbol{r}} \times \delta\boldsymbol{B} \tag{1.11}$$

式中，$E_n(\boldsymbol{k})$ 由能带的能量和波包磁矩的校正组成，而 $\boldsymbol{\Omega}_n$ 则为贝里曲率。式（1.10）中的第 2 项就是反常速度，其与外磁场 $\boldsymbol{B}$ 无关，但方向垂直于电场 $\boldsymbol{E}$，因此被认为是横向电阻率的根源。随着理论的不断完善，姚裕贵等人通过使用贝里相位的 AHE 理论对布里渊区（Brillouin zone，BZ）中的贝里曲率进行积分从而得到了 bcc-Fe 中本征机制对于 AHE 的贡献数值[81]。具体而言，对于磁化强度沿着[001]晶向的 Fe 来说，只有 z 方向的 $\Omega^z(\boldsymbol{k})$ 不为零。可以使用一个不同但等价的表达式来简单地代表贝里曲率，这个表达式是从久保公式推导而来的：

$$\Omega_n^z(\boldsymbol{k}) = -\sum_{n'\neq n}\frac{2\operatorname{Im}\langle\psi_{n\boldsymbol{k}}|v_x|\psi_{n'\boldsymbol{k}}\rangle\langle\psi_{n'\boldsymbol{k}}|v_y|\psi_{n\boldsymbol{k}}\rangle}{(\omega_{n'} - \omega_n)^2} \tag{1.12}$$

式中，v_x 和 v_y 是速度算符，同时还存在着关系式 $E_n = \hbar w_n$。所有占据能带的贝里曲率之和为 $\Omega^z(\boldsymbol{k})$，其可以表示为

$$\Omega^z(\boldsymbol{k}) = \sum_n f_n \Omega_n^z(\boldsymbol{k}) \tag{1.13}$$

式中，f_n 为费米-狄拉克分布函数。本征霍尔电导率 σ_{xy} 是布里渊区（BZ）上的积分，可表示为

$$\sigma_{xy} = -\frac{e^2}{\hbar} \int_{BZ} \frac{\mathrm{d}^3 k}{(2\pi)^3} \Omega^z(\boldsymbol{k}) \tag{1.14}$$

因此，根据上式并结合第一性原理计算可得理论值为 750.8$(\Omega \cdot cm)^{-1}$[81]，这与实验值 1032$(\Omega \cdot cm)^{-1}$ 非常接近[82]。

对于 hcp-Co 的理论计算结果更为理想，其计算结果和实验结果分别为 477$(\Omega \cdot cm)^{-1}$[83] 和 500$(\Omega \cdot cm)^{-1}$[84]，两者极为接近。但是对于 fcc-Ni 而言，计算结果和实验结果分别为 -2203$(\Omega \cdot cm)^{-1}$[83] 和 -753$(\Omega \cdot cm)^{-1}$[85]，两者之间存在较大的偏差。虽然结果不尽如人意，但是能够对于一些物质进行较为准确的定量计算，足以说明 AHE 的本征机制研究工作在近些年取得了较大的突破。而且从贝里相位角度出发重新审视本征机制依然得到了 ρ_{xy} 与 ρ_{xx}^2 成正比的结论，这也说明了本征机制的准确性。

2. 非本征机制

可以发现，KL 理论在推导的过程中完全没有考虑无序散射的情况，但是在真实的材料中不可避免地会存在缺陷或杂质等，所以电子的运动肯定会受到各种散射的影响。因此，KL 理论的合理性逐渐被人所质疑。后来提出的理论重点关注的都是非理想晶体中无序散射对于 AHE 的影响。

（1）斜散射机制。

1955 年，斯米特（Smit）等人提出 AHE 主要来源于自旋轨道相互作用（SOI）引起的非对称性（asymmetric）杂质散射，这个理论也被称为斜散射（skew scattering）机制[85-86]。简而言之，在 SOI 的影响下，固定自旋方向的载流子受到杂质的散射后，整体速度分布的平均值会偏向某个方向，具有相反自旋方向的载流子偏向方向也相反，因此横向两端不相等的电荷积累会导致 AHE 出现，如图 1.17（a）所示[76]。

半经典玻尔兹曼输运理论的处理通常诉诸细致平衡原理，即特征态从 n 到 m 的跃迁概率 $W_{n \to m}$ 与相反方向的跃迁概率 $W_{m \to n}$ 是相同的。跃迁概率可以表示为

$$W_{n \to n'} = \left(\frac{2\pi}{\hbar}\right) \langle n|V|n' \rangle^2 \delta(E_n - E_{n'}) \tag{1.15}$$

式中，V 为引起跃迁的微扰。尽管这两个跃迁概率在费米黄金法则近似下是相同的，但这种微观意义上的细致平衡并不是通用的。当 SOI 存在时，无论对于理想晶体还是无序的哈密顿量而言，相对于磁化方向为右手跃迁与相应的左手跃迁具有不同的跃迁概率，因此该平衡失效。当对跃迁概率进行微扰计算时，非对称手性贡献就会在三阶微扰

中体现出来。在简单的 $N=1$ 模型中，非对称手性对跃迁概率的贡献通常表示为

$$W_{kk'}^A = -\tau_A^{-1} \boldsymbol{k} \times \boldsymbol{k}' \cdot \boldsymbol{M}_s \tag{1.16}$$

当该项被插入到玻尔兹曼方程中后，会产生一个与 E 驱动的纵向电流成正比，且同时垂直于 E 以及饱和磁化强度（M_s）的横向电流。当该机制为主导时，霍尔电导率 σ_{xy} 和纵向电导率 σ_{xx} 均与输运弛豫时间 τ 成正比，这等效于 ρ_{xy} 与 ρ_{xx} 存在正比的关系。需要提及的是，斜散射机制对 σ_{xy} 的贡献不仅是由于无序哈密顿量中的 SOI，还由于理想晶体哈密顿量与纯标量无序（scalar disorder）相结合时的 SOI。根据主体材料和杂质类型，任何一种斜散射源都可能主导反常霍尔电导 σ_{AH}。

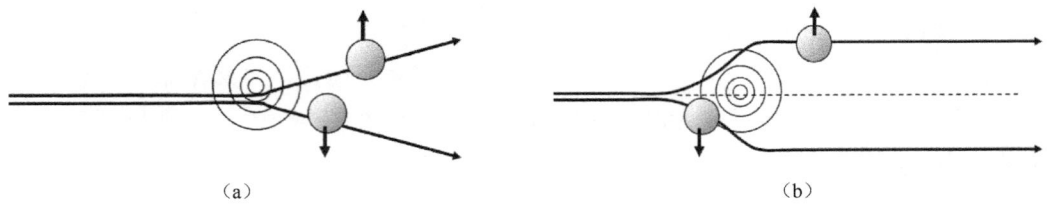

图 1.17　AHE 的非本征机制

（a）斜散射机制；（b）边跳机制[76]

（2）边跳机制。

1970 年，贝格尔（Berger）又提出了一种非本征机制——边跳（side jump）机制，如图 1.17（b）所示[87]。该机制考虑了球形势阱（半径为 R）对高斯波包的散射，其表达式为

$$V(r) = \begin{cases} \dfrac{\hbar}{2m}(k^2 - k_1^2) & (r < R) \\ 0 & (r > R) \end{cases} \tag{1.17}$$

当考虑 SOI 时，会存在下式：

$$H_{SO} = \left(\frac{1}{2m^2c^2}\right)\left(\frac{1}{r}\frac{\partial V}{\partial r}\right)S_z L_z \tag{1.18}$$

式中，S_z 和 L_z 分别是自旋角动量 z 分量和轨道角动量的 z 分量。以波矢量为 k 入射的波包会遭到一个横向于 k 的位移 Δy，该位移量为

$$\Delta y = \frac{1}{6}k\left(\frac{\hbar}{mc}\right)^2 \tag{1.19}$$

对于 $k \cong k_F \cong 10^{10} \mathrm{m}^{-1}$（典型金属中），$\Delta y \cong 3 \times 10^{-16} \mathrm{m}$，因这个值太小而难以被观察到。然而在固体中，有效 SOI 会通过能带结构而增强：

$$\frac{2m^2c^2}{m^*\hbar}\tau_q \cong 3.4 \times 10^4 \tag{1.20}$$

上式中：

$$\tau_q = \left(\frac{m^*}{3\hbar^2}\right)\sum_{m \neq n}\left(\frac{\chi\overline{\xi}\rho^2}{\Delta E_{nm}}\right)\langle m|\boldsymbol{q}\times\boldsymbol{p}|n\rangle^2 \tag{1.21}$$

式中，$\Delta E_{nm} \cong 0.5\text{eV}$ 代表相邻 d 能带的间隙，$\chi \cong 0.3$ 为重叠积分，$\rho \cong 2.5\times10^{-10}\text{m}$ 为最近邻距离，$\overline{\xi} = -(\hbar/2m^2c^2)(r^{-1}\partial V/\partial r) \cong 0.1\text{eV}$ 为原子的 SOI 能。式（1.20）中的因子本质上是电子静止质能 mc^2 与能隙 ΔE_{nm} 的比值。横向位移 Δy 经过增强后可达到 $0.8\times10^{-11}\text{m}$，这使得其能够对 AHE 起到一定的贡献。

注意，边跳机制对 σ_{xy} 的贡献独立于输运弛豫时间 τ，并且似乎与散射体的密度或散射强度无关，因此边跳机制中 ρ_{xy} 与 ρ_{xx}^2 成正比，这与本征机制得到的标度关系相同。边跳机制这种来源于非本征，却又拥有与本征机制相同标度关系的行为，让许多体系的分析变得十分混乱，这也导致原本就不清晰的 AHE 机理变得更加错综复杂。因此，如何区分和分离边跳机制与本征机制的贡献一直是大家激烈争论的问题。

总结目前的三种理论，可以得到 AHE 的标度关系为

$$\rho_{\text{AH}} = c\rho_{xx}^n \tag{1.22}$$

式中，ρ_{AH} 为反常霍尔电阻率。当 $n = 1$ 时，物质的 AHE 由斜散射机制所主导；当 $n = 2$ 时，则为边跳或本征机制所主导。但是在实验中，往往难以将三种机制有效区分开，因此综合考虑后得到下式：

$$\rho_{\text{AH}} = a\rho_{xx} + b\rho_{xx}^2 \tag{1.23}$$

长期以来，大家基本都是使用该式分析 AHE 的机制。近些年，金晓峰等人通过引入物质自身的剩余电阻率 ρ_{xx0} 这一参数，对式（1.23）进行了巧妙的修正，得到下式[88]：

$$\rho_{\text{AH}} = \alpha\rho_{xx0} + \beta\rho_{xx0}^2 + b\rho_{xx}^2 \tag{1.24}$$

对于一些实验来说，这个公式确实比之前的公式具有优越性，但目前来看仍然需要更多的实验和理论依据来验证该标度关系的准确性。总的来说，AHE 理论发展缓慢的部分原因是它们涉及微扰理论中许多必须求和的高阶项，但更根本的原因是它们对特定材料中的无序细节十分敏感，而后者往往是未知的。

1.3.2 统一理论

近年来，贝里相位对 AHE 基础理论的推动促进了大量 3d 过渡金属及其氧化物的实验研究。因此，科研人员根据实验数据提出了所谓的"统一理论（unified theory）"[89-91]。该理论根据材料自身的 σ_{xx} 将 AHE 的标度关系划分为三个区域：高电导率区域（clean regime）、中间电导率区域（intermediate regime）和低电导率区域（dirty regime）。

处于高电导率区域的材料需要满足 $\sigma_{xx}>10^6$S/cm，此时材料的 AHE 由斜散射机制所主导，所以存在标度关系 $\sigma_{AH}\propto\sigma_{xx}$。实验上该区域存在一个极大的挑战，即体系的磁化强度达到饱和时，所需的磁场还会产生非常大的 OHE，并且 R_0 与 R_s 的数量级很接近。同时，在 $\omega_c\tau\gg1$ 的范围内，正常霍尔电导率 σ_{OH} 可能与磁场不再呈线性关系。因此，反常霍尔电流 I_{AH} 不能总是清晰地与洛伦兹力引起的 OHE 分离，但是仍然会发现总的霍尔电流 I_H 随着 σ_{xx} 的增加而线性增加，这为确定斜散射机制在该区域内的主导地位提供了有力的证据。而且即使存在挑战，科研人员在一些研究中还是准确地分离了 σ_{AH} 与 σ_{OH} 的贡献，并且确定了 σ_{AH} 与 σ_{xx} 之间存在线性关系。早期以及近年来在高纯 Fe 中掺杂 Co、Cr、Mn 和 Si 的实验中均得到了 $\sigma_{AH}\propto\sigma_{xx}$ 的标度关系[92-93]。

处于中间电导率区域的材料满足 10^4S/cm<σ_{xx}<10^6 S/cm，该区域内的 σ_{AH} 基本为常数，且与 σ_{xx} 没有依赖关系。这表明与散射无关的本征机制和边跳机制对材料的 AHE 起主导作用。

$\sigma_{xx}<10^4$S/cm 的材料处于低电导率区域，该区域内存在的关系式为 $\sigma_{AH}\propto(\sigma_{xx})^{1.6\sim1.8}$，这一结论主要来源于 Fe_3O_4、$Fe_{3-x}Zn_xO_4$ 以及极薄的 Fe 等具有局域化（localization）效应的材料[94-96]。虽然这些物质的 σ_{xx} 在极低温下会出现异常下降，但是 σ_{AH} 与 σ_{xx} 的标度关系即使在后者变化上百倍时也未改变。

1.3.3 表面和界面的影响

近年来，AHE 被广泛用于探测纳米材料中的磁性和拓扑相，同时还被用于开发下一代极小磁场传感器和低扰动杂散场存储设备。随着自旋电子器件的发展，寻找性能优越的复合材料也是必然的趋势，由此便会涉及界面和表面如何影响 AHE 的问题。大量的实验研究表明，界面散射和表面散射能够显著增强 AHE，但同时也会让之前建立的标度关系失效。Xiong 等人在 Co-Ag 颗粒薄膜中发现 $\rho_{AH}\propto\rho_{xx}^{3.7}$，虽然新标度关系的出现可能暗示了一种新的机制，但是他们认为该行为仍然属于边跳机制，不同的是需要将该机制重新建立在颗粒结构的基础上进行理解。分析结果表明，将边跳模型扩展到短程限制之外能够对该体系进行合理的解释[97]。而 Song 等人在 Fe/Cr 多层膜中发现 $R_s\propto\rho_{xx}^{2.6}$，需要注意其中 $R_s = \rho_{AH}/4\pi M_s$，理论分析表明指数 $n = 2.6$ 是层间反铁磁耦合和界面散射共同作用的结果[98]。Guo 等人在 Co/Pd 多层膜中发现 $\rho_{AH}\propto\rho_{xx}^{5.7}$，该体系中界面与表面散射对纵向和横向电阻率都有显著的影响，从而引起了新的标度关系[99]。Zhang 等人在 Fe/Au 多层膜中发现当生长周期 m 小于 4 时，指数 $n = 2.65$，定量分析结果表明界面散射抑制了本征贡献的同时还产生了边跳贡献，从而影响了 n 的数值[100]。这些实验结果都表明，复合体系中的界面和表面散射对于 AHE 的影响是不可忽略的。

AHE 符号反转行为是近些年的研究热点，这一有趣的现象极大地丰富了 AHE 的理论和应用研究内容，但是拥有该行为的体系却十分稀少。在最新的研究中，Wang 等人在磁性拓扑绝缘体异质结 Sb$_2$Te$_3$/Sb$_{1.9}$V$_{0.1}$Te$_3$ 中发现了 AHE 符号反转行为，但是极为复杂的制备过程和多重关联作用导致该体系并不适合研究界面和表面散射对 AHE 的具体贡献[101]。其他研究 AHE 符号反转的工作基本都集中在 Co/Pd 多层膜体系，虽然该体系较为简单，但是界面、表面以及体散射对于 AHE 的贡献一直存在争议。罗森布拉特（Rosenblatt）等人在 [Co(2Å)/Pd(9Å)]$_m$ 多层膜中发现，薄膜整体厚度的变化和特殊厚度薄膜的老化时间变化均会引起 AHE 发生符号反转，分析结果表明，表面散射和体散射分别主导正 AHE 和负 AHE，而界面散射则可以被忽略[102]。克斯金（Keskin）等人在 [Co(2~5.5Å)/Pd(15Å)]$_{9m}$ 体系中发现，Co 层厚度变化以及特殊厚度下温度变化诱导的 AHE 符号反转源自主导负 AHE 的界面散射与主导正 AHE 的体散射之间的竞争，而表面散射则可以被忽略[103]。Guo 等人在 [Co(3Å)/Pd(5Å)]$_m$ 多层膜中发现，薄膜整体厚度的变化以及特殊厚度下的温度变化均会引起 AHE 发生符号反转，分析结果显示，表面散射主导负 AHE，而界面散射和体散射均主导正 AHE[99]。这些结果表明，即使在同一类体系中，三种散射效应对于 AHE 符号的贡献都无法被准确地判断，因此寻找 AHE 符号反转的机理仍然存在较大的挑战。注意，AHE 符号反转行为目前都是在异质结体系中被发现的，但对于异质结来说，三种散射效应始终都是共存的，完全排除其中一种散射的影响非常困难。由于表面散射和体散射是不可能消除的，因此如果在没有界面的单一材料中发现 AHE 符号反转行为，那么就能有力地推动该行为的机理和应用研究。

1.4 各向异性磁电阻

磁电阻（MR）效应是指材料自身的电阻率在外磁场的作用下会发生变化的现象，其大小通常用变化率来表示：

$$MR = \frac{\Delta\rho}{\rho} = \frac{\rho(H) - \rho(0)}{\rho(0)} \times 100\% \tag{1.25}$$

其中，$\rho(H)$ 和 $\rho(0)$ 分别代表材料在磁场为 H 和 0 时的电阻率。研究最广泛的 MR 效应包括正常磁电阻（OMR）、各向异性磁电阻（AMR）、巨磁电阻（giant magnetoresistance，GMR）、隧穿磁电阻（tunnelling magnetoresistance，TMR）等[104]。近期还发现了几种有趣的 MR 效应，如反常霍尔磁电阻（AHMR）[105]、自旋霍尔磁电阻（SMR）[106]、Hanle 磁电阻（HMR）[107]和 Rashba-Edelstein 磁电阻（REMR）[108]等，可见磁电阻效应是一个非常庞大的研究体系。AMR 效应是最早发现的磁电阻效应之一，同时也是磁性材料最基本的自旋相关输运性质，但由于早期理论基础和工业水平有限，该效应并未引起人们太多的关注。目前，基于 AMR 效应的各种电子器件已经被广泛应用于日常生活中，而且随着理论和技术的发展，越来越多的调控手段也被开发出来，这使其有潜力满足更多领域的应用需求。因此，本书主要关注 AMR 效应的机理和应用，接下来对其进行详细的介绍。

1.4.1 各向异性磁电阻的机理

汤姆森（W. Thomson）在 1857 年发现了 AMR 效应，即铁磁材料的电阻率随磁化方向与电流方向之间的夹角变化而改变的现象[109]。由于角度依赖的特性，AMR 的值通常被定义为

$$AMR = \frac{\Delta \rho}{\rho_{av}} = \frac{\rho_{//} - \rho_{\perp}}{\rho_{av}} \quad (1.26)$$

式中，$\rho_{av} = (\rho_{//} + 2\rho_{\perp})/3$，而 $\rho_{//}$ 和 $\rho_{\perp}$ 分别代表磁化强度 M 与电流密度 J 平行和垂直时的电阻率。注意，本节提到的电阻率都是常规的纵向电阻率 ρ_{xx}，而不是上一节中的横向电阻率 ρ_{xy}。如果将科勒（Kohler）规则推广至铁磁材料中，则可以得到[110]：

$$\frac{\Delta \rho}{\rho} \propto a\left(\frac{H}{\rho}\right)^2 + b\left(\frac{M}{\rho}\right)^2 \quad (1.27)$$

式中，第 1 项和第 2 项分别为 OMR 和 AMR 效应。在多晶材料中，AMR 效应的角度依赖性可以描述为

$$\rho = \rho_{\perp} + \left(\rho_{//} - \rho_{\perp}\right)\cos^2\varphi_M \quad (1.28)$$

式中，φ_M 表示 M 与 J 之间的夹角。

本质上，AMR 效应源于 SOI。可以使用二流体模型（two-current model）理解此效应，其中通常需要实验值来确定自旋混合（spin mixing）参数[111]。对于铁磁过渡金属，当温度远低于自身居里温度时，自旋向上和向下的电子将会形成两个彼此独立的电流传导通道，电阻率分别记为 $\rho^{\uparrow}$ 和 $\rho^{\downarrow}$。同时，电子的自旋方向几乎不会因为散射而发生变化，因此总电阻率可以表示为

$$\rho = \frac{\rho^{\uparrow} \rho^{\downarrow}}{\rho^{\uparrow} + \rho^{\downarrow}} \quad (1.29)$$

斯米特在 1951 年发表的文章中指出，在不考虑多子自旋 $s \to d$ 散射的情况下，$\rho_{sd}^{\downarrow}$少量的增加就能够对净电阻率产生明显的影响[112]。SOI 会导致自旋向上和向下混合，这为 $s^{\uparrow}$ 电子散射到空 d 态提供了途径。接下来，将分析 SOI 影响电阻率各向异性的具体过程。当 SOI 不起作用时（$L \cdot S = 0$），在多子自旋电流通道中没有 s-d 散射，如图 1.18（a）所示[110]。此时电阻率可以写为

$$\rho = \frac{\rho_s(\rho_s + \rho_{sd}^{\downarrow})}{2\rho_s + \rho_{sd}^{\downarrow}} \equiv \rho_0 \quad (1.30)$$

当 SOI 起作用时（$L·S \neq 0$），$s^↑$ 电子会散射到 $3d^↓$ 空穴态，从而导致总电阻率增加，如图 1.18（b）所示。同时，SOI 还能引起 $d^↑ \to s^↓$ 跃迁，这将会打开 $3d^↑$ 空穴态，从而为 $s^↑$ 以及 $s^↓$ 电子的 s-d 散射提供了更多的通道。

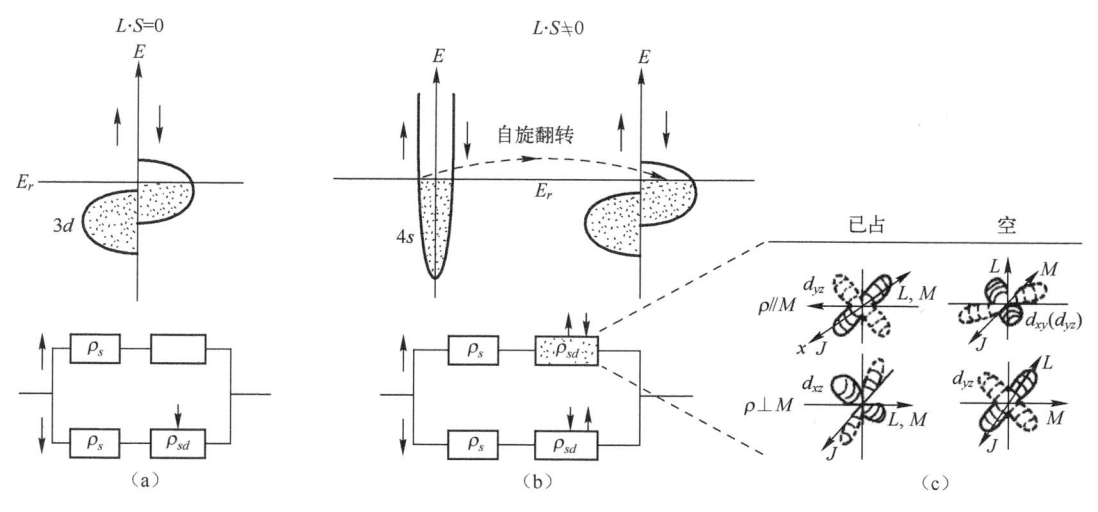

图 1.18 SOI 对电子散射的影响[110]

3d 空穴态与充满的 3d 态相比有不同的 $<L_z>$ 值，因此 $3d^↑$ 空穴态的 L 往往不平行于已占 $3d^↑$ 态的 L。图 1.18（c）中展示了 J 和 M 的两种状态，当 $J // M$ 时，空 d 态会存在垂直于 M 的 L 分量；而当 $J \perp M$ 时，空穴态可能具有 $J // L$ 的状态。第 1 种状态会存在经典轨道（$k_x^2 + k_y^2$），这与传导电子动量 k_x 匹配；而第 2 种状态与 k_x 的不匹配度增加。这意味着前者能产生更多的新 s-d 散射轨道，这会导致电流平面内出现更多的空 3d 态。当系统处于 $J // M$ 和 $J \perp M$ 这两种状态时，s-d 散射截面分别为最大和最小，因此所对应的电阻分别为最高和最低。图 1.19 直观地展示了 AMR 效应的角度依赖性（图中箭头展示了局域自旋方向与由 SOI 引起的各向异性电荷分布之间的耦合）[113]。

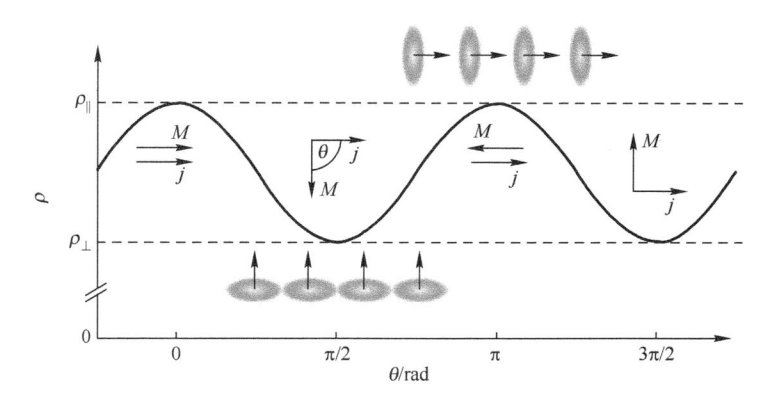

图 1.19 AMR 效应的角度依赖性

通常在薄膜体系中，有面内 AMR（IP-AMR）和面外 AMR（OP-AMR）两种测试方式，其示意图分别为图 1.20（a）和（b）[111]。两者都能够展示薄膜电阻率与磁场夹角的关系，不同的是 IP-AMR 和 OP-AMR 分别指磁场施加在 xy 和 xz 平面。对于具有显著磁各向异性的材料而言，两种 AMR 测试结果会存在很大的不同，这种差异能够同时体现在角度依赖和磁场依赖两个方面。近年来，在一些磁性薄膜中发现了一种奇特的磁电阻现象，即当磁化方向在垂直于电流的 yz 平面内旋转时，电阻率也会发生改变，这种测试方式被称为垂直 AMR（P-AMR），图 1.20（c）为其示意图。部分研究表明，P-AMR 可能源于薄膜的织构、边界散射或应变引起的几何尺寸效应（GSE）[114-115]。吉尔（Gil）等人认为 GSE 本质上源于 SOI 对 s-d 散射的各向异性效应，这是由于磁化的面内方向和极性方向之间的对称性破缺所引起的[116]。

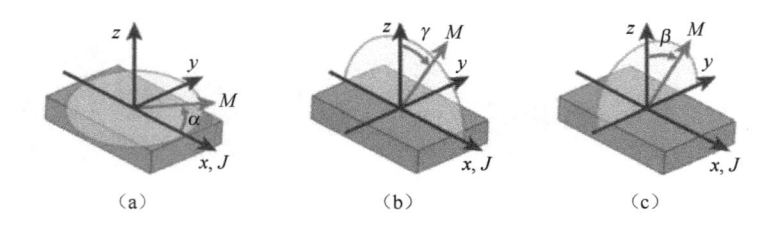

图 1.20 三种 AMR 的示意图

(a) 面内 AMR；(b) 面外 AMR；(c) 垂直 AMR[111]

1.4.2 各向异性磁电阻的应用

工业制造技术的快速发展促使纳米尺度的磁电输运研究成为当前热门的课题之一，这对于开发高密度存储设备和高速信息处理设备至关重要。但是，磁性系统在纳米尺度上往往会表现出一些新的现象，并且对已建立的模型提出了挑战。这导致对新现象的物理本质缺乏深入的理解，从而阻碍了它们的应用前景。如果想将这些现象开发至设备形式，就需要在最基本的层面上详细了解它们的磁化行为。但由于这类系统的复杂性，理论和实验研究通常都会受到阻碍。因为 AMR 效应直接取决于磁化强度，因此其对材料的磁畴结构变化非常敏感，这使得其能够测量非常小的磁化改变[117]。因此，AMR 效应为研究纳米级系统的磁化反转提供了一个非常灵敏的工具。从应用角度来说，基于 AMR 效应的硬盘磁头在 20 世纪 90 年代就已经应用到了磁记录设备中，显著促进了存储技术的发展[118]。虽然当前 AMR 磁头已经被 GMR/TMR 磁头所取代[119-120]，但是 AMR 效应所具有的独特角度敏感特性却一直受到人们的关注，因此关于该效应的研究仍然非常活跃。在全新的复合结构及材料中追求室温巨 AMR 效应和新奇的非常规（库伦阻塞[121]、隧穿[122]、弹道[123]、异常[124]）AMR 效应是当前人们的关注点之一。这些现象的发现确实能够有效地拓宽自旋电子器件的使用范围，但是距离实际应用还有许多的技术障碍需要克服。

能够检测角度变化的传感元件被广泛应用于各种电子器件中,这是大量现代工业设备必不可少的组成部分[125-128]。因为磁场可以穿透常见的障碍物,而光、声和静电场通常会受到振动、反射、吸收和屏蔽效应的影响,因此磁敏元件通常提供识别角度这一关键功能。相比于传统的角度传感器,磁敏角度传感器(MSAS)拥有无接触和无摩擦的特点,因此具有寿命长、稳定性好和可靠性高的优点,同时还能在保证高分辨率的前提下实现小型化,所以常用于环境恶劣、机械变化频繁和空间狭小的场合[129-130]。目前,主流的磁敏角度传感器都是基于霍尔效应或磁电耦合效应组装而成的[131-132]。近些年,随着 AMR 效应的基础理论和应用研究的不断深入,人们发现基于该效应组装的传感器存在灵敏度高、功耗较低、高频响应好、集成度高等优点[133-136]。因此越来越多的研究集中于设计灵敏的 AMR 材料和元件,以优化空间位置及姿态传感器等设备,而且这些研究对于自旋存储器的读出时间和单元尺寸的发展也具有意义。但是该方面的探索却不尽如人意,这是因为其既需要满足显著的效应,又需要简单的制备和加工流程以适用于大量生产。因此,当前 AMR 传感器的发展似乎遇到了瓶颈,使用常规的方法和思路暂时无法很好地解决目前遇到的各个问题。从新体系出发设计新型的磁传感材料是一条非常有前景的方式,因为其不仅能够有效地避免一些难以解决的问题,而且对性能的调控有更多的自由度。

1.5 平面霍尔效应

磁性材料中的磁电阻现象于 1857 年在 Ni 和 Fe 中被首次报道[109]。继 AMR 效应被发现后,1881 年,霍尔报道了磁性材料中不同于普通金属的霍尔信号[73],之后,磁性材料中的反常霍尔磁电阻被提出[74, 137]。此后,磁性体系中的平面霍尔效应(PHE)[138-139]、巨磁电阻(GMR)效应[140-141]、隧穿磁电阻(TMR)效应[142-143]相继被发现,磁学输运现象的研究成为凝聚态物理史上经久不衰的前沿方向,并促成了自旋电子学的诞生。

1.5.1 材料体系

平面霍尔效应(PHE)指的是,当外加磁场、电流密度同在面内时,所产生的横向电压响应。究其起源,与 AMR 是共通的,即由自旋向上和自旋向下相混合的自旋轨道耦合及 s-d 能带散射所导致。如图 1.21(a)所示,在磁性导体材料中,当面内电流密度方向与外加磁场方向平行时,电阻率定义为 $\rho_{\parallel}$,当面内电流密度方向与外加磁场方向垂直时,电阻率定义为 $\rho_{\perp}$。

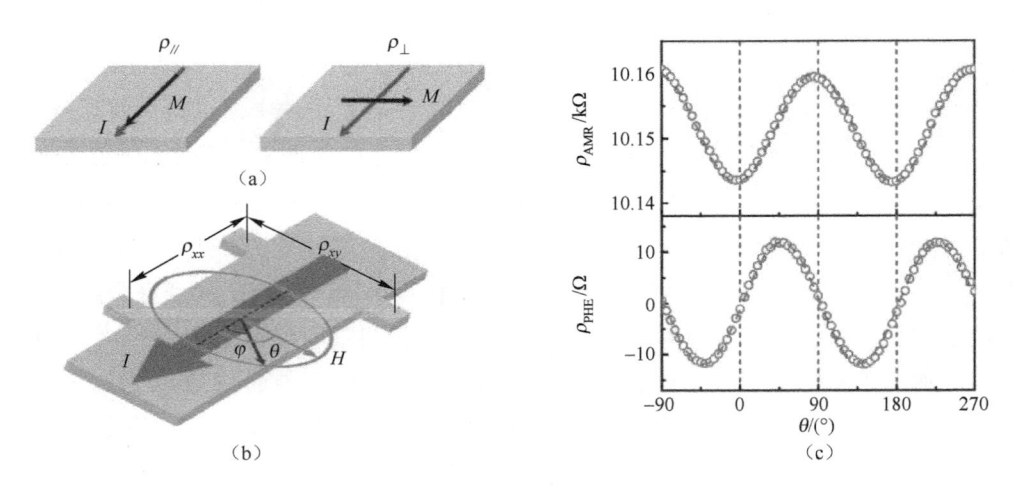

团簇组装薄膜的磁电输运性质及应用

图 1.21 磁性导体中的 PHE[144]

(a) 磁性导体中与磁化方向相关的电阻率定义；(b) 用于测量纵向电阻率 ρ_{xx} 和横向电阻率 ρ_{xy} 的磁性导体器件，其中纵向电阻率随磁场的变化称为 AMR 效应，横向电阻率随磁场的变化称为 PHE；
(c) 磁性导体中的 AMR 效应和 PHE 随磁场角度的变化

当外加磁场在与磁化、电流密度同在面内，且磁场在面内旋转时，系统自由能 F 被磁晶各向异性（magnetocrystalline anisotropy，MCA）和塞曼能（Zeeman energy）决定，如下式所示[144]：

$$F = K_u \sin^2(\varphi - \varphi_u) + \frac{K_1}{4}\sin^2[2(\varphi - \varphi_1)] - MH\cos(\varphi - \theta) \tag{1.31}$$

式中，θ 为磁场 H 与电流之间的夹角，φ 为磁化 M 与电流之间的夹角，K_u 和 K_1 为单轴和双轴各向异性常数，φ_u 和 φ_1 分别为对应的易磁化轴（简称易轴）方向。图 1.21 (b) 所示为 AMR 和 PHE 的测试结构。现在考虑一个各向同性的材料体系，磁化沿着外磁场方向，即 $\theta = \varphi$。该体系在磁化方向上表现出旋转对称性。外磁场 H 方向定义为 $\hat{z}$，电场 E 和电流密度 j 之间的关系可写为

$$E = \rho_\perp j + \hat{z}(j \cdot \hat{z})(\rho_\parallel - \rho_\perp) + \rho_H \hat{z} \times j \tag{1.32}$$

式中，ρ_H 是霍尔电阻率。在磁场与电流所在的面内方向上，电阻率可以被分解为由 AMR 决定的纵向电阻率，以及由 PHE 决定的横向电阻率。AMR 与夹角 φ 的关系为

$$\rho_{AMR}(\varphi) = \frac{1}{2}(\rho_\parallel + \rho_\perp) + \frac{1}{2}(\rho_\parallel - \rho_\perp)\cos 2\varphi \tag{1.33}$$

PHE 与夹角 φ 的关系为

$$\rho_{PHE}(\varphi) = \frac{1}{2}(\rho_\parallel - \rho_\perp)\sin 2\varphi \tag{1.34}$$

注意，对于多晶磁性薄膜来说，其满足各向异性介质的前提条件（如满足正弦曲线关系的 AMR 和 PHE）曾在铁磁合金多晶薄膜中被观测到[145]。但是对于单晶外延体系

来说，只有在塞曼能远远大于磁晶各向异性能的情况下，$\theta = \varphi$ 的条件才能被满足，即体系是旋转对称的。如图 1.21（c）所示，在高场条件下，面内的 AMR 和 PHE 能够被式（1.33）和式（1.34）很好地拟合。

PHE 首先在磁性金属材料中被发现，后来又在磁性半导体、强关联体系中观测到了此类现象，近年来围绕拓扑量子材料中 PHE 的研究也逐渐兴起。需要说明的是，在强关联体系和拓扑量子材料等非磁材料中，PHE 的机制是截然不同的。

纳米晶磁性合金材料由于其较大的饱和磁化强度和较小的矫顽场，在高灵敏度磁传感器方面有重要的应用价值，因而近年来吸引了人们的广泛关注。泽曼（Seemann）等人利用磁控溅射方法，在反铁磁 $Ir_{20}Mn_{80}$ 上生长了 20nm 厚的铁磁纳米晶 $Co_{60}Fe_{20}B_{20}$ 单畴薄膜，反铁磁层与铁磁层之间的交换相互作用导致单向各向异性，其中的交换相互作用场平行于 PHE 所产生的横向电压的测量方向[146]。图 1.22（a）所示为 AMR 决定的纵向电阻率和 PHE 决定的横向电阻率随磁场夹角的变化（左侧为实验结果，右侧为最小二乘法拟合结果）。可以看出，对于不同的磁场强度，实验数据与拟合结果都是相吻合的。注意，纵向电阻率和横向电阻率的幅值都是 $5.0 \times 10^{-8}\Omega\cdot cm$，符合式（1.33）和式（1.34）的预期，证明了 CoFeB 薄膜的单畴性质。另外，当固定磁场角度为 90°时，在 10K 至室温的范围内，磁场依赖的 PHE 响应电压 U_{xy} 表现出回滞行为，证明了此时磁场是沿着样品的难磁化轴（简称难轴）。从其中提取了温度依赖的 PHE 信号，如图 1.22（b）插图所示，横向电阻率幅值$\Delta\rho_{xy}$ 随温度的升高而降低，也证明了在当前体系中，平面霍尔效应与 AMR 的物理机制是一致的。

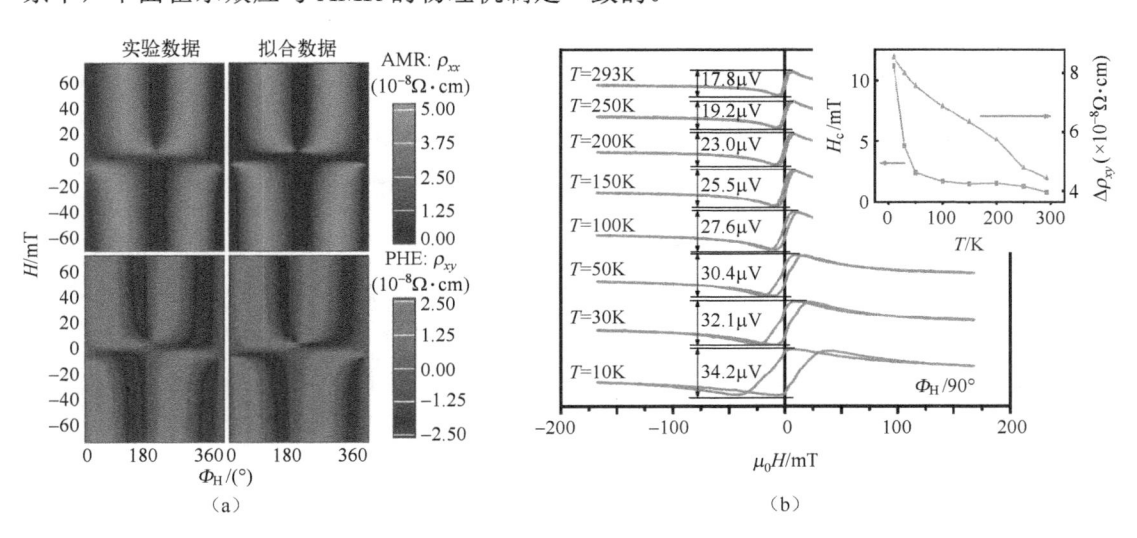

图 1.22　铁磁纳米晶 $Co_{60}Fe_{20}B_{20}$ 单畴薄膜中的 PHE

（a）AMR 和 PHE 信号随磁场角度的依赖关系；（b）PHE 随温度的依赖关系[146]。

半导体材料在现代信息社会中的重要性是不言而喻的，开发可利用可兼容的磁性半导体材料，实现电荷和自旋自由度的双重操控，是国际上颇受关注的科研方向，并形成了半导体自旋电子学这门学科。2003年，鲁克斯（Roukes）课题组首次观测到了外延磁性半导体（Ga，Mn）As薄膜中的巨大PHE，如图1.23（b）所示，面内扫场测量到的PHE信号为37Ω，且发生了符号的翻转，比先前在铁磁金属中观察到的数值（仅为mΩ量级）要大4个数量级[147]。这种巨大PHE为研究（Ga，Mn）As中磁场角度依赖的磁学性质提供了灵敏度上的优势，从而在实验上推导出了（Ga，Mn）As的磁各向异性场，其结果与理论预测较为一致。对于半导体材料而言，基于电学的磁性表征方法，优于基于光学的磁性表征方法，例如光的作用可能会使载流子浓度发生改变。同时，巨大PHE仅需较小的激发功率便可观测到，这与mK极低温测试是相兼容的，并为微纳尺度自旋电子学器件的研究提供了极大的便利。

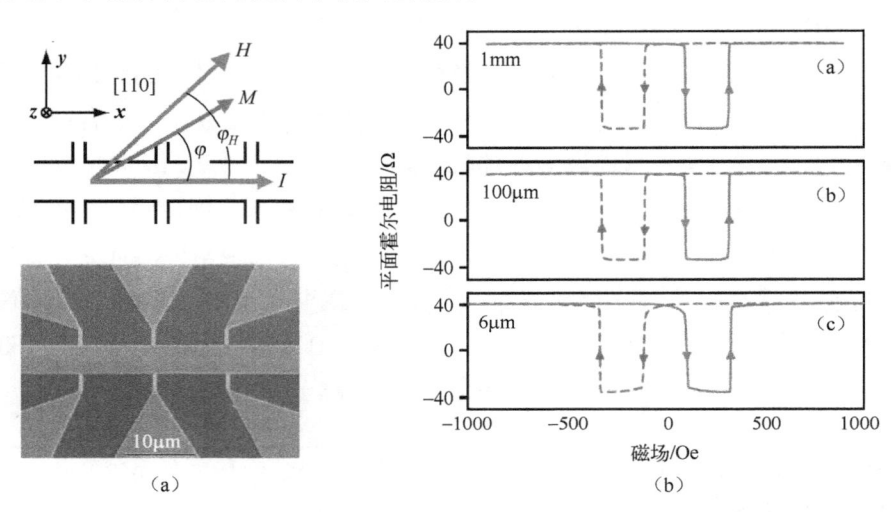

图1.23 磁性半导体（Ga，Mn）As薄膜中的PHE

(a)（Ga，Mn）As薄膜器件的测试结构示意图和扫描电镜图片；(b) PHE随磁场强度的依赖关系[147]。

形成于两种绝缘氧化物界面处的二维电子气，通常具有较强的拉什巴自旋轨道耦合以及磁晶各向异性，因此能够诱导更为显著和有趣的AMR和PHE，例如在LaVO$_3$/STO界面处观测到了60%的AMR信号[148]。更为有趣的是，界面自旋轨道耦合可以通过栅压、电流等方式进行调控，并能通过AMR和PHE的行为表现出来。近年来，在钙钛矿氧化物家族中，因在KTaO$_3$（KTO）系统中有望实现拉什巴效应，其受到了广泛的关注。瓦德拉（Wadehra）等人报道了在LaVO$_3$/KTO界面高迁移率二维电子气中，观测到了PHE和AMR[149]。如图1.24所示，LaVO$_3$/KTO表现出了强自旋轨道耦合性质，在低磁场条件下，LaVO$_3$/KTO表现为拉什巴自旋劈裂诱导的二重PHE和AMR；在高磁场条件下，四重AMR的出现，可能与能带手性、二维巡游电子以及强自旋轨道耦合之间的相互作用有关。

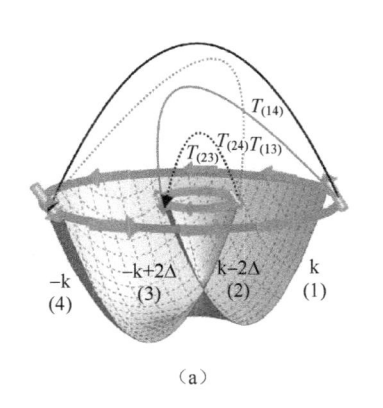

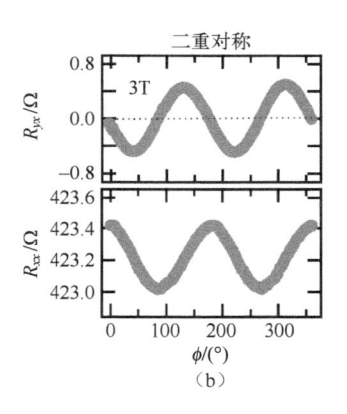

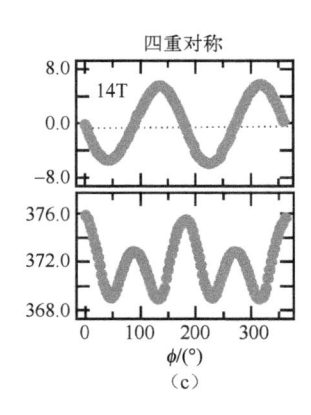

图 1.24　LaVO$_3$/KTO 二维电子气中的 PHE

（a）拉什巴能带劈裂；（b）低磁场下的横向电阻和纵向电阻；（c）高磁场下的横向电阻和纵向电阻[149]

拓扑绝缘体因其具有无质量的狄拉克费米子特性，在自旋电子学和量子器件方面有广阔的应用前景。其受拓扑保护的自旋-动量锁定表面态，已经在诸多材料体系中被观测到，包括弱反局域化（weak anti-localization，WAL）、AB 效应（Aharonov-Bohm interference）、普适电导涨落（universal conductance fluctuations）、SdH 振荡（Shubnikov-de Haas oscillations）、量子霍尔效应（quantum Hall effect）等在内的与拓扑表面态相关的输运特性多有报道[150]。对拓扑绝缘体中 PHE 的研究，有望为拓扑表面态的确认提供更加确凿的证据。塔斯基（Taski）等人首次在非磁性三维拓扑绝缘体中观测到了 PHE，如图 1.25 所示[151]。其中测量到的 PHE 和 AMR 随磁场夹角的变化满足式（1.33）和式（1.34）的关系。在此研究工作中，将 PHE 归因于磁性杂质导致的各向异性电子散射，而在 Wu 等人的报道中，通过变温测试，确认了 PHE 源于拓扑表面态的自旋动量锁定[150]。

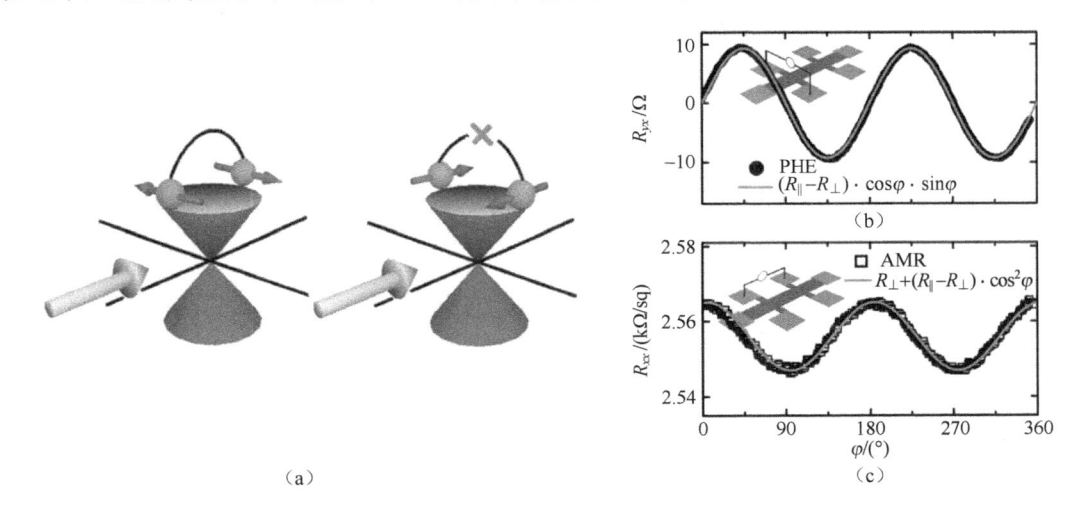

图 1.25　拓扑绝缘体 Bi$_{2-x}$Sb$_x$Te$_3$ 中的 PHE

（a）自旋方向与磁场垂直的狄拉克费米子的背散射是被允许的，自旋方向与磁场平行或反平行的狄拉克费米子的背散射是被禁止的；（b）横向电阻随磁场角度的依赖关系；（c）纵向方块电阻随磁场角度的依赖关系[151]

1.5.2 平面霍尔效应的应用

平面霍尔效应（PHE）作为一种对面内磁场变化响应极为灵敏的普适性现象，有望在磁传感器、磁存储器等自旋电子学器件应用方面发挥越来越重要的作用[152]，同时可以作为表征材料磁学性质的有效方法，目前较为成熟的应用是在磁传感器方面。随着电气自动化应用的快速发展，传统的磁传感器逐渐向微型化、超高灵敏度、多功能化转变。微型磁传感器可以集成在汽车、手机、导航、航空、医疗等设备中，用于速度、位置、角度、电流等信息的探测。图 1.26 展示了基于各种物理原理的不同类型磁传感器，可以看出这些磁传感器可分辨的最小磁场与能够测量的磁场范围是有很大差异的，不同的磁传感器适用于不同的领域[153-154]。

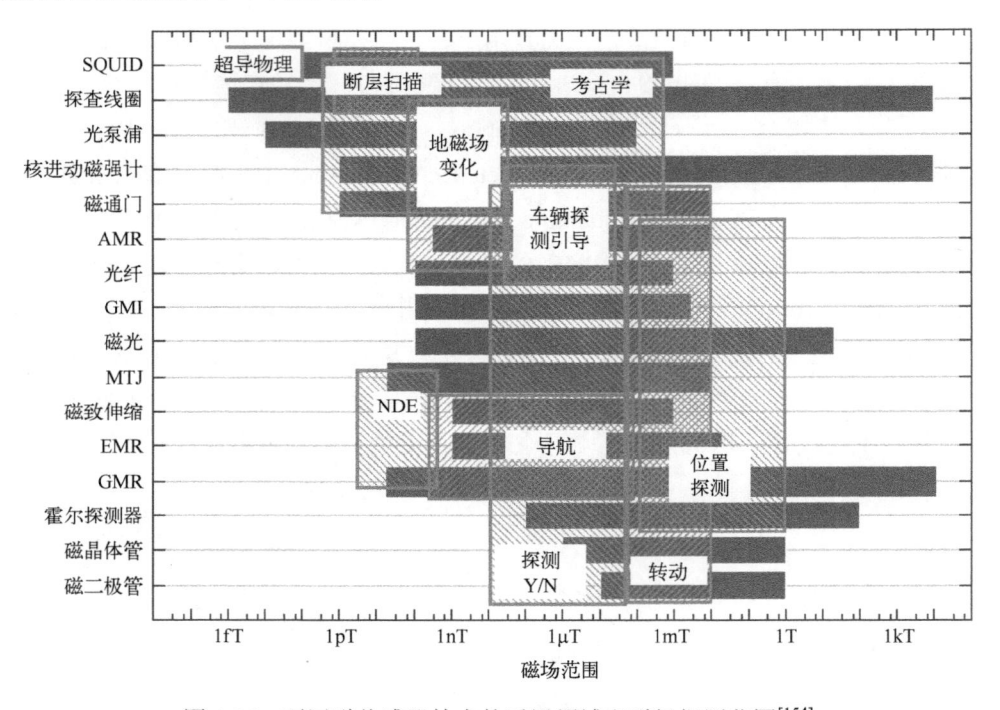

图 1.26 不同磁传感器技术的适用领域和磁场探测范围[154]

在诸多类型的磁传感器中，PHE 传感器的一些优势逐渐显现，近年来获得了广泛的关注。一是对于 PHE 传感器来说，并不存在一个背景纵向电阻，但是 AMR 传感器中总是存在一个器件本身的背景纵向电阻，并会随着温度和器件老化而出现波动；二是 PHE 传感器的结构简单，易于制备，为高灵敏度磁传感器的微型化设计提供了便利，反之对于 AMR 传感器而言，若要消除背景纵向电阻，需要设计更为复杂的器件结构，这不利于器件的微型化和降低功耗；三是 PHE 传感器的室温磁场分辨率可至 nT 量级，并具备可调节的探测灵敏度。

图 1.27 展示了 PHE 传感器的发展路径。实际上，PHE 的应用，在其被发现的最初数十年时间内，并未受到人们的太多关注。直到 1995 年，舒尔（Schuhl）等人利用分子束外延生长了 6nm 厚的超薄 NiFe 薄膜，将 PHE 传感器灵敏度提升至 100V/TA，磁场分辨率提升至 nT 量级，并且大大降低了热噪声，才使其具有了真正的实用价值[155]。PHE 的另外一个问题是回滞信号的存在。2000 年，金（Kim）等人生长了 NiO（30nm）/NiFe（30nm）双层结构，利用反铁磁 NiO 和铁磁 NiFe 之间的交换相互作用，引入了 NiFe 层的单向各向异性，观测到了磁场强度依赖的无回滞线性平面霍尔信号，更有意义的是，此研究工作指出可以利用改变交换相互作用场来调控 PHE[156]。

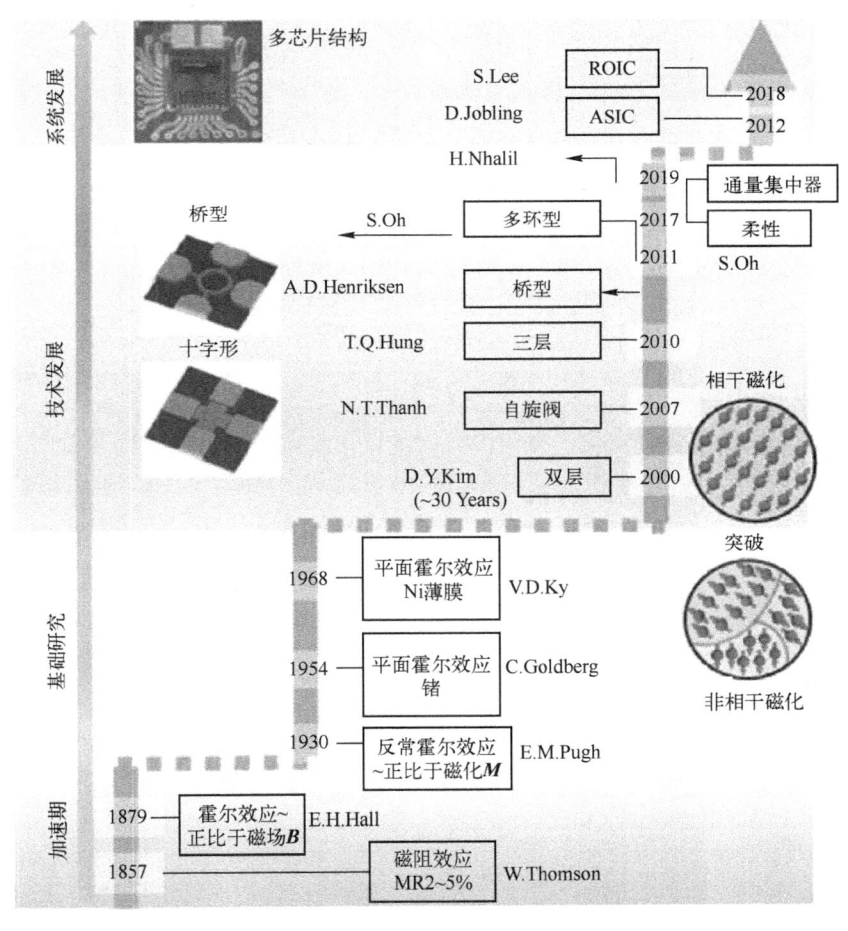

图 1.27　基于 PHE 的磁传感器的发展路径[157]

目前，为了引入交换偏置场，PHE 传感器的结构可分为三种，分别是铁磁/反铁磁双层结构、自由铁磁层/钉扎铁磁层自旋阀结构、铁磁/隔离/反铁磁三层结构，如图 1.28 所示[158]。在享（Hung）等人的研究工作中，双层结构的交换偏置场约为 125Oe，其导致的反对称 PHE 信号恰好满足此范围。在自旋阀结构中，自由铁磁层和钉扎铁磁层之间的层间相互作用场约为 1Oe，PHE 信号由于短路效应而减小。在三层结构中，交换偏置场约为 15Oe，但是短路效应和双层结构类似，相较于双层结构，PHE 信号并未明显减小。同时可以看出，在这三种结构中，三层结构表现出了更高的磁场灵敏度，达到了 12μV/Oe。

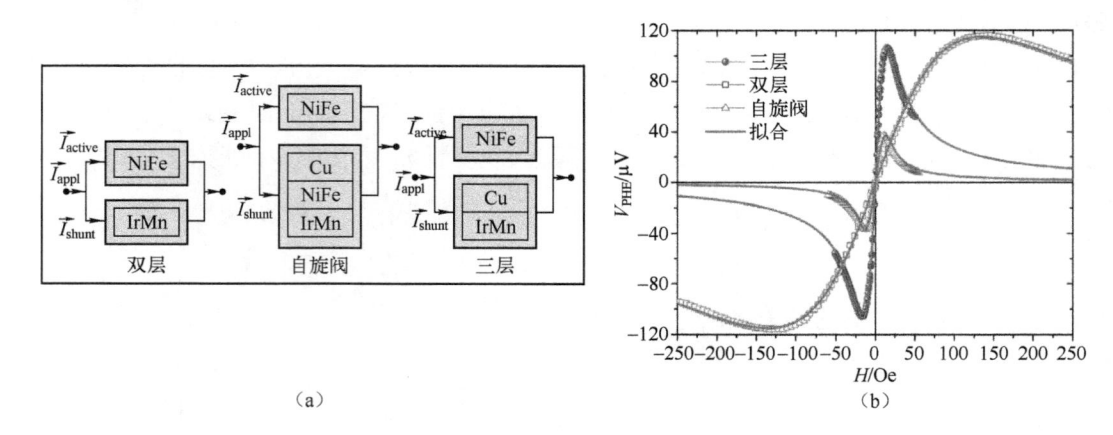

图 1.28　受交换偏置场调制的三种 PHE 磁传感

（a）双层结构 Ta(3nm)/NiFe(10nm)/IrMn(10nm)/Ta(3nm)，自旋阀结构 Ta(3nm)/NiFe(10nm)/Cu(1.2nm)/NiFe(2nm)/IrMn(10nm)/Ta(3nm)，三层结构 Ta(3nm)/NiFe(10nm)/Cu(1.2nm)/IrMn(10nm)/Ta(3nm)的示意图；(b) 三种磁传感器的 PHE 信号[158]

PHE 传感器的性能不断提高，可适用的场景也在不断扩展。制备在柔性衬底上的 PHE 传感器，可应用于生物医药行业。Oh 等人在 PEN 衬底上制备了自旋阀结构的 PHE 传感器，其灵敏度达到了 0.095V/TA，可用于探测低浓度下的淡水趋磁螺菌 AMB-1[159]。PHE 传感器也可被集成在电子器件中，完成特定的磁信号探测。例如：集成在 PCB 上的传感器，可用来探测漏磁信号[160]；也可集成在专用集成电路中，作为高精度电流传感器[161-162]。

第 2 章
团簇组装磁性纳米薄膜的实验与理论技术

本章主要介绍书中使用到的一些实验和理论技术手段。实验方面首先介绍团簇产生的机理及其制备系统的结构和特点，其次分别介绍表征样品微观结构和磁电性质的设备及相应的原理。理论方面介绍 ANSYS 有限元仿真和 OOMMF 微磁学模拟两款软件的原理及使用方式。

2.1 团簇束流沉积

2.1.1 团簇束流源与团簇的形成

团簇的可控制备是研究团簇各种物性和实现团簇组装功能材料研发的基础。贝克尔（Becker）等人在 1956 年就报道，蒸气通过一个极小的喷口进入真空时，会凝聚成核从而形成团簇[163]。经过长时间的探索，人们已经开发了各种团簇源用于探索不同类型的团簇，例如激光蒸发源、热蒸发源、超声喷注源、脉冲弧光离子源等。虽然这些方法均有较为广泛的应用，但是普遍存在制备团簇源的种类受限和产生效率低的问题[27]。本书使用的团簇沉积设备采用气体聚集法产生团簇束流源，该方法较为综合地吸收了之前几种方法的优点，最关键的是根据靶材的不同可以制备各种团簇，适用范围非常广。

图 2.1 展示了气体聚集法产生团簇以及团簇生长的原理图[164]。溅射气体（Ar 气）能够通过外环套上一圈均匀的小孔进入屏蔽罩与靶材之间的缝隙（2～3mm），电源开启后该缝隙处会存在很高的电压，因此 Ar 气会被电离。随后，电离产生的 Ar^+ 会轰击所安装靶材的表面，继而产生大量的原子和离子气。在稀有气体的扩散运动下，产生的气体会在冷凝区域内向前飞行，该过程中原子气体将通过与材料原子和稀有气体（同时充当缓冲气体）的碰撞开始逐渐长大，如图 2.1 的右侧所示。整个过程产生的热量会被缓冲气体所带走，形成的初始团簇会在该区域中因聚集或碰撞而持续生长。为了提高团簇的生长效率，通常会在冷凝腔壁内通入液氮进行物理冷却。使用气体聚集法时，团簇的生长过程可以通过匀相成核（homogeneous nucleation）模型来进行描述，接下来详细分析该物理过程。

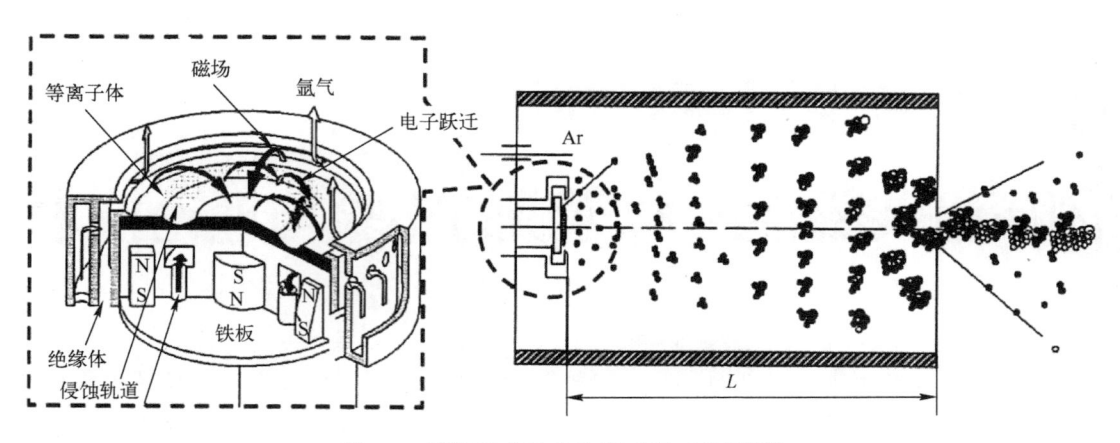

图 2.1　团簇形成及其生长过程示意图[164]

可以使用吉布斯（Gibbs）自由能理论来解释成核模型。理想气体的自由能可表示为

$$G(p,T) = RT\ln p \tag{2.1}$$

式中，R 为气体常数，p 为压强。热力学系统总是趋向于自由能最低，因此凝结核会形成半径为 r 的球形，进而可表示为

$$G = 4\pi r^2 \sigma - \frac{4}{3}\pi r^3 \rho RT \ln s \tag{2.2}$$

式中，σ 为溅射物质的表面自由能，ρ 为其处于液态时的密度，s 则为气体的过饱和度。从式（2.2）中可以发现，单团簇的自由能由表面自由能（第 1 项）和体系自由能（第 2 项）所组成。第 2 项还可以表示为

$$G_V = \frac{4}{3}\pi r^3 \left(\frac{\mu_1 - \mu_g}{V_0}\right) \tag{2.3}$$

式中，μ_1 和 μ_g 分别代表液相和气相的化学势，V_0 为单体团簇的体积。假设团簇由 n 个原子组成，那么还存在下式：

$$r = \left(\frac{3}{4\pi}V_0 n\right)^{1/3} \tag{2.4}$$

因此得到 G 与 n 的关系为

$$G(n) = \sigma n^{2/3} - \delta n \tag{2.5}$$

其中：

$$\sigma = (36\pi V_0^2)^{1/3} \gamma \tag{2.6}$$

$$\delta = \mu_1 - \mu_g \tag{2.7}$$

式（2.6）中的 σ 和式（2.7）中的 δ 均为正值，所以 G 随 n 的变化会出现极大值，如图 2.2 所示[164]。

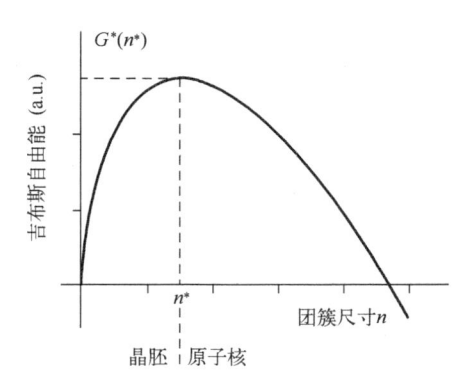

图 2.2 吉布斯自由能与团簇尺寸的依赖关系[164]

注意，吉布斯自由能越低，团簇自身就越稳定。当 $n<n^*$ 时，G 会随着 n 的增加而上升，此时团簇趋向于消融；而 $n>n^*$ 时，G 会逐渐降低，此时团簇趋向于稳定长大。因此，如果想要产生大量的稳定团簇，就需要让体系处于过饱和的状态。当 $n=n^*$ 时，最大 G 和临界半径 r^* 的表达式如下：

$$G_{\max} = \frac{16\pi\sigma^3}{3[\rho RT \ln s]^2} = \frac{4}{3}\pi r^{*}\sigma \tag{2.8}$$

$$r^* = \left(\frac{3}{4\pi}V_0 n^*\right)^{1/3} = \frac{2\sigma}{\rho RT \ln s} \tag{2.9}$$

胚团还遵循玻尔兹曼分布函数，因此存在下式：

$$N_i = N_g \exp\left(\frac{-\Delta G}{k_B T}\right) \tag{2.10}$$

式中：i 为量子态序数；g 为母体尺寸；N_g 是单位蒸气体积内具有尺寸为 g 的母体数量。而团簇的成核速率 J 表示为

$$J = ZWN_i \tag{2.11}$$

式中，W 是核的碰撞概率，而 Z 是泽尔多维奇（Zeldovich）参数。

可以用链式反应来直观描述团簇的凝聚过程。在冷凝腔中，原子 A 相互之间以及原子 A 与已形成的 A_{n-1} 之间的碰撞引起的生长和聚集过程可以写成如下形式[35]：

$$A+A \leftrightarrow A_2,\ A_2+A \leftrightarrow A_3,\ \cdots,\ A_{n-1}+A \leftrightarrow A_n \tag{2.12}$$

从图 2.2 中可以看出，当 n 较小时，团簇 A_n 会由于具有较大的过剩能量而处于亚稳定态，这并不利于团簇的形核。而在实验中会通入缓冲气体，所以上式的二体聚集过程还会因为加入了缓冲气体原子 B 进而变成三体聚集过程，因此实际过程为

$$A + A \leftrightarrow A_2^+, \quad A_2^+ + B \rightarrow A_2 + B^+ \tag{2.13}$$

$$A_2 + A \leftrightarrow A_3^+, \quad A_3^+ + B \rightarrow A_3 + B^+ \tag{2.14}$$

$$\ldots$$

$$A_{n-1} + A \leftrightarrow A_n^+, \quad A_n^+ + B \rightarrow A_n + B^+ \tag{2.15}$$

从式（2.13）~式（2.15）可以发现，团簇 A_n 的部分能量会转移至 B，这会使其形核概率大幅度提高。当团簇变得足够大后，其碰撞能量就会被自身所吸收，因此稳定团簇的浓度会越来越高。团簇在冷凝腔室中形成，而通过调整溅射功率、溅射气压、冷凝距离、冷凝效率（通入液氮）等均能调控团簇在冷凝区域的飞行时间，所以这些参数均能做到对团簇尺寸的有效控制。

2.1.2 团簇束流沉积系统

本研究工作使用的溅射设备为低能团簇束流沉积（LECBD）系统，图 2.3 展示了该系统最关键的团簇束流产生部件，可以发现该部件由团簇源室和团簇 2~4 室所组成[164]。当团簇按照 2.1.1 节的理论产生并生长后，会通过喷嘴（nozzle）进入团簇 2 室，随后再经过几个分离器（skimmer）着陆到衬底上。由于分离器具有一定的锥度，从而能够形成准直的团簇束流。同时，分离器还具有尺寸选择的作用，这有利于得到均匀的团簇组装薄膜。几个腔室采用的是多级差分压强的设计，并且要保证腔室之间的动态压差很大，这能够保证得到稳定的团簇束流。

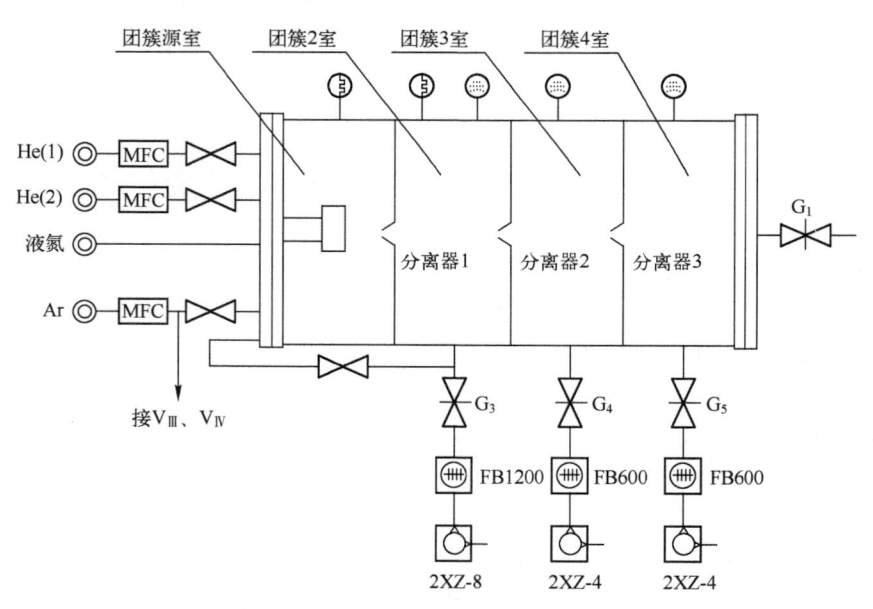

图 2.3 团簇束流产生系统的示意图[164]

在该系统中，团簇会以"软着陆（soft landing）"的方式沉积到衬底表面，因此能够很好地保留团簇的原始结构，如图 2.4（a）所示。如果使用高能沉积，则会导致团簇发生形变甚至破碎，如图 2.4（b）所示。低能和高能的着陆状态可以很好地被定义和区分：

（1）当每个原子的动能 E_{at} 低于团簇中原子的结合能 E_{coh}（往往低于eV/atom）时可认为是低能着陆（软着陆）方式。

（2）如果 E_{at} 较为接近 E_{coh} 或沉积的团簇原子与衬底原子存在强烈的相互作用时，那么团簇就会发生弹性形变，其处于低能与高能之间。

（3）如果 E_{at} 大于 E_{coh}，还会存在以下几种情况：①E_{at} 略高于 E_{coh}，那么团簇在着陆时会出现明显的弹性形变，但它只会部分碎裂而大部分的成分保持完整；②如果 E_{at} 继续增加，那么团簇会分解和碎裂，团簇碎片可能从表面反向散射，也可能进入衬底；③如果 E_{at} 非常高，那么团簇撞击衬底后会导致表面原子发生溅射并形成凹坑。

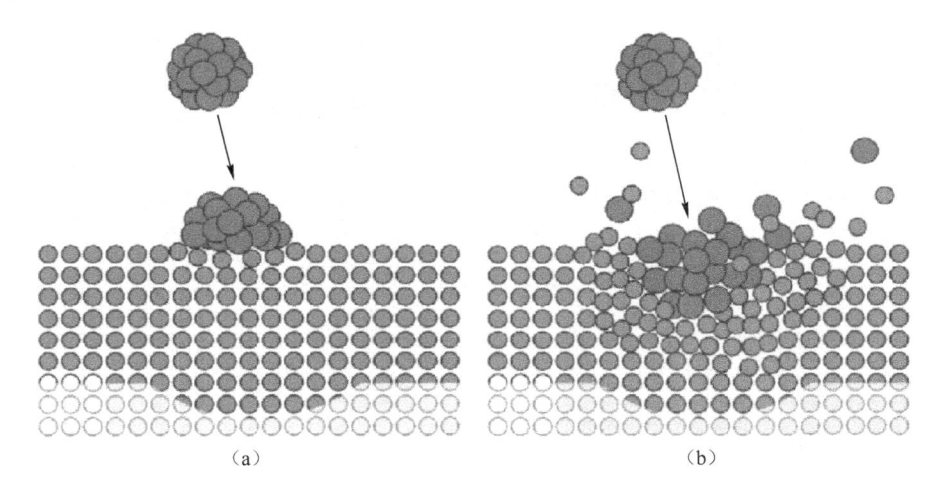

图 2.4　团簇沉积方式示意图

(a) 软着陆；(b) 高能沉积[165]

团簇着陆到衬底后可能发生的现象也需要被考虑，因为这对于分析团簇组装材料的细节非常有意义。由于采用了极低能量的沉积方式，所以团簇着陆到衬底上是准自由（quasi-free）的，而团簇原有的动能则会转化为其在衬底上的扩散能量。因此团簇会存在一个扩散半径，在这个区域内的团簇将凝聚成岛，小岛半径的表达式为

$$R \propto (D \times \gamma \times t)^{\frac{1}{3}} \tag{2.16}$$

式中，D 为扩散半径（与材料相关），γ 为束流密度，t 为团簇发生凝聚的时间。随着团簇数量的增多，团簇岛也会越来越大，这意味着相互融合所需要的能量也将越来越高，

因此团簇岛会存在一个饱和尺寸。

接下来用图像进行简单的描述。单体团簇着陆到衬底上时如图 2.5（a）的 I 所示；若两个单体处于扩散半径内，就会发生融合，如图 2.5（a）的 II 所示。而已经凝结的团簇遇到单体团簇有可能会将其吸收进而再次变大，如图 2.5（a）的 III 所示。当发生碰撞时，如果沉积团簇的能量和被碰撞团簇较为接近，那么两个单体会并列变为凝结核，进而吸收其他单体团簇，如图 2.5（b）的 I 所示；如果沉积团簇的能量远低于被碰撞团簇，那么两者就会融合长大，如图2.5（b）的 II 所示。

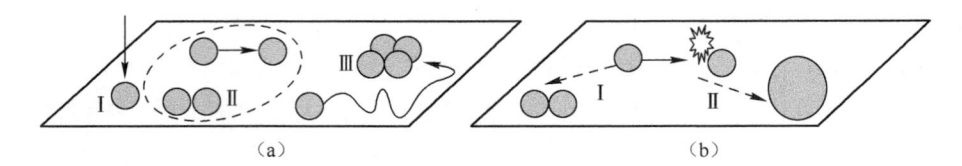

图 2.5 团簇相互作用

（a）团簇在衬底上的三种情况；（b）两团簇的表面相互作用[17]

注意，虽然 LECBD 技术非常有利于获得均匀的团簇，但实际上得到的团簇尺寸和质量并不是完全一致的，而是符合对数-正态分布：

$$F(n)=\frac{1}{\sqrt{2\pi}\ln\sigma}\exp\left(-\frac{\ln n-\ln\overline{n}}{\sqrt{2}\ln\sigma}\right)^2 \quad (2.17)$$

式中，n 和 σ 分别代表单体团簇所含有的原子数和其尺寸分布的方差。还需注意，对于 LECBD 技术组装的薄膜而言，由于软着陆的方式使得薄膜存在疏松多孔的特性，同时还由于薄膜内部分团簇的结晶度较差，使其 X 射线衍射（XRD）图中的峰强很低且图谱较为毛糙。因此对于使用该技术的研究工作而言，科研人员会通过各种电子显微镜而不是 XRD 来表征团簇的尺寸和物质制备的准确性。

2.2 薄膜表征技术及设备原理

2.2.1 结构表征

纳米材料的结构以及成分决定了其性能，而显微技术是分析纳米材料性能最基本的手段之一，通过这些技术能够准确得到各种材料的微观形貌、晶体结构、组成元素等。团簇的性能与尺寸及结构紧密相关，因此必然要对其微观结构进行精细的表征。本节将简单介绍书中使用到的显微技术。

1．扫描电子显微镜

1935 年，诺尔（Knoll）首次提出了扫描电子显微镜（SEM）的基本工作原理[166]，这促进了 SEM 的迅速发展。1942 年，Zowrykin 等人设计了首个真正意义的 SEM，基本完善的结构极大地推动了 SEM 的研发进程，后续的发展都是在此工作的基础上逐步改进的[167]。比如：史密斯（Smith）使用电磁线圈替换了原本的静电透镜，再结合非线性信号的处理手段使图像清晰度更高；而埃弗哈特（Everhart）等人通过引入光导管改装了信号检测系统[168]。1965 年，第一部商用 SEM 开始出现，这标志着 SEM 已经发展到成熟阶段。SEM 主要包含电子光学系统、真空系统、样品腔室、信号收集与显示系统，其结构如图 2.6 所示。SEM 中有三种非常关键的信号，分别为表征材料形貌的二次电子、体现成分衬度的背散射电子以及能进行元素分析的特征X射线。而二次电子是最基础且最重要的，其由入射电子作用于样品后从内部激发而出。将收集后的二次电子加速轰击到闪烁体上变为光信号，然后通过光电倍增管即可转化为电信号。经过视频放大器后，电信号会被放大并转移至显像管中，通过调试荧光屏的对比度和亮度等能够显示出与测试样品相对应的图像。使用 SEM 进行测试前，需要对样品进行一定的处理，尽可能保证表面干净、干燥且未变形。最重要的是，必须有良好的导电性，因此通常要在样品表面镀一层较薄的金，但要注意把握好溅射时间，否则测试结果中可能会出现金的信号。

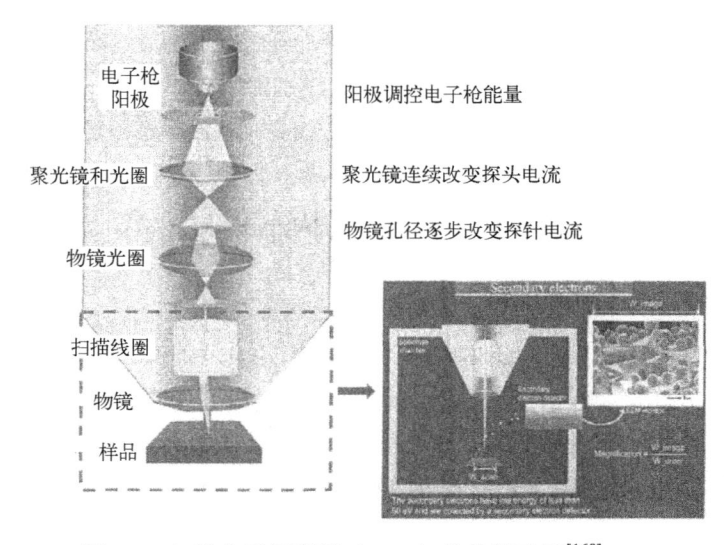

图 2.6 扫描电子显微镜（SEM）结构示意图[168]

2．透射电子显微镜

1932 年，诺尔和鲁斯卡（Ruska）制造了首台透射电子显微镜（TEM），鲁斯卡因此获得了 1986 年度诺贝尔物理学奖。TEM 的成像原理与光学显微镜很相似，不同之处在于 TEM 以电子束作为光源，然后用电磁透镜聚焦成像，如图 2.7 所示[169]。TEM 主要包含电子光学系统（核心部分）、供电系统以及真空系统，其中核心部分又包含照明、成像放大和观察三个子系统。当 TEM 工作时，照明系统中的电子枪会发射出电子束，经过高压加速后，通过一系列聚光镜得到平行电子束，然后将其入射到样品表面，最终穿过样品的电子经过成像系统后就能在屏幕上显示样品的各种信息。根据该测试原理可以发现，使用 TEM 测试的样品必须非常薄，以保证电子能穿透样品来获取信息。TEM 不仅能够表征微观结构，还能通过配备各种组件对材料的其他信息进行采集。比如：通过收集样品原子被电子束激发而产生的特征 X 射线能够获得样品的元素类型以及比例[170]；使用洛伦兹模式能够有效地屏蔽物镜的磁场进而对磁性样品进行分析[171]；全息模式不仅能够获得样品结构，更能进一步分析样品中磁场和电场的分布[172-173]。近年来，随着电子光学技术的持续发展，TEM 的测量尺度达到了亚原子级别，同时成像速度也非常迅速，因此成为表征微结构必备的手段。

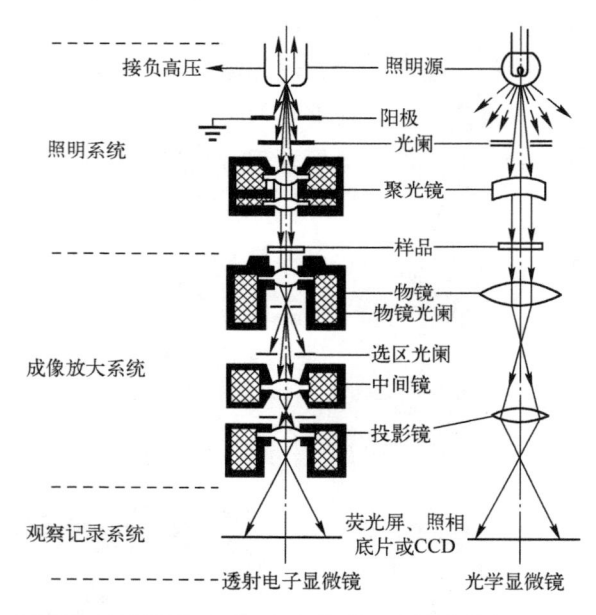

图 2.7 透射电子显微镜（TEM）与光学显微镜的结构和光路对比[169]

2.2.2 物性表征

1. 磁力显微镜

1986 年，宾宁（Binning）等人发明了原子力显微镜（AFM），而马丁（Martin）

等人将 AFM 原始的非磁性探针换成了具有铁磁层的磁性探针进而研发出磁力显微镜（MFM）[174]。随着 MFM 的简化以及测试结果可靠性的逐步提升，其于 1992 年正式走向了市场并成为目前表征磁结构的常用工具，图 2.8 展示了 MFM 的结构和测试原理示意图[175]。MFM 工作时，将一束激光入射到探针悬臂的背面，当测试探针接近样品时，针尖磁场与材料杂散场的相互作用会导致探针发生振动，因此激光也会收到感应，然后探测器将接收到的激光信号处理后输送至成像系统进行显示。MFM 在工作时会受到磁力和范德华力的共同影响，通常当探针与样品相距 100nm 时磁力会占据主导地位，但是范德华力会随着两者距离减小而逐渐变大。因此，使用传统非接触模式测试表面较为粗糙的样品时，会受到范德华力较大的影响，这会导致测得的磁信号误差较大。

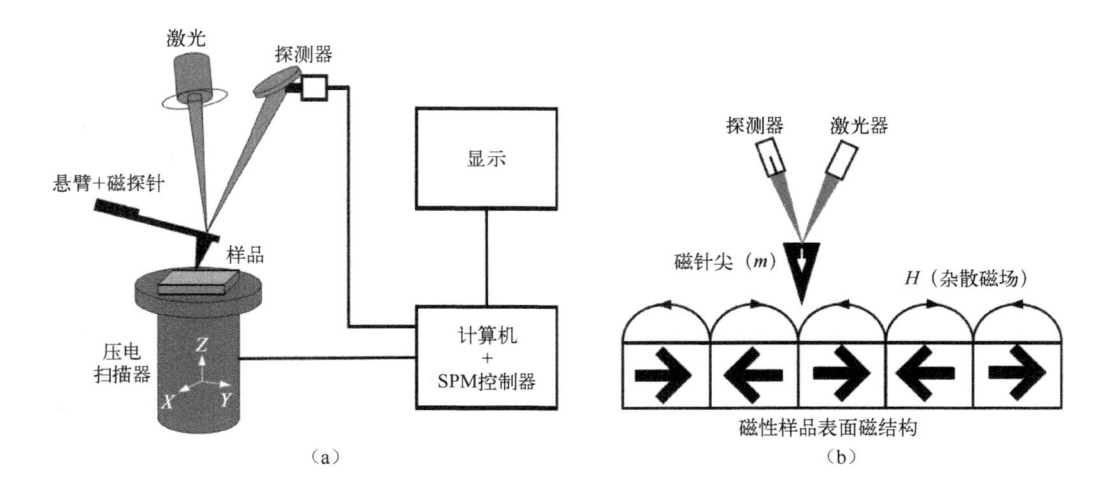

图 2.8　磁力显微镜（MFM）的结构和工作原理示意图

(a) 结构；(b) 工作原理[175]

目前基本都是采用二次扫描解决上述问题，具体测试路径如图 2.9 所示。第一次扫描路径为 1 和 2，探针会采用轻敲模式获得形貌，这利用的是针尖与样品原子之间的排斥力；第二次扫描时针尖上抬，沿着第一次的路径再扫一遍从而获得磁信号。MFM 能够快速发展的原因在于以下 3 个优点：①测试时不需要特殊处理制样，并且测试不会造成样品损伤；②由于磁力是长程力，所以 MFM 测试磁信号时受样品表面污染的影响很小；③可在多种环境下测试，如强磁场、高温/低温、高真空等。随着科研内容的丰富化，当前对 MFM 的测试精度和工作环境都提出了更高的要求，因此具有高分辨率且可改装的 MFM 必然能促进纳米科学的迅速发展。

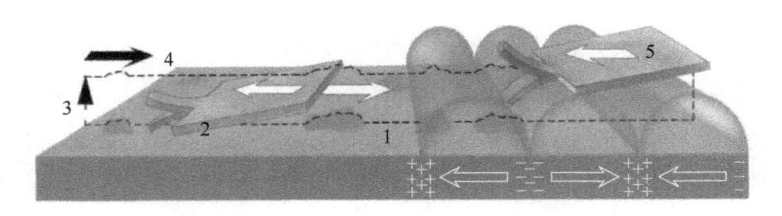

图 2.9　MFM 测试过程示意图[175]

2．磁性和电学输运测试系统

综合物性测试系统（PPMS）是一个优良的测试平台，该系统可调温度范围为1.9~400K，并且具有很好的温度控制能力，稳定性为±0.2%（T<10K）或±0.02%（T>10K）。同时，系统可施加的磁场为 9T，且均匀度能够达到 0.01%。本书中所有样品的磁性都是利用 PPMS 的振动样品磁强计（VSM）选件所测试的，其结构如图 2.10 所示[176]。样品在空间激发的磁场会在探测线圈内产生磁通量，当样品振动时，该量也会随之改变，因此根据电磁感应定律，线圈中会产生感应电动势，测量其值就可得到样品的磁矩，这便是 VSM 的测试原理。

测试过程中的瞬时感应电动势为

$$\varepsilon = \frac{\mathrm{d}\phi}{\mathrm{d}t} = \left(\frac{\mathrm{d}\phi}{\mathrm{d}z}\right)\left(\frac{\mathrm{d}z}{\mathrm{d}t}\right) \tag{2.18}$$

式中，ϕ 为磁通量，z 为样品的位移，t 为位移的时间。如果样品做简谐振动，那么感应电动势可表示为

$$\varepsilon = CmA\omega\sin(\omega t) \tag{2.19}$$

式中，C 为耦合常数，ω 为角频率，A 为振幅，m 为测试样品的磁矩。

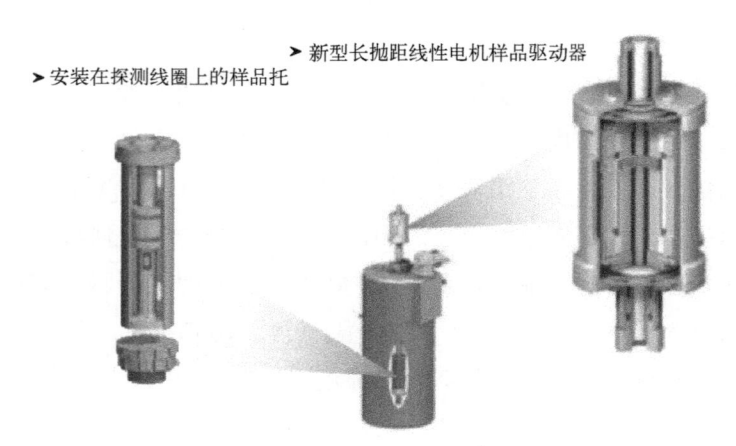

图 2.10　PPMS 的振动样品磁强计选件[176]

由于 PPMS-VSM 使用了电磁力驱动电机从而能有效地避免振动噪声，同时结合了精确的温控和光学编码定位技术，因此测试精度能达到 10^{-6} emu。该选件的高温炉组件能使磁性测试温度高达 1000K，有力地保证了对高居里温度材料的表征。最重要的是，PPMS-VSM 结构简单且操作方便，能够测试各种形态的材料，因此是目前测量磁性最常见的手段。

PPMS 还具有高精度的电学输运测试组件，电阻测量范围为 $4\mu\Omega$～$4M\Omega$，测量精度为 0.01%。直流（DC）测试的电流范围为 5nA～5mA，电压测试灵敏度为 20nV；交流（AC）测试的电流范围为 $10\mu A$～2A，电流源的分辨率为 $0.02\mu A$，测试相对灵敏度能达到 $1n\Omega$。PPMS 自带的组件在测试电阻方面很优秀，但是并不能满足一些特殊的测试需求，如多个电压源和电流源组合的测试。因此，有时还需外接各种源表以拓宽测试范围，这同时还能有效提高测试速度和精度。样品的电极与测试托的电极需使用引线键合仪进行连接，以保证良好的接触。由于测试托具有多个独立的测量通道，因此不同团簇尺寸的样品可以进行有效的原位对比。

2.3 ANSYS 有限元仿真

ANSYS 是当今使用最广泛且功能最强的有限元仿真软件，其能够进行结构以及多种物理场的分析，因此被广泛应用于各种领域。ANSYS 包含人机交互（GUI）及命令流（BATCH）两种使用模式，具有较好的包容性，适合不同的操作人群。ANSYS 的主要框架可以分成起始层和处理层，而后者又包括多个模块。ANSYS 中处理器之间的转换流程如图 2.11 所示。

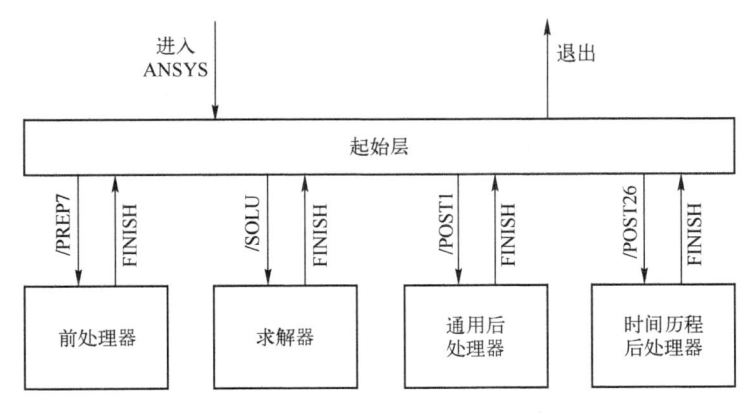

图 2.11 ANSYS 中处理器之间的转换流程

接下来对该流程进行简单的介绍。

（1）前处理器主要用于创建需要求解的模型，具体又包括建立模型、定义单元类型、设置材料属性、划分网格等操作[177]。ANSYS 建模时，能根据需求选择不同形式的坐标系，因此全面的定义手段允许用户建立各种复杂的模型。ANSYS 针对不同类型的问题提供了上百种的单元，而且为了方便记忆给予了这些单元各自的编号，因此分析问题时，可直接通过编号代表选择的单元。设置材料属性时，需要先选择模型，然后赋予其属性，因此多个实体结合的复杂模型需要定义好各自的编号，否则容易混淆。还要注意，定义材料的各个属性时要统一单位，否则计算结果不准确。划分网格是非常重要的步骤，软件包括映射划分和自由划分两种方式，前一种方式只适合规则的实体，而自由划分则可以对各种不规则的实体进行划分。如果需要特别分析某个位置，则可以将其划分得密一些，以保证结果的准确性。

（2）加载和求解步骤在第 2 个求解器中完成，涉及的内容有定义分析类型、施加载荷、设定边界条件以及求解等。常用的分析类型有 3 个，分别为静态、谐态和瞬态，在一个新的工作中选择分析类型后，还应设置对应的分析选项。施加载荷时，需要确定选用单一还是多重载荷步，而且还要定义时间控制等。ANSYS 提供了非常多的施加载荷，宏观可分为力场、电场、磁场、热场、流场等，而每个场又包括多种选项，比如本书中使用最多的电场就包括电流、电压、电荷密度等。设定边界条件与施加载荷操作类似，根据实际情况对边界条件进行设置能够让求解结果更加准确，但是同时也会发现边界条件设置得略有偏差都会导致求解失败。注意，进行电场计算时，边界条件一定要设定基准零电位。当所有载荷和边界条件都设置完后，就可进入求解阶段。常用的求解方法有消除法和消去法：前者对应波前求解器，通常在要求高稳定性或内存受限时使用；后者对应稀疏矩阵求解器，通常在要求计算速度快以及迭代法收敛极慢时使用。求解前，软件还会出现提示信息，检查确认后即可进行求解。

（3）求解完成后，需要进入后处理器对结果进行分析，通用后处理器能够使用图形以及列表的形式显示结果。图形的类型包含云图、矢量图、路径图等。而列表形式则可以按照指定的顺序显示每个节点和单元的结果信息，因此该处理器通常用于观察模型在某个时刻的计算结果。时间历程后处理器能够用于分析节点的结果与时间以及频率的关系，变化的结果能够通过设置变量的方式来记录，并且可以对变量采取一定的数学运算，还可以显示时间与变量的函数曲线。此外，该处理器中的变量观察器还自带函数编辑功能，使其能够完成很多复杂的操作。

ANSYS 软件分析电磁场时是以麦克斯韦（Maxwell）方程组为基础，然后使用有限元方法求解未知量的。电磁场计算的本质就是求解位函数或场量所能满足的偏微分方程，求解条件的确定需要建立在初始条件和边界条件的基础上。可以说，求解任何电磁场的问题都需要依据麦克斯韦方程组、本构关系以及边界条件[178]。本书主要使用该软件计算电流密度，其过程是首先将需要求解的模型划分成有限多个单元，然后基于能量守恒原理求解初始条件以及边界条件下每个节点处的电流平衡方程，进而得到所有节点的电流，最终可计算出其他相关量。当网格划分得足够密时，模拟结果能够准确展示模型中每个细节的具体情况。因此使用 ANSYS 软件分析材料内部的电流密度分布是非常有效的手段[179]。

2.4 微磁学模拟

2.4.1 铁磁体相互作用

1958 年，布朗（Brown）在学术会议上做了题目为"Micromagntics：Successor to Domain Theory？"的汇报，同时提出了微磁学这一概念。经过多年的不断发展和完善，微磁学模拟目前已经成为磁学研究最有力的工具之一。微磁学模拟的本质就是计算体系的吉布斯自由能达到最低时的磁矩分布状态[180]。一般来说，磁性材料的吉布斯自由能 E_{tot} 为

$$E_{tot} = E_{ex} + E_z + E_k + E_d \tag{2.20}$$

式中，E_{ex} 为交换能，E_z 为塞曼能，E_k 为磁晶各向异性能，E_d 为退磁能。

（1）交换能。

相邻原子磁矩间存在的相互作用被称为交换作用。在海森堡交换作用模型中，交换能密度可表示为

$$\varepsilon_{ex}^{ij} = -2J_{ij}\boldsymbol{S}_i \cdot \boldsymbol{S}_j \tag{2.21}$$

对于连续系统，交换能密度可表示为

$$\varepsilon_{ex} = \frac{A}{M_s^2}[(\nabla m_x)^2 + (\nabla m_y)^2 + (\nabla m_z)^2] \tag{2.22}$$

整个体系的总交换能表示为

$$E_{ex} = \int_V \frac{A}{M_s^2}[(\nabla m_x)^2 + (\nabla m_y)^2 + (\nabla m_z)^2]dV \tag{2.23}$$

式中，A 为交换常数，其值为

$$A = \frac{JS^2}{a}z \tag{2.24}$$

式中，a 为晶格尺寸，常数 z 与晶体结构有关。

（2）塞曼能。

材料的磁矩在外磁场的影响下产生的磁势能即为塞曼能，其能量密度为

$$\varepsilon_z = -\mu_0 \boldsymbol{M} \cdot \boldsymbol{H}_{\text{ext}} \tag{2.25}$$

整个体系的塞曼能为

$$E_z = -\mu_0 \int_V \boldsymbol{M} \cdot \boldsymbol{H}_{\text{ext}} \text{d}V \tag{2.26}$$

式中，μ_0 为真空磁导率。

（3）磁晶各向异性能。

在铁磁材料中，磁矩总是沿着一个或多个方向（即易轴）排列。当外加磁场导致磁矩偏离这些轴时，体系的总能量会增加，这个额外的能量就是磁晶各向异性能，其能量密度的表达式为

$$\varepsilon_k = k_0 + \sum_i k_i r_i^2 + \sum_i k_{2i} r_i^4 + \sum_{i \ne j} k_{3ij} r_i^2 r_j^2 + \cdots \tag{2.27}$$

在六方晶体中，假设磁化矢量与易轴（c 轴）的夹角为 θ，则上式会变为

$$\varepsilon_k = k_0 + k_1 \sin^2 \theta + k_2 \sin^4 \theta + k_3 \sin^6 \theta + \cdots \tag{2.28}$$

式中，k_i 为磁晶各向异性常数。忽略高阶项且令常数 k_0 为零，即可得到单轴各向异性的情况：

$$\varepsilon_k = k_1 \sin^2 \theta + k_2 \sin^4 \theta \tag{2.29}$$

对于立方晶体而言，其各向异性能密度为

$$\varepsilon_k = k_1(\alpha_1^2 \alpha_2^2 + \alpha_2^2 \alpha_3^2 + \alpha_3^2 \alpha_1^2) + k_2 \alpha_1^2 \alpha_2^2 \alpha_3^2 \tag{2.30}$$

磁化矢量与 e_i 轴（[100]，[010]，[001]）的余弦为 α_i。对能量密度进行积分，即可得到相应体系的各向异性能。

（4）退磁能。

被磁化的非闭合磁体在其自身两端将产生面磁荷，同时磁体通常还会由于磁化的不够均匀而产生体磁荷，由这两种磁荷形成的磁场称为退磁场。材料的退磁能密度可以表示为

$$\varepsilon_d = -\mu_0 \boldsymbol{M} \cdot \boldsymbol{H}_d \tag{2.31}$$

整个体系的退磁能为

$$E_d = -\mu_0 \int_V \boldsymbol{M} \cdot \boldsymbol{H}_d \text{d}V \tag{2.32}$$

其中退磁场 $\boldsymbol{H}_d$ 展开为

$$\boldsymbol{H}_d(r) = -\frac{1}{4\pi} \nabla \left[\int_V \frac{-\nabla \boldsymbol{M}(r')}{|r - r'|} \text{d}^3 r' + \int_A \frac{\boldsymbol{M}(r')\boldsymbol{n}(r')}{|r - r'|} \text{d}^2 r' \right] \tag{2.33}$$

式中，第 1 项和第 2 项分别为体磁荷和面磁荷的贡献。

2.4.2 静态和动态微磁学

1. 静态微磁学

在 2.4.1 节介绍的几种能量对于磁矩的作用各不相同，它们之间的竞争会导致系统出现完全不同的磁化状态，但始终都是遵循总能量最低的原则。当系统的吉布斯自由能最低时，此系统将处于热力学平衡态，用布朗方程可以表示为

$$\frac{\partial E_{\text{tot}}}{\partial \boldsymbol{m}} = \boldsymbol{m} \times \boldsymbol{H}_{\text{eff}} = 0 \tag{2.34}$$

式中，$\boldsymbol{H}_{\text{eff}}$ 为有效场，等于 2.4.1 节中各能量之和。因此可以得到下式：

$$\boldsymbol{H}_{\text{eff}} = -\frac{1}{\mu_0} \frac{\partial E_{\text{tot}}}{\partial \boldsymbol{M}} \tag{2.35}$$

2. 动态微磁学

静态微磁学能给出所研究体系能量最低的磁化状态，但是想要研究材料的磁结构在一些条件下随时间的演化过程，则需要依赖动态微磁学。利用朗道-利夫希茨-吉尔伯特（Landau-Lifshitz-Gilbert，LLG）方程能够解决该问题，接下来对其进行简单的推导。磁化强度 $\boldsymbol{M}$ 与其对应的角动量 $\boldsymbol{P}$ 存在以下关系：

$$\mu_0 \boldsymbol{M} = -\gamma \boldsymbol{P} \tag{2.36}$$

式中，γ 为旋磁比。在 $\boldsymbol{H}_{\text{eff}}$ 的作用下，$\boldsymbol{M}$ 会受到力矩 $\boldsymbol{L}$ 的作用：

$$\boldsymbol{L} = \mu_0 \boldsymbol{M} \times \boldsymbol{H}_{\text{eff}} \tag{2.37}$$

在此作用下，与 $\boldsymbol{M}$ 对应的 $\boldsymbol{P}$ 也随之改变，其随时间的变化率可以表示为

$$\frac{\mathrm{d}\boldsymbol{P}}{\mathrm{d}t} = \mu_0 \boldsymbol{M} \times \boldsymbol{H}_{\text{eff}} \tag{2.38}$$

将式（2.36）带入式（2.38），即可得到 $\boldsymbol{M}$ 在无阻尼下的运动方程：

$$\frac{\mathrm{d}\boldsymbol{M}}{\mathrm{d}t} = -\gamma \boldsymbol{M} \times \boldsymbol{H}_{\text{eff}} \tag{2.39}$$

然而在实际体系中，总会存在耗散作用使 $\boldsymbol{M}$ 与 $\boldsymbol{H}_{\text{eff}}$ 的方向逐渐接近。磁矩的运动轨迹在无阻尼的情况下能维持固定线形不变，而存在阻尼时却会转变为螺旋线，这两种情况分别如图 2.12（a）和（b）所示。因此，需要在式（2.39）的基础上引入阻尼项以完善理论，进而得到 LL 方程：

$$\frac{dM}{dt} = -\gamma M \times H_{\text{eff}} - \frac{\lambda_{LL}}{M_s^2} M \times (M \times H_{\text{eff}}) \tag{2.40}$$

式中，$\lambda_{LL} \ll \gamma M_s$。吉尔伯特（Gilbert）指出，式（2.40）只适用于小阻尼的情况，因此引入了阻尼 α 以描述大阻尼时的磁化进动，进而得出 LLG 方程：

$$\frac{dM}{dt} = -\gamma M \times H_{\text{eff}} + \frac{\alpha}{M_s} M \times \frac{dM}{dt} \tag{2.41}$$

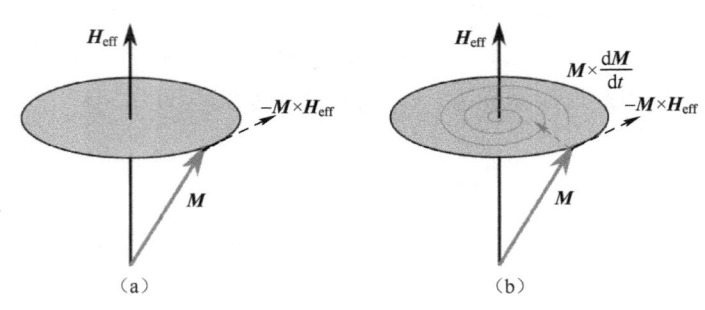

图 2.12 磁矩运动轨迹[181]
（a）无阻尼时；（b）有阻尼时

2.4.3 OOMMF 软件

1998 年，NIST 发布了微磁学模拟软件 OOMMF，因其具有便捷的操作、较高的可靠性以及开源等特点，使其成为使用最广泛的微磁学软件。该软件的源代码由 C++和 Tcl/Tk 组成，前者负责运算代码，后者负责软件界面与用户交互。OOMMF 的关键是面向对象，即用户可以根据自己想要计算的体系编写新的代码，然后将其引入到软件自带的程序包以替换原始的代码或增加全新的代码。使用 C++这一最广泛的编程语言编写 OOMMF 的原因，就是为了保证科研人员能编写软件中原本没有的程序，以此共同完善 OOMMF 软件。

OOMMF 采用有限差分法作为计算方式，简单来说就是将需要求解的模型划分为 n 个规则的方形网格（数量根据自身模型决定），然后通过求解 LLG 方程得到每一个网格中磁矩的变化，计算过程是在得到一个状态后继续在此基础上迭代计算，若得到的变化值处于设定的范围内，则认为系统达到平衡状态，至此计算停止。采用有限差分法的优势在于能够使用快速傅里叶变换（FFT）加速以有效提高计算效率，这不仅能够节省时间，而且还能在有限的计算资源下扩大计算体系。OOMMF 的配置文件为 Tcl，其后缀为.mif，文件内包括计算体系所需要的几何结构、材料属性、各种能量项、求解方法以及结果保存项等。该软件是各个功能模块的组合而非单个应用程序，其通过 Tcl/Tk 将各个模块集合在一个主界面中，用户可单独对某个模块进行更改或替代。图 2.13 展示了使用 OOMMF 做仿真时的具体步骤。该软件目前常用于计算纳米材料的磁性，如纳米线、反点阵列膜、颗粒薄膜等[182-184]。随着科研的迅速发展，该软件还用于计算赛道存储器、斯格明子、自旋波等热点课题，并且计算结果也得到了越来越多科研工作者的认可[185-187]。OOMMF 由于功能强大且适用范围广，在磁学领域中发挥着重要的作用。

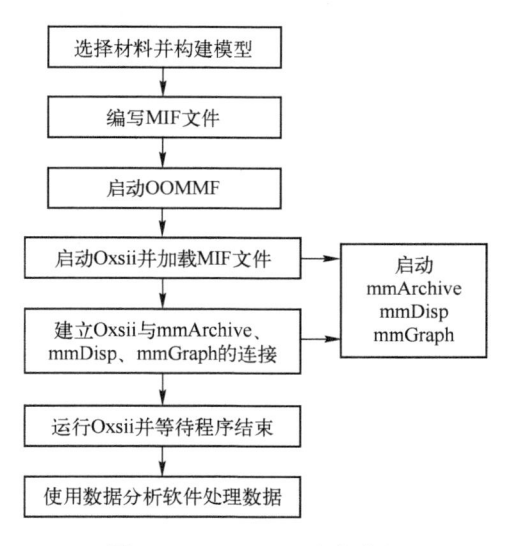

图 2.13　OOMMF 仿真流程

2.5　本章小结

本章首先介绍了书中实验部分涉及的制备及表征技术手段。制备技术中主要介绍了团簇的产生过程，以及使用 LECBD 系统制备团簇薄膜的原理和特点。表征技术中先简述了微结构表征仪器 SEM 和 TEM 的测试原理，然后简述了性能表征仪器 MFM（磁学性能）和 PPMS（磁学以及电学性能）的测试原理。其次本章介绍了理论部分用到的技术手段，包括书中用于模拟电流密度的 ANSYS 软件和用于模拟磁性的 OOMMF 软件。

第 3 章
核壳团簇薄膜金属-绝缘体转变的尺寸调控

3.1 引言

金属-绝缘体转变（MIT）是强关联电子体系中非常重要的现象之一，通常蕴藏着极为丰富的物理内涵，深入挖掘其机理对于基础研究很重要[188-191]。同时，具有 MIT 特性的材料在电流信号传输方面也表现出优异的应用价值，比如各种物理场（光、热、磁）传感器、自旋电子器件、非线性神经网络元件等[43, 192]。因此，MIT 在科学性、创新性和应用性等方面都具有深入研究的潜力与价值。诱发 MIT 行为最常用的手段是温度，其现象表现为当材料所处的温度环境发生变化时，自身的电阻率会出现突然的改变，以该效应为基础的设备被广泛应用于温度传感器、热存储器、热敏计算等领域[193-194]。然而，绝缘性和金属性在常规的材料中本就是不相容的。因此，热致 MIT 行为似乎是一些特殊单一物质所独有的性质，如 Fe_3O_4、VO_2、$NdNiO_3$ 等[61, 195-196]。但是，由于这些材料的热致 MIT 起源于温度诱导的结构相变，因此很难调节 MIT 的转变温度。注意，由相变引起的热致 MIT 基本都存在明显的热滞后行为，有时甚至会高达 20K，因此在实际应用中温度变化的信息难以得到及时的反馈。为了促进热敏电子器件更好地应用，许多复合材料开始被研究，以期调控出更优越的热致 MIT 特性。其研究主要集中于三种结构：填料模型、层状模型和超晶格模型，在第 1 章中已经详细介绍了这些模型以及相应的一些工作。复合材料能够通过更改组分浓度、结构和层数等方式有效地调控 MIT 特性的转变温度，并且几乎不存在热滞后效应，但存在转变效应弱和转变温区太宽这些严重的问题。因此，目前单一材料和复合材料的 MIT 特性都存在急需解决的问题，最重要的是它们在单向应用条件下（升温或降温）都只存在一次突变行为，这阻碍了热敏开关及传感设备的发展。

核壳结构既能实现各个组分的协同效应，又可根据人们所需要的各种性能进行灵活的设计和调控，因此以该结构为基础而组装的材料在磁学、光学、医学等方面备受关注[197-199]。纳米尺度的核壳结构材料能够通过改变核占比（core-occupation ratio）和形状有效地调控其性能，这给予了科研人员更多的发挥空间。同时，核壳结构存在的准连续界面还能够有效地促进核与壳之间的电子转移。这种独特的结构也许能为热致 MIT 的研究带来新的活力。因此，为了寻找新型且实用的 MIT 特性，本章设计并制备了团簇组装的 Fe/Fe$_3$O$_4$ 核壳纳米结构薄膜，并且通过改变制备条件对核占比进行了精准的调控。在此核壳团簇薄膜中，电流传导通道不仅可以通过改变温度在 Fe 核与 Fe$_3$O$_4$ 壳之间切换，而且还可以通过调整团簇的核占比在两者之间进行切换。有趣的是，该体系在特殊的核占比范围内存在一种新型的可切换 MIT 特性，其特点是薄膜随着温度变化从金属态快速切换到绝缘态，然后再切换回金属态，因此将其命名为 SMIT。这个新型的效应在非常窄的温区内具有两个数量级的电阻变化率，并且没有热滞后行为，这些特点很好地解决了目前热致 MIT 行为存在的一些不足。同时，结合 ANSYS 有限元分析和有效介质理论，本书对 SMIT 的产生细节和机理进行了全面的探讨。本研究工作寄望通过设计一种新型的 SMIT 特性来推动和拓宽目前 MIT 的研究及应用范围。

3.2 团簇组装 Fe/Fe$_3$O$_4$ 核壳结构薄膜的制备及微结构

3.2.1 核壳团簇薄膜的制备与性能表征手段

本书使用低能团簇束流沉积（LECBD）技术制备 Fe/Fe$_3$O$_4$ 核壳纳米结构薄膜。选择纯度为 99.9% 的 Fe 靶作为溅射靶材，制备方式选用直流溅射法。如图 3.1 所示，氩气（Ar，99.9%）作为溅射气体通过金属软管从外部进入靶材罩，然后再通过靶材罩上特殊的环形结构均匀地吹向 Fe 靶表面。同时，氧气作为反应气体和缓冲气体通过另一个端口进入溅射腔体。由于采用多级真空差分系统，所以溅射室到沉积室的压强是逐渐降低的，因此产生的团簇在凝结和聚集生长后，会在压强差的作用下通过喷嘴和两个分离器形成准直且均匀的团簇束流。随后，团簇会以极低能量的软着陆方式沉积到 Si-SiO$_2$（氧化层厚度为 300nm）衬底上，这种方式保证了团簇到达衬底表面后不会破碎，能够很好地维持原始结构。最后，为了获得良好的晶体，将沉积后的薄膜在高纯氧（99.99%）环境中进行原位退火。

在整个实验过程中，团簇沉积速率将通过石英晶体微天平进行监控。在制备过程中会发现溅射功率、氩气和氧气的流量、沉积距离、退火温度等各种因素都会影响实验结果，因此严格控制各个参数有利于对结果进行准确的对比和分析，同时还能有效提高实验的重复率。因此，本实验在保证如表 3.1 所列所有参数都一致的情况下，仅通过调节沉积距离 L 来制备不同核占比的样品。该机器有多个衬底托位置，而且具有独立开腔系统，这样设计是为了在恒定的环境中制备多个样品，从而最大限度地保证样品的准确性和重复性。由于 LECBD 技术制备团簇薄膜采用的是独特的软着陆沉积方式，因此衬底只是起到基本的支撑作用，对薄膜的形貌和结构不会造成影响。本书选用带有绝缘 SiO_2 层的 Si 衬底是为了避免测试的过程中电流进入电阻率较低的 Si 衬底内而导致结果出现偏差。

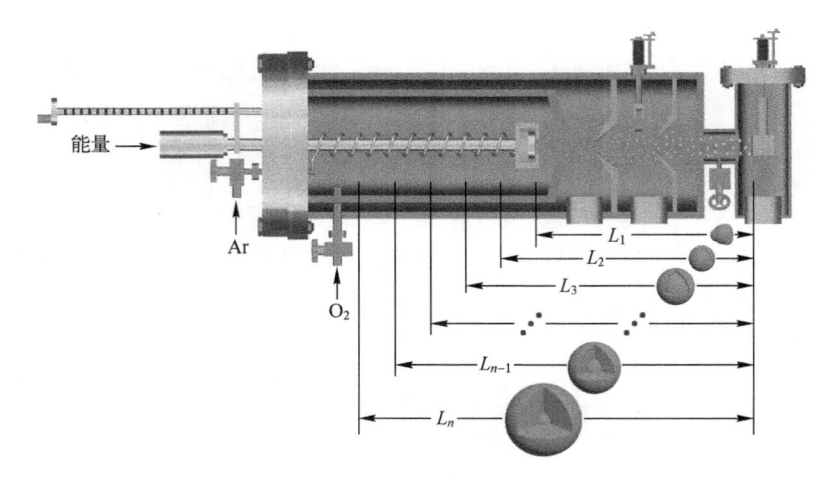

图 3.1 LECBD 系统制备核壳结构示意图

表 3.1 团簇组装 Fe/Fe_3O_4 核壳纳米结构薄膜实验参数

参数名称	数值
溅射靶材及尺寸	Fe（99.9%）（直径为 50mm，厚度为 2mm）
沉积腔压强	1×10^{-4}Pa
氩气压强	75Pa
氧气压强	1Pa
溅射功率	90W
沉积速率	0.65Å/s
退火温度	773K
退火时间	20min

采用高分辨透射电子显微镜（HR-TEM，FEI Tecnai F20）表征所有薄膜的晶体结构。使用场发射扫描电子显微镜（FE-SEM，Hitachi SU-4800）表征团簇组装薄膜的微观形态。使用 X 射线光电子能谱仪（XPS，ESCALAB 250XI）测试所有样品的价态。

第3章 核壳团簇薄膜金属-绝缘体转变的尺寸调控

使用综合物性测试系统（PPMS-9T，Quantum Design）测量团簇组装薄膜的变温电学输运性质。利用PPMS-VSM测试薄膜的磁学性能。

3.2.2 核壳团簇薄膜的微结构分析

为了确认不同沉积距离 L 下制备团簇的晶体结构以及氧化程度，使用HR-TEM测试了沉积于碳膜上的单分散团簇的微结构，如图3.2所示。其中每幅小图对应的 L 分别为：（a）510mm；（b）515mm；（c）520mm；（d）530mm；（e）540mm；（f）546mm；（g）553mm；（h）556mm；（i）560mm；（j）565mm；（k）580mm。

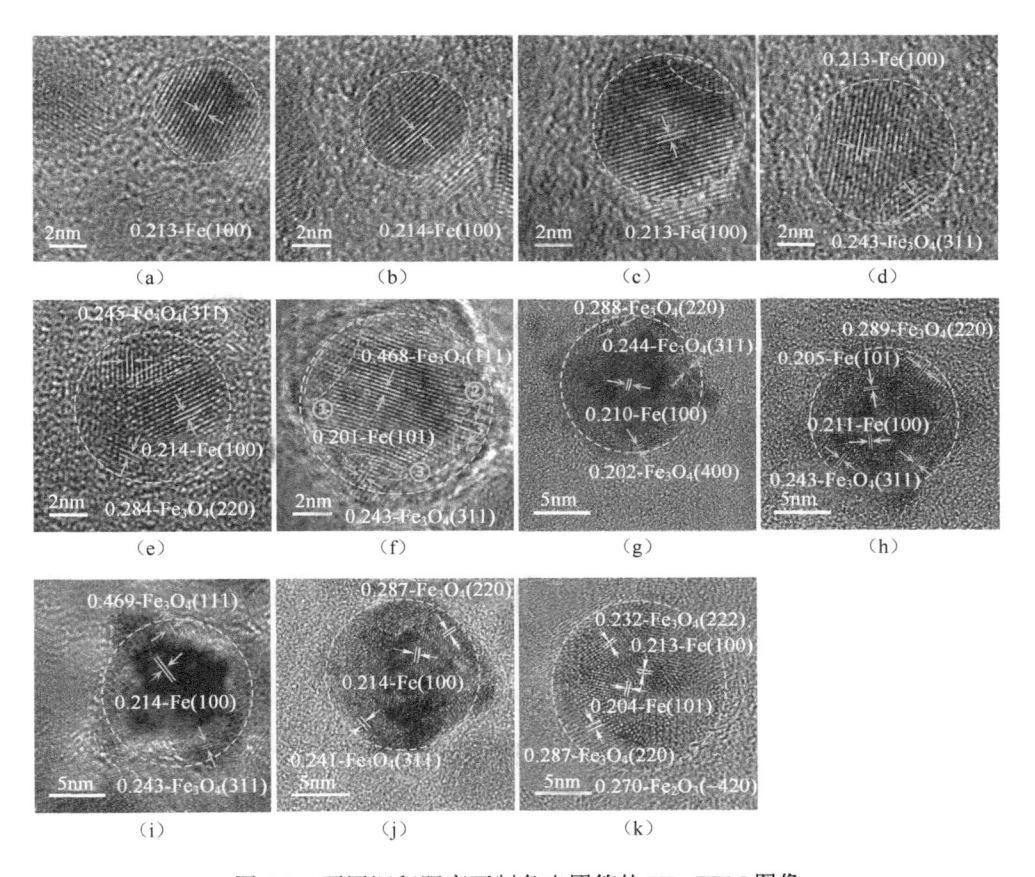

图3.2 不同沉积距离下制备出团簇的HR-TEM图像

图中所有的晶面间距都是使用 Digital Micrograph（DM，Gatan Inc.）软件进行快速傅里叶变换（FFT）及其逆变换（IFFT）降低噪声后测量得到的。为了清晰地说明整个测量过程，图3.3展示了测量图3.3（a）晶面间距的细节。首先，对图3.3（a）虚线框内的区域执行FFT操作得到图3.3（b），然后施加掩模（mask）并执行IFFT操作即可得到清晰的晶格条纹，如图 3.3（c）所示。使用 DM 软件测量多个黑白相间的条纹然后求平均值即可确定晶面间距，将结果与标准卡片对比后，就能得到对应的晶面指数。其他样品的晶面间距都是采用该方法得到的。图 3.3（a）展示了 $L = 510$mm 时制备团簇的 HR-TEM 图像，测量结果显示晶面间距 $d = 0.213$nm，对比标准卡片 PDF#50-1275 可得其对应于 Fe 的（100）晶面。在该图中没有观察到其他晶面间距，并且即使在颗粒边界处晶格条纹也依然清晰，这表明 Fe 团簇在沉积距离最小时不会被氧化。$L = 515$mm 制备的样品显示出与 $L = 510$mm 相似的现象，测量结果显示其单一且清晰的晶格条纹（$d = 0.213$nm）也对应于 Fe 的（100）晶面，这种单一性同样延续到颗粒边界处，因此该沉积距离下的 Fe 团簇也未被氧化。当 L 增加至 520mm 时，Fe 的晶格条纹依然占据着整个颗粒，但是一小块其他方向的晶格条纹开始出现在团簇边界处，并且与 Fe 的晶格条纹重叠，如图 3.2（c）内的小圆圈所示。由于出现的晶格条纹太小且较为模糊，所以无法对其进行准确的测量，但是该条纹的出现意味着 Fe 团簇在此沉积距离下开始被氧化。当 $L = 530$mm 时，不同于 Fe 的晶格条纹清晰地出现在团簇边界处，测量结果显示 $d = 0.243$nm，对比标准卡片 PDF#26-1136 可知其对应于 Fe_3O_4 的（311）晶面，如图 3.2（d）内的小圆圈所示。当 $L = 540$mm 时，Fe 团簇的氧化现象更加明显，其边界处开始出现两种 Fe_3O_4 的晶格条纹，分别对应于 Fe_3O_4 的（311）和（220）晶面，如图 3.2（e）所示。从图 3.2（c）～（e）可以发现，尽管 Fe_3O_4 层出现在 Fe 核外并且变得越来越明显，但不均匀的氧化层表明，在这些 L 范围内制备的团簇并未形成完整的核壳结构。当 $L = 546$mm 时，Fe_3O_4 的晶格条纹均匀地存在于 Fe 核周围的边界区域，如图 3.2（f）所示。小圆圈 1 显示 Fe_3O_4 壳的晶格条纹与 Fe 核的晶格条纹重叠，并且在团簇边界处变得更清晰。小圆圈 2 显示较窄的 Fe 核晶格条纹逐渐变宽，最终在团簇边界处变成 Fe_3O_4。小圆圈 3 显示 Fe_3O_4 壳与 Fe 核的晶格条纹相互重叠，但最终只有 Fe_3O_4 存在于边界处。这些结果清楚地显示了 Fe 核与 Fe_3O_4 壳的晶格条纹在非常窄区域内的重叠和过渡就是两者的边界。最重要的是，在该沉积距离下，Fe_3O_4 壳的晶格条纹出现在整个 Fe 核周围，因此可以确定 Fe/Fe_3O_4 核壳结构已经形成。所有 $L>546$mm 的样品均形成完整的核壳结构，如图 3.2（g）～（k）所示，这意味着 546mm 是构建完整且均匀核壳结构的临界沉积距离。图 3.2（g）～（k）显示中间颜色较深区域的晶格条纹属于 Fe 核，而周围颜色较浅区域的晶格条纹属于 Fe_3O_4 壳，并且 Fe_3O_4 的晶格条纹面积随着 L 的增加而增加，这表明团簇的氧化程度也在增加。可以发现，在 $L = 580$mm 处制备的团簇样品中出现了不同于 Fe 和 Fe_3O_4 的晶格条纹，测量并对比标准卡片 PDF#16-0653 后发现，其对应于 Fe_2O_3 的（-420）晶面，如图 3.2（k）所示。

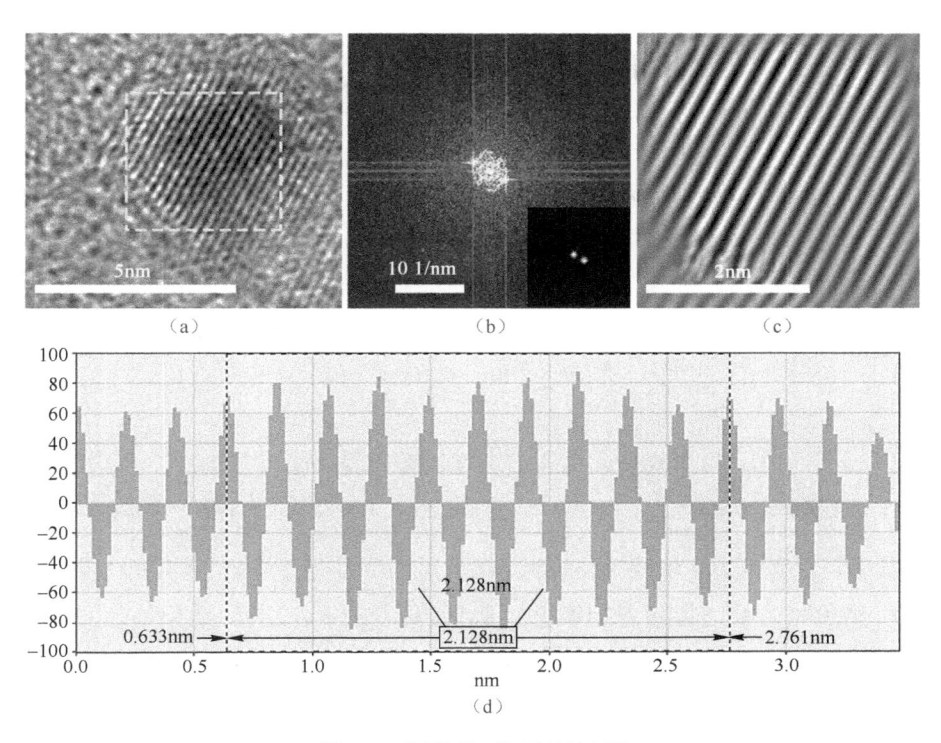

图 3.3 测量晶面间距的过程

接下来将计算 $L \geqslant 546$mm 时拥有完整核壳结构团簇颗粒的核占比，这样能够更好地分析实验数据并为后续有效介质理论的计算做铺垫。本书将核占比 w 定义为 Fe 核与总 Fe/Fe$_3$O$_4$ 核壳团簇的体积比，计算时将 Fe 核与 Fe$_3$O$_4$ 壳之间非常窄的晶格重叠区域视为两者的边界。可以发现，核壳团簇既有正方体也有球体，因此需要先进行简单的计算分析。对于完整的核壳结构，如果采用正方体计算核占比 w，则可得到 $w = L_1^3 / L_2^3$，其中 L_1 和 L_2 分别为核团簇和总核壳团簇的边长。如果采用内切球进行计算，则核占比为 $\frac{4}{3}\pi R_1^3 / \frac{4}{3}\pi R_2^3 = R_1^3 / R_2^3$，其中 R_1 和 R_2 分别为核团簇和总核壳团簇的内切球半径。而 L 和 R 存在以下关系：$R_1 = L_1/2$，$R_2 = L_2/2$。显然这两种计算方式得到的结果是相同的，为了便于大量统计得到更准确的平均值，本书采用内切球方式进行计算。因此图 3.2（f）～（j）中被大圆圈拒之在外的部分实际上已经被考虑，并不会影响计算得到的核占比值。计算结果如图 3.4（a）所示，由于沉积距离 $L < 546$mm 时并未形成完整的核壳结构，所以没有计算值。注意，在实际的粒径测量中不可避免地存在小误差，因此核占比是多次测量和计算出的平均值。同时还引入了误差条以保证计算结果更准确和更合理。最大误差值由 $R_{\text{max-core}}^3 / R_{\text{min-total}}^3$ 和 $R_{\text{min-core}}^3 / R_{\text{max-total}}^3$ 之间的差值获得，结果显示误差值在合理的范围内，并不会影响后续分析。

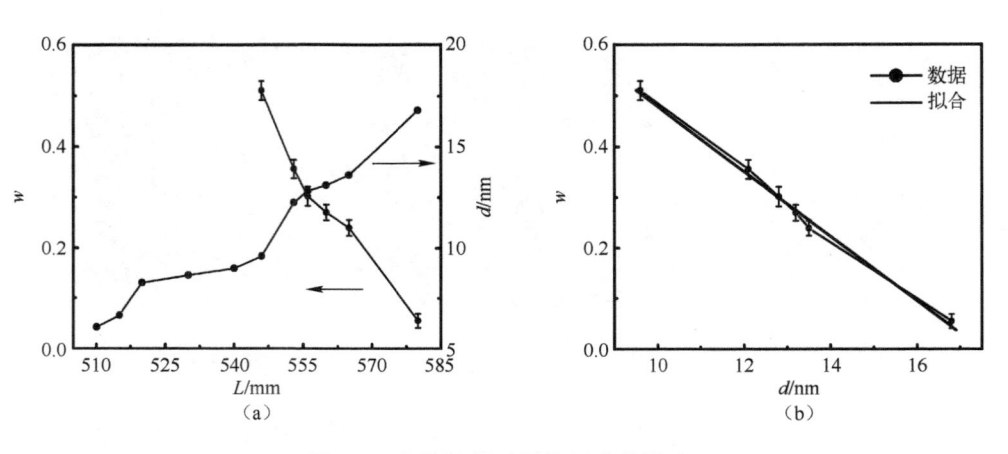

图 3.4 生长过程对团簇尺寸的影响

(a) 核占比 w 和团簇尺寸 d 对沉积距离 L 的依赖性；(b) 核占比 w 对团簇尺寸 d 的依赖性

可以发现，团簇尺寸和核占比随着沉积距离的增加呈现出相反的变化趋势。为了找到它们之间存在的关系，将两者提取并绘制后得到图 3.4（b）。结果显示，它们之间为近似线性的关系，这显然来源于核壳团簇的制备原理。当 Fe 原子被溅射出来时，它们会在机器的冷凝区域相互碰撞并形成团簇。随着 L 的增加，团簇在冷凝区域飞行的时间也会增加，这意味着团簇碰撞和生长的时间增加，最终导致团簇尺寸增大。同时，团簇在氧气氛围中飞行的时间也会随着 L 的增加而增加，这将导致其氧化程度增加。因此，核占比 w 随着团簇尺寸 d 的增加而降低，两者之间呈现出的线性关系进一步证明了样品制备过程的稳定性和准确性。

图 3.5 展示了不同沉积距离 L 下制备的团簇组装薄膜微观形貌（SEM 图像），其中：图 3.5（a）～（k）中所对应的 L 与图 3.2（a）～（k）中的一致；图 3.5（l）为团簇组装薄膜截面的 SEM 图像。受益于 LECBD 技术制备样品的特点，所有的薄膜都是由均匀接触的球形团簇颗粒组装而成的，这不同于常见的磁控溅射或者脉冲激光沉积技术所制备的致密薄膜[200-201]。在本实验中，团簇内每个原子的平均沉积能量小于 10meV，这比原子的结合能（一般为 eV 量级）要小得多，因此团簇着陆到衬底上时不会破碎，而是以随机堆叠的方式组装成膜[202]。使用 Nano Measure 软件统计了所有薄膜的团簇尺寸，结果以柱状图的形式展示在了图 3.5（a）～（k）的右上角。显然每个薄膜的团簇尺寸分布都很窄，且具有平均尺寸的团簇占据总数的 35% 以上，这表明薄膜的质量很高。对柱状图进行拟合后可以看出，所有薄膜的团簇尺寸均呈现出正态分布，如图中曲线所示，这与基于 LECBD 机制的模拟结果一致[203]。

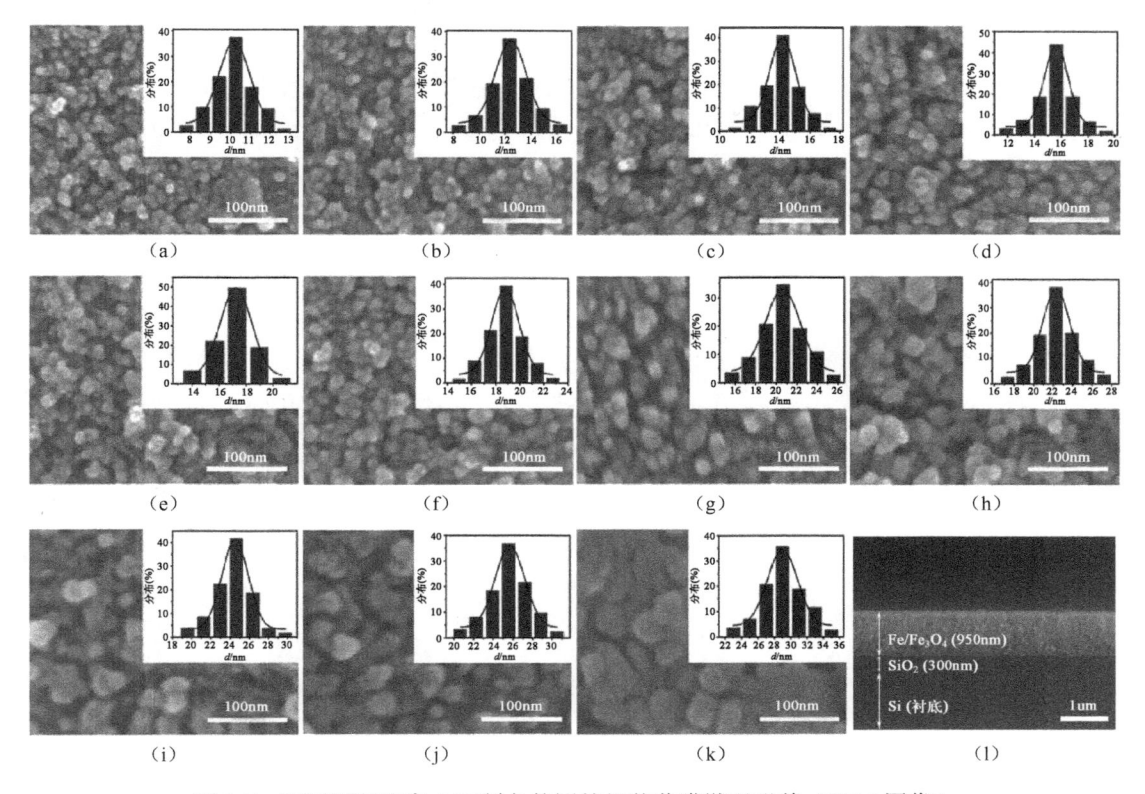

图 3.5 不同沉积距离 L 下制备的团簇组装薄膜微观形貌（SEM 图像）

注意，HR-TEM 图像和 SEM 图像中显示的团簇尺寸不同，这是团簇的聚集行为导致的。为了满足不同的测试要求，HR-TEM 和 SEM 中的测试薄膜的生长时间存在明显的不同。由于 HR-TEM 测试时需要电子穿透样品来表征基本结构，所以在较短的时间内制备了团簇样品，因此 HR-TEM 图像展示的都是彼此分离的单分散团簇，并不会发生聚集行为。而较长时间内制备的 SEM 测试薄膜是为了便于后续一系列的物理性质测量。软着陆方式使得刚沉积在 Si/SiO$_2$ 衬底表面的团簇是准自由（quasi-free）的，因此在 SEM 测试薄膜中数量极多的团簇会出现彼此聚集的情况，这是一种近程行为。在之前的研究工作中也存在类似的现象，可以说这是 LECBD 技术的特征之一。注意，团簇的聚集行为并不会影响其本征的特性[204]。由于实验中沉积时间和沉积速率相同，因此不同沉积距离下的团簇组装薄膜具有几乎相同的厚度，图 3.5（l）展示了代表性薄膜的横截面图像。可以发现：薄膜具有疏松多孔的结构，这表明它采用的是软着陆成膜方式；同时，薄膜表面的起伏度很低，这表明采用该技术制备的薄膜拥有较高的质量。

为了进一步确认薄膜的组成成分，必须测试所有样品中 Fe 2p 的 XPS 图谱，结果展示在图 3.6 中。XPS 的结果可以分为两类：不完整的核壳结构（$L < 546$ mm）和完

整的核壳结构（$L \geq 546$mm）。L=510 和 515mm 处制备的样品在结合能 706.8eV 和 719.9eV 处显示两个峰，这对应于 Fe 金属的特征峰[205]。显然该结果与 HR-TEM 图像一致，后者显示这两个样品都仅存在 Fe 的晶格条纹。从标准的 Fe 峰中可以得出，虽然这两个薄膜都经过了高温退火，但是并未显示出氧化的现象。这表明对于 LECBD 技术制备的 Fe 团簇而言，高温退火能够较好地提高团簇的结晶度，却对氧化程度几乎无法造成影响。这一现象很好地说明了 Fe 团簇氧化程度的变化均源自沉积距离的改变。Fe $2p_{3/2}$ 和 Fe $2p_{1/2}$ 分别位于结合能 710.7eV 和 724eV 处，这两个峰对应于 Fe_3O_4 的 Fe^{3+}。此外，两个峰的峰形均略有加宽，而加宽的位置位于结合能 709eV 和 723eV 处，这两个峰则对应于 Fe_3O_4 的 Fe^{2+}[206]。XPS 结果显示 Fe_3O_4 的峰形在 L=520mm 处开始出现，并在 L=530 和 540mm 处变得更加显著，而 Fe 的峰形则逐渐减弱。与之相似，L=520~540mm 的 HR-TEM 图像也显示存在 Fe_3O_4 的晶格条纹，并且其随着 L 的增加变得越来越明显。同时可以发现，对于不完整核壳结构的样品而言，Fe_3O_4 的 Fe $2p_{1/2}$ 峰始终没有形成标准的峰形，即使对于 L=540mm 的样品也是如此。

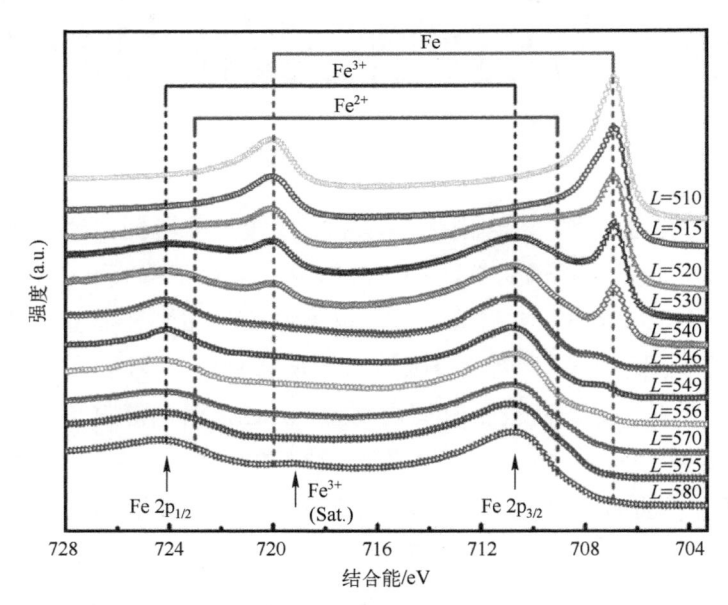

图 3.6 不同沉积距离下制备样品中 Fe 2p 的 XPS 图谱

为了更好地分析完整核壳结构样品中氧化层的组成，可以将 $L \geq 546$mm 时制备的样品分为以下三类：薄氧化壳（L=546、549 和 556mm）、厚氧化壳（L=570 和 575mm）以及几乎完全氧化（L=580mm）。对于 L=546mm 的样品而言，Fe 的特征峰仅出现在 707.1eV 处，这表明虽然内部的 Fe 核能够被检测到，但其峰形却显著减弱并略有偏移。Fe 峰强度的急剧下降以及 Fe_3O_4 峰形的完全形成表明了团簇颗粒在

第3章 核壳团簇薄膜金属-绝缘体转变的尺寸调控

L=546mm 处形成了完整的 Fe/Fe$_3$O$_4$ 核壳结构。前面已经分析的 HR-TEM 图像也表明在该沉积距离处能够形成完整的核壳结构，因此 XPS 和 HR-TEM 的测试结果均证明了 L=546mm 为构建核壳结构的临界沉积距离。Fe 峰强度随着 L 的进一步增加而持续降低，最终在 L=570mm 的样品中完全消失。注意，L=580mm 的样品在 719eV 处存在一个小峰，其属于 γ-Fe$_2$O$_3$ 中 Fe^{3+} 的卫星峰[207]。在此样品的 HR-TEM 图像中同样观察到了该物质的晶格条纹，这一结果再次展示了 XPS 与 HR-TEM 的测试结果具有良好的同步性。

事实上，由于 Fe$_3$O$_4$ 的 Fe^{2+} 在 XPS 中没有明显的峰形，所以往往很难观察到其存在[208-209]。因此，使用 XPSPEAK 软件拟合 L=540~580mm 样品中 Fe 2p$_{3/2}$ 的峰，以验证 Fe$_3$O$_4$ 组分的准确性，拟合结果如图 3.7（a）所示。在实验曲线（圆圈）和拟合曲线（五边形）最接近的情况下分别计算出 Fe^{3+} 曲线（方形）和 Fe^{2+} 曲线（菱形）与背景线（叉）围成的面积即可确定 Fe^{3+} 和 Fe^{2+} 的比率，结果显示两者在所有样品中的比率均接近 2:1，这与标准的 Fe$_3$O$_4$ 化学计量相同。由于在 L=580mm 的样品中观察到了 Fe^{3+} 的卫星峰，因此为了确认 L=546~575mm 的样品在 718~722eV 范围内是否存在其他小峰，对这些样品的局部放大图进行了展示，如图 3.7（b）所示。结果显示，虽然 L=546 和 570mm 的样品在此结合能范围内略有波动，但没有形成峰形。总的来说，XPS 的结果再一次确认了 Fe/Fe$_3$O$_4$ 核壳纳米结构薄膜制备的准确性。

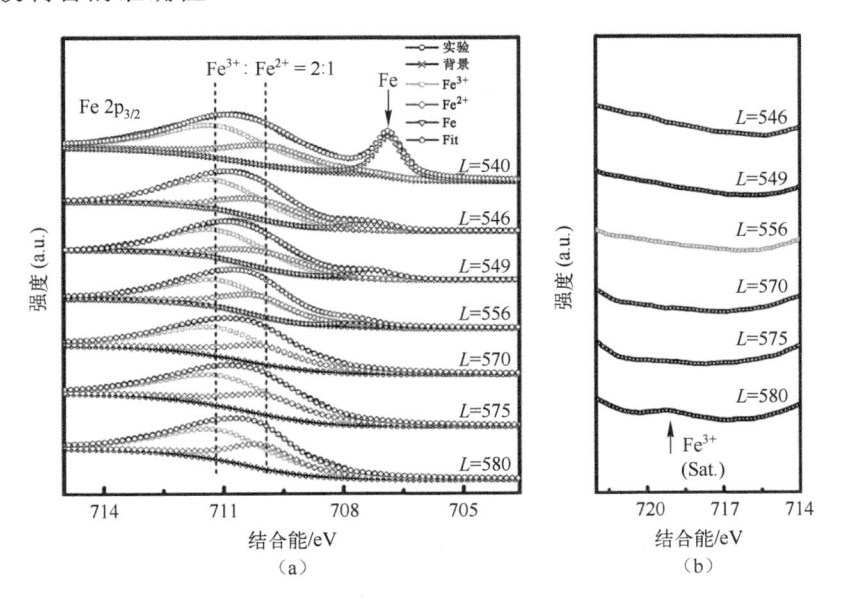

图 3.7　Fe/Fe$_3$O$_4$ 核壳纳米结构薄膜 XPS 分峰结果

（a）L=540~580mm 样品中 Fe^{3+} 和 Fe^{2+} 的成分比；（b）L=546~580mm 样品的局部放大图

3.3 Fe/Fe₃O₄ 核壳团簇薄膜的 ρ-T 特性

3.3.1 不完整核壳结构薄膜的特性

在 10～310K 的范围内测试了所有薄膜的电阻率-温度（ρ-T）特性后，我们发现一个有趣的现象：ρ-T 曲线也可分为两种类型，即不完整的核壳结构和完整的核壳结构，这与微结构的情况非常相似。所有薄膜的电阻率都采用了归一化处理[$\rho(T)/\rho(310K)$]方式，这样能保证更直观地看到电阻率的变化幅度。本节主要分析不完整的 Fe/Fe₃O₄ 核壳纳米结构薄膜的 ρ-T 曲线，测试结果如图 3.8 所示，其中每幅小图所对应的 L 分别为：（a）510mm，（b）515mm，（c）520mm，（d）530mm，（e）540mm。

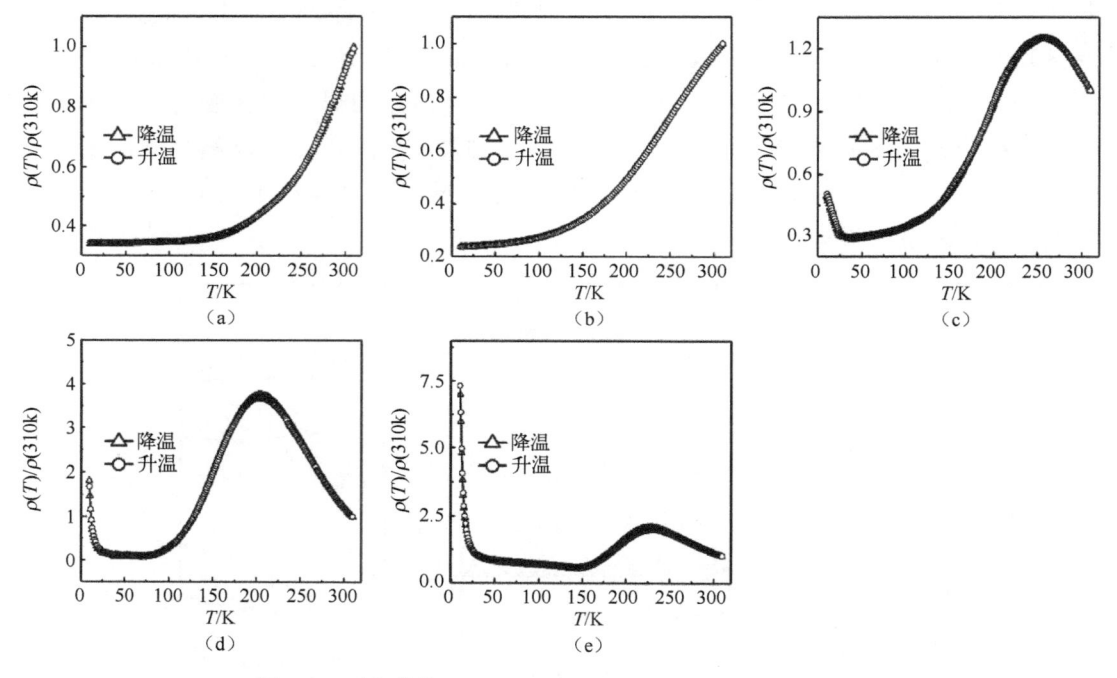

图 3.8 不完整的 Fe/Fe₃O₄ 核壳团簇组装薄膜的 ρ-T 曲线

当 L=510mm 时，薄膜的电阻率随着温度升高而缓慢增加，因此其 ρ-T 曲线表现出金属特性，如图 3.8（a）所示。金属导电源于其内部自由电子的定向运动，随着温度升高，晶格的热振动效应会使自身偏离规则的排列，这将对电子的布洛赫波造成散射，从而会形成电阻。因此温度越高，物质的晶格振动就会越激烈，进而对布洛赫波的散射就越强，最终导致金属的电阻持续增加，呈现出正的电阻率温度系数（TCR）。L=515mm

薄膜与 L=510mm 薄膜的 ρ-T 曲线具有相同的金属性行为,如图 3.8（b）所示。HR-TEM 和 XPS 测试结果也均表明这两个薄膜不存在任何氧化现象,因此微观结构和电学性能体现出良好的一致性。L=510mm 的薄膜在温度高于 200K 后出现电阻率上升速度显著加快的现象,而 L=515mm 的薄膜在 150K 以上便出现了该现象,这表明前者抵抗热扰动的能力要略强于后者。当 L=520mm 时,薄膜的 ρ-T 曲线出现了非单调的变化,如图 3.8（c）所示。具体而言,薄膜在 310K 时随着温度降低首先呈现出绝缘态（负TCR）,然后降低至 250K 时转变为金属态（正TCR）,最后在 25K 附近再次回到了绝缘态（负TCR）。这种现象在 L=530 和 540mm 的薄膜中更加显著,如图 3.8（d）和（e）所示。与图 3.2（c）～（e）对应的三个样品的 HR-TEM 图像展示出 Fe_3O_4 壳的晶格条纹出现在 Fe 核周围,并且随着 L 的增加越来越明显,因此 ρ-T 曲线中的绝缘态源自 Fe_3O_4 对薄膜的贡献。

当 Fe 核没有完全被 Fe_3O_4 壳覆盖时,相邻的不完整核壳结构团簇会形成具有准金属接触的电流传导通道,如图 3.9 所示。准金属接触链是指通过金属"点"连接或者通过活化能可忽略不计的非常薄的绝缘氧化势垒连接而形成的通道。事实上,这种传导通道在薄膜中是三维的,但为了便于理解可以将其绘制为二维图。当薄膜所处环境温度较低时,Fe 核的电阻率也较低,因此电流会绕过局部氧化区域,只通过电阻率较低的准金属链进行传导,如图 3.9 中箭头所示。在这种情况下,ρ-T 曲线将体现出 TCR 为正的金属态。然而,随着温度的升高,原本在 Fe_3O_4 八面体中有序排列的 Fe^{2+} 和 Fe^{3+} 会逐渐变成无序排列,这使得电子能够在 Fe 的两种氧化态之间快速转移,所以 Fe_3O_4 在较高的温度区域内会有较好的导电性。因此,当 Fe 核的电阻率随着温度升高增加至接近 Fe_3O_4 壳时,电流传导通道会逐渐从原来的准金属链切换到 Fe_3O_4 壳,ρ-T 曲线会从原本的金属态（正 TCR）转变为绝缘态（负 TCR）。注意,由于不完整核壳结构中 Fe 核的氧化层不是均匀的,所以电流传导通道也不均匀。因此,多个传导通道很难在较窄的温度区间内同时切换,从而导致金属态切换到绝缘态的行为发生在较宽的温区内。

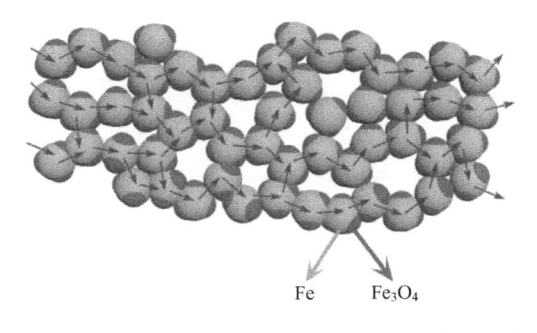

图 3.9　不完整 Fe/Fe_3O_4 核壳结构薄膜中电流传导通道示意图

电阻率在低温下的快速上升归因于载流子的弱局域化效应,这种现象通常发生在

50K 以下[210-211]。这是因为晶格振动在低温下会减弱，这将导致声子散射减少，因此载流子能够保持较长距离的相位相干，从而增强弱局域化效应。先前的研究清晰地表明，弱局域化效应往往出现在轻微氧化的金属薄膜中，而未氧化和高度氧化的薄膜则不会表现出这种效应[212]。图 3.2（c）～（e）清楚地显示了 L=520、530、540mm 时三个薄膜的 Fe 核边缘虽然已被氧化，但却没有完全被 Fe_3O_4 所覆盖，显然它们均处于轻微氧化状态，因此倾向于出现弱局域化效应。这一现象的出现很好地反映了 HR-TEM 图像与 ρ-T 曲线的一致性。

3.3.2 完整核壳结构薄膜的特性

当沉积距离 L 达到临界值 546mm 时，薄膜形成了完整且均匀的核壳结构，同时 ρ-T 曲线也出现了非常显著的改变，如图 3.10（a）所示。可以发现，该样品存在非常显著的 MIT 行为，即电阻率在 130K 以下急剧增加，这一现象归因于 Fe_3O_4 壳的费尔维转变特性。电阻率在 130～90K 范围内的变化量高达三个数量级，明显优于大多数 Fe_3O_4 的外延薄膜和纳米线[61, 213]，甚至与 Fe_3O_4 单晶块体相当[58]。还应注意的是，在整个 ρ-T 曲线中没有观察到 Fe 的电阻率-温度特性。上述这些结果均表明 Fe_3O_4 在 ρ-T 曲线中占主导地位，因此该薄膜的电流传导通道完全由氧化层所负责。为了进一步确认观察到的现象，对 L=549mm（非常接近临界 L 值）时制备的薄膜进行了测试，测试结果如图 3.10（b）所示。可以发现，两个薄膜具有相似的电阻率变化趋势，这很好地验证了实验结果的准确性。虽然 L=549mm 样品的电阻率变化幅度（两个数量级）要小于 L=546mm 的样品（三个数量级），但是前者在极窄温区（约 10K）内的变化率却更加明显。图 3.10（c）和（d）所示分别为 L=546mm 和 549mm 薄膜的 ZFC-FC 曲线。

注意，这两个样品都存在非常杰出的费尔维转变特性，这可以归因于薄 Fe_3O_4 壳的准二维特征。众所周知，二维系统的态密度呈阶跃状态，这与三维系统的连续函数明显不同。因此，电阻率的变化在二维系统中往往非常敏感并具有独特的性质[214-215]。而这两个样品分别是在形成完整核壳结构的临界 L 值和非常接近该 L 值时制备的，所以 Fe_3O_4 壳非常薄。因此，这种准二维态会增强 Fe_3O_4 内部由 Fe 离子电荷有序引起的费尔维转变，从而导致薄膜展现出优异的电阻率变化幅度和变化速度。这两个样品在冷却过程中的费尔维转变温度（T_V）均为 130K，略高于块体材料的转变温度 120K[58]。物质在纳米尺度下往往会出现一些有趣的效应，如小尺寸效应和表面效应，这些新效应极有可能会导致纳米结构薄膜表现出与块体材料不同的特性。Fe_3O_4 在纳米尺度下表现出的 T_V 值通常也与块体的不同，这种情况同样存在于其他的研究工作中[61, 213]。使用 LECBD 技术制备 Fe/Fe_3O_4 核壳团簇薄膜是一种全新的方法，极小的单分散团簇会让小尺寸效应更加突出，因此 T_V 值的微小变化是由团簇薄膜自身的特性所引起的。此外，

第 3 章 核壳团簇薄膜金属-绝缘体转变的尺寸调控

已有研究表明，Fe_3O_4 纳米颗粒内部的化学计量比对于费尔维转变特性也有非常大的影响，其 T_V 值会随着样品纯度的降低而减小，这是因为阴离子空位浓度的增加会减少 B 位 Fe 离子之间的交换相互作用[216]。一些高纯度和结晶良好的 Fe_3O_4 纳米颗粒的 T_V 值均处于 128～130K 之间，这与本书中的结果非常一致[217-218]。该现象不仅证明了 Fe/Fe_3O_4 核壳团簇中费尔维转变特性的准确性，更表明了使用 LECBD 技术制备样品具有较好的稳定性。

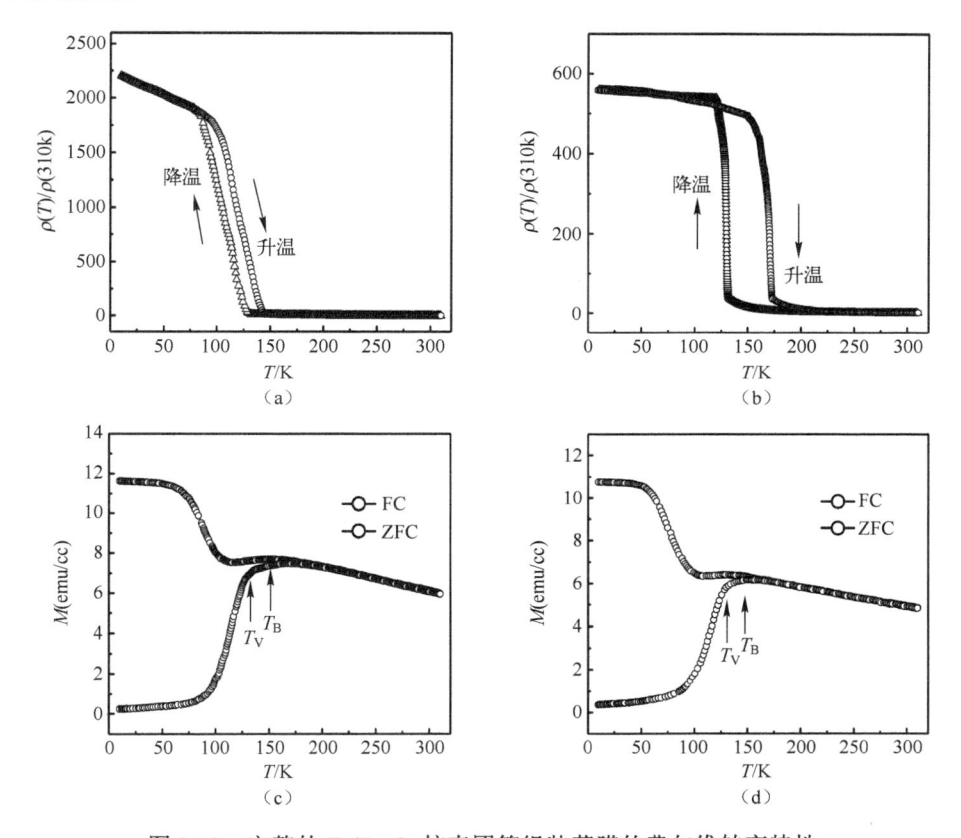

图 3.10 完整的 Fe/Fe_3O_4 核壳团簇组装薄膜的费尔维转变特性

两个薄膜在降温和升温测试的 ρ-T 曲线中均体现出显著的热滞后行为，这种现象是由于 Fe 核的低温稳定性与 Fe_3O_4 壳的费尔维转变之间的竞争所引起的。从图 3.8（a）中可以看出，Fe 团簇薄膜在 100K 以下具有非常明显的低温稳定性。对于 $L=546$mm 的薄膜而言，当温度降低至 100K 以下时，电阻率的上升速度迅速减弱，这意味着 Fe 核的低温稳定性抑制了 Fe_3O_4 壳的费尔维转变。而在升温的过程中，Fe 核又会阻止电阻率快速下降，只有当温度升高至完全破坏 Fe 核的低温稳定性时，Fe_3O_4 壳的费尔维转变才能得以体现。因此，薄膜在升温测试过程中的转变温度（T_{V+}, 145K）高于降温测试过程中的转变温度（T_{V-}, 130K）。对于 $L=549$mm 的薄膜而言，其电阻率在 100K 以下几乎没有变化,这意味着该薄膜的 Fe 核稳定性更强。因此,Fe 核与 Fe_3O_4 壳之间的竞争也更加激烈,这导致其 $\rho-T$ 曲线存在更显著的热滞后行为,所以产生了更大的升温转变温度(T_{V+},175K)。注意:T_{V+} 并不完全是 Fe_3O_4 的本征费尔维转变温度,而是升温过程中受到 Fe 核影响所产生的协同效应温度;相反,T_{V-} 在降温过程中并未受到 Fe 核的影响,因此 T_{V-} 与本征的费尔维转变温度相同。虽然两个样品的沉积距离非常接近,但是 T_{V+} 值却存在显著的不同,这一现象反映了 Fe/Fe_3O_4 核壳团簇薄膜的性质对于核与壳的比例变化非常敏感。

使用 PPMS-VSM 测试了两个薄膜的零场冷却(zero-field cooling,ZFC)和加场冷却(field cooling,FC)曲线以验证费尔维转变温度的准确性,测试结果如图 3.10(c)和(d)所示。测试过程如下:将薄膜在零磁场条件下从 310K 降温至 10K,然后在升温过程中施加 0.05T 的磁场测试磁化强度即可得到 ZFC 曲线;将薄膜在 0.5T 的磁场下从 310K 降温至 10K,然后在升温过程中加 0.05T 的磁场测试磁化强度即可得到 FC 曲线。两个薄膜的 ZFC-FC 曲线均在 150K 左右存在一个宽峰,且 ZFC 和 FC 两条曲线在 150K 以上拥有相同的斜率,这表明团簇颗粒的磁矩在高温段可以自由地与外磁场对齐,这种状态被认为是超顺磁(SPM)。因此,ZFC-FC 曲线中的 150K 温度点对应于 Fe_3O_4 的阻塞温度(T_B),这与其他 Fe_3O_4 的研究结果一致[219]。两个薄膜的 ZFC 曲线在 130K 处均存在磁化强度急剧下降的行为,这对应于 Fe_3O_4 的费尔维转变特性。注意,虽然这一现象是由 Fe_3O_4 自身特性所引起的,但通常由于制备方法和条件的不同,该温度点会在 ZFC 曲线中略有差别[220-221]。本实验中 ZFC-FC 曲线与 $\rho-T$ 曲线相同的 T_V 温度点(130K)很好地验证了费尔维转变的准确性。

图 3.11 展示了高于临界沉积距离($L>546$mm)的完整核壳团簇组装薄膜的 $\rho-T$ 曲线,其中每幅小图所对应的 L 分别为:(a)553mm;(b)556mm;(c)560mm;(d)565mm;(e)580mm。当 $L=553$mm 时,随着温度降低至 T_V 点处,薄膜的电阻率同样会呈现出急剧增加的现象。有趣的是,电阻率在 110K 以下却出现了突然下降的现象,这表明在该样品中 Fe 核的金属性质能够得到充分的体现,而不仅仅是表现出低温稳定性。相比于前面分析的 $L=546$ 和 549mm 薄膜,$L=553$mm 薄膜的费尔维转变幅度较弱,所以 Fe_3O_4 壳的绝缘性质(负 TCR)无法抑制 Fe 核的金属性质(正 TCR)。因此,该薄膜出现了一种新型的 MIT 特性,根据现象可以将其命名为可切换金属-绝缘体转变(SMIT),电阻率最高峰所对应的温度(TCR 符号转变温度)即为 SMIT 温度。不同于目前单一和复合材料在升温或降温过程中只存在一次 MIT 行为,该效应的特点在于其出现了两次 MIT 行为,也就是说薄膜的状态首先从金属态快速切换到绝缘态,然后又迅速回到金属态,电阻率峰值温度两侧的 TCR 符号相反。更重要的是,电阻率在极窄温区内的变化幅度高达两个数量级,表现出了非常优异的性能。同时,由于 Fe_3O_4 壳的费尔维转变无法抑制 Fe 核的影响,因此由两者竞争所产生的热滞后行为也随之消失。

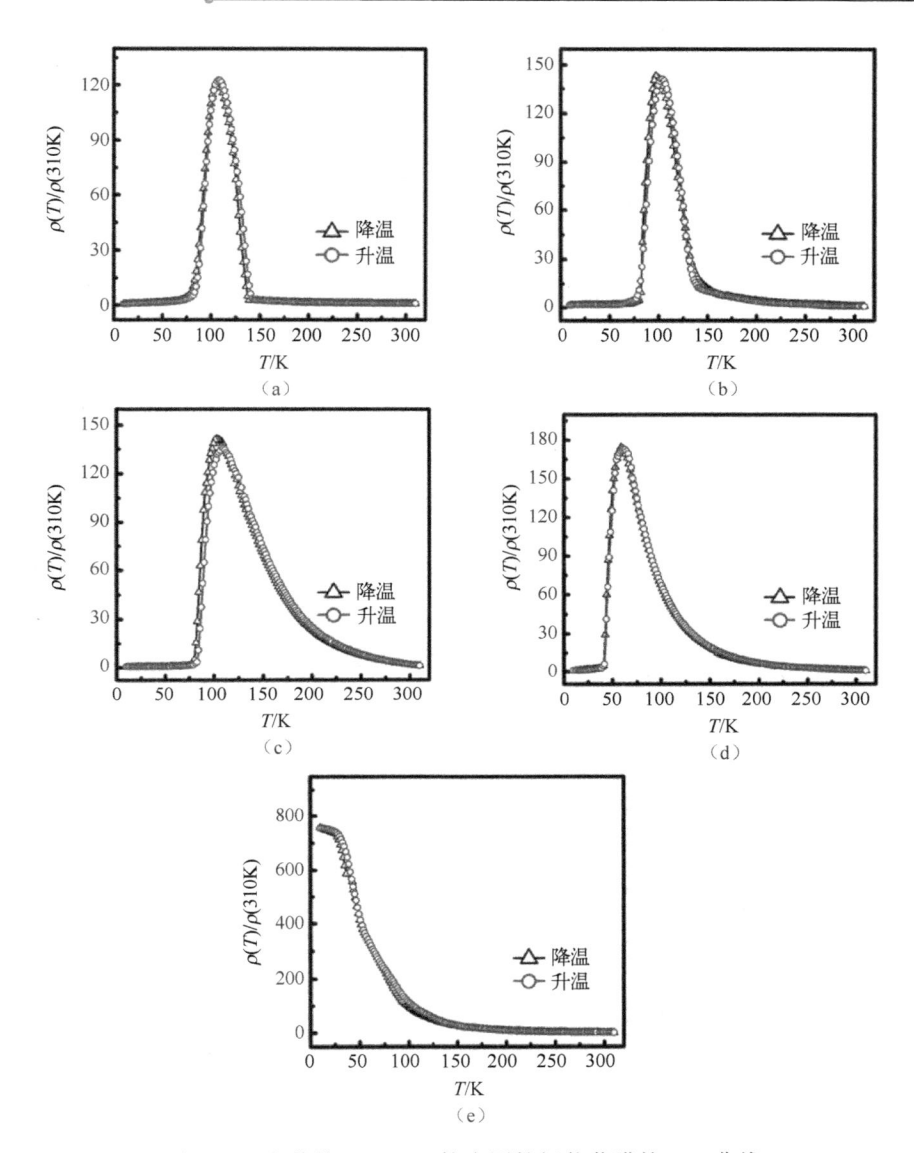

图 3.11 完整的 Fe/Fe₃O₄ 核壳团簇组装薄膜的 ρ-T 曲线

SMIT 特性源于 Fe 核与 Fe₃O₄ 壳之间的电流传导通道切换行为。室温条件下，电流主要通过 Fe₃O₄ 壳进行传导，因此薄膜整体的电阻率会随着温度降低而升高。当温度降低至 SMIT 温度时，Fe₃O₄ 壳的电阻率已经有了显著的增加，这将导致电流通道开始切换至电阻率较低的 Fe 核，因此薄膜的电阻率会随之出现急剧下降。最后，电阻率随着温度降低而缓慢减小，体现出金属性质，这表明 Fe 核在转变后的温度区间内完全占据了系统的主导地位。可以发现，SMIT 温度以下出现的电阻率大幅度下降行为发生在一个非常窄的温区内，这意味着电流通道从 Fe₃O₄ 壳切换到 Fe 核的速度非常快。如果薄膜中的核壳团簇不够均匀，那么电流通道必然不会同时快速切换，所以电阻率的下降将会发生在一个较宽的温区内，呈现出与不完整核壳结构薄膜相似的现象。因此，当前电阻率表现出的急剧下降行为很好地表明了薄膜内的核壳团簇具有高度的均匀性和一致性，进而体现了薄膜的高质量。L=556mm（w=0.302）与 L=553mm（w=0.355）薄膜的 SMIT 趋势以及转变温度均几乎一致，这能够有效验证 SMIT 行为的准确性。随着 L 增加至 560mm（w=0.27）和 565mm（w=0.239），虽然薄膜中仍然能够观察到 SMIT 行为，但是 Fe_3O_4 壳的 T_V 转变点却逐渐消失，因此 ρ-T 曲线只剩下一个快速的电阻率切换行为。一些研究表明，即便使用相同的制备方法，Fe_3O_4 纳米材料的 T_V 值也会因沉积厚度、衬底类型、退火温度、阳离子空位等原因而各不相同，有时甚至会消失[61, 216, 222]。不同核占比的团簇组装薄膜与其他实验中不同条件下制备的薄膜相似，因此 Fe_3O_4 的费尔维转变在团簇体系中也不是存在于任何一个样品，而是存在于 L=546～556mm 的范围内。而且可以发现，费尔维转变在该范围内是逐渐消失而不是突然消失的，因此可以排除费尔维转变被晶体结构的无序/缺陷所掩盖这一可能性。

可以发现，SMIT 温度随着沉积距离的增加而逐渐降低，如图 3.11（a）～（d）所示。SMIT 出现的必要条件就是 Fe 核在与 Fe_3O_4 壳竞争时能够在一定温度下显示出其绝对的优势，即电流传导通道随着温度降低从 Fe_3O_4 壳完全切换到 Fe 核。然而，Fe_3O_4 壳厚度的增加并不利于 Fe 核金属性质的显现。由于电子-声子散射会随着温度降低而减少，因此薄膜所处的环境温度越低，Fe 核的金属性质就会越稳定。HR-TEM 图像显示 4 个样品中 Fe_3O_4 壳的厚度随着沉积距离增加而逐渐增加，因此 Fe 核只能通过温度不断降低而显现其金属性质，从而导致 SMIT 温度逐渐降低。然而该转变温度在图 3.11（a）～（c）中却没有明显的变化。对于这三个样品而言，虽然 Fe_3O_4 壳的厚度在增加，但是它们的费尔维转变效应却在逐渐减弱，因此 Fe 核与 Fe_3O_4 壳之间的竞争处于动态平衡状态。然而，Fe_3O_4 壳过厚会破坏这种平衡，从而导致 Fe 核的金属性质难以体现，所以 SMIT 温度会显著降低，如图 3.11（d）所示。当 L=580mm（w=0.055）时，ρ-T 曲线仅反映出传统 Fe_3O_4 的绝缘特性，如图 3.11（e）所示。该曲线的形状与之前使用溅射法制备 Fe_3O_4 薄膜的形状非常相似，甚至电阻率在 25K 和 75K 处存在的小拐点也与之相同，如参考文献[223]中的图1所示。该结果表明，在 L=580mm 处制备的样品几乎全部氧化为 Fe_3O_4，这与其 HR-TEM 表征[见图 3.2（k）]的结果相同。通过对所有薄膜 ρ-T 曲线的分析可以发现：SMIT 特性出现在一个特殊的核占比范围内，即 $0.239 \leqslant w \leqslant 0.355$；而具有电阻率快速上升以及快速下降行为的 SMIT 特性（即拥有显著费尔维转变）则出现在较窄的核占比范围内，即 $0.302 \leqslant w \leqslant 0.355$。图 3.12 展示了所有薄膜在 310K 时的电阻率，可以发现随着沉积距离的增加，电阻率首先快速上升，达到箭头所指的沉积距离 L=546mm 后，电阻率上升速度明显减慢，最后逐渐趋于稳定。电阻率的变化趋势很好地体现了薄膜的氧化过程，同时也验证了形成完整核壳结构的临界沉积距离的准确性。

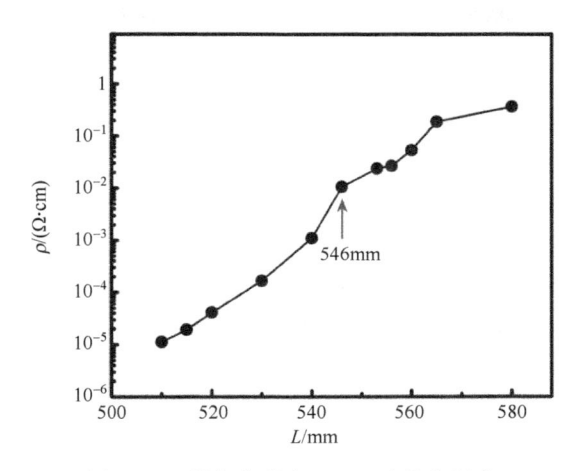

图 3.12　所有薄膜在 310K 时的电阻率

3.4　有限元仿真分析

SMIT 特性可以用电流传导通道的切换来解释，接下来将使用有限元仿真软件（Ansys 18，Multiphysics）来更好地理解这个动态过程。采用二维球链核壳结构作为仿真模型，这样能清晰地展示电流在团簇内和团簇之间流动的细节。$L=553$mm 的薄膜显示出最显著的 SMIT 特性，因此可以使用其参数进行模拟。有限元仿真的重要参数如下所述。

（1）建模：二维模型，团簇之间为点接触。

（2）单元类型：从主单元到子单元依次为耦合场固体单元（coupled-field solid elements）、平面 223（plane 223）、二维（2-D）、结构-热电（structural-thermoelectric）。

（3）网格划分：选用自由划分中的最优级别（free fine 1）。

（4）边界条件：形状限制为 $d_x=d_y=0$。

（5）电流载荷：施加 50μA，这与 PPMS 测试过程是一致的。

（6）温度载荷：室温、转变温度和低温分别设置为 300K、110K 和 10K。

本书中选择三个具有代表性的温度以展示核壳团簇在不同温度区间内的电流流动细节，模拟结果如图 3.13 所示，小箭头代表每个位置的电流流动方向。团簇颗粒之间的接触面积非常小，这导致接触点处的电流密度很大，因此该位置显示为大箭头而不是小箭头。在室温（300K）时，由于几乎所有的电流都是通过 Fe_3O_4 壳进行传导的，只有少量的电流会通过 Fe 核，因此薄膜在室温区域呈现出 Fe_3O_4 的绝缘性质。当温度下降至 SMIT 温度（110K）时，电流传导通道开始从 Fe_3O_4 壳向 Fe 核切换，因此小箭头均匀地分布于核壳团簇中。300K 时团簇颗粒之间的大箭头指向 Fe_3O_4 壳，因此箭头之间的夹角较大；然而当温度降低至 110K 时，这个夹角显著减小，这意味着电流的方向发生了变化。在低温（10K）时，小箭头和大箭头均指向 Fe 核，这表明电流传导通道从 Fe_3O_4 壳完全切换到 Fe 核。然而在低温区域中，虽然电流主要通过 Fe 核进行传导，但不可避免地会流经 Fe_3O_4 壳。因此，即使拥有 SMIT 特性的薄膜在低温下表现出金属性质，但其电阻率值仍远高于金属 Fe 薄膜而与室温下 Fe_3O_4 壳的值接近。由于团簇的氧化程度非常均匀，所以每个团簇的电流密度分布几乎相同，并且电流传导通道的切换也能发生在非常接近的温度下。因此，在均匀核壳团簇组装薄膜中，电流通道的同步切换所带来的宏观效应就是绝缘态与金属态之间快速转换，这在 ρ-T 曲线中则表现为电阻率断崖式的下降。

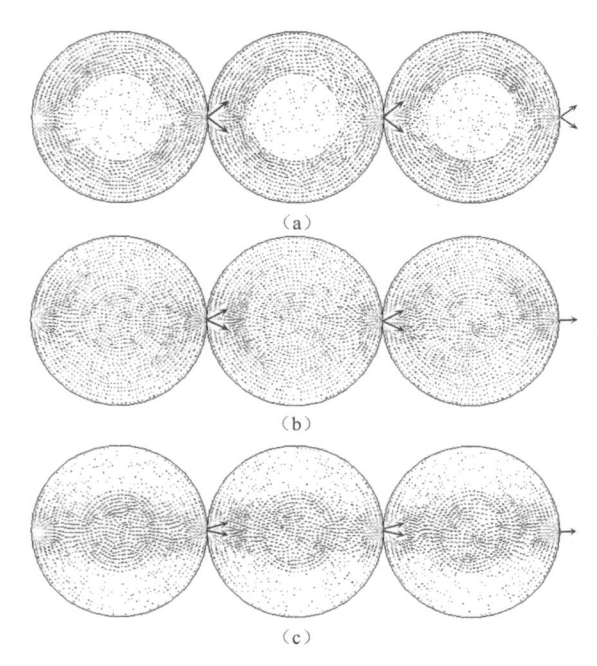

图 3.13　不同温区内电流传导通道的 ANSYS 仿真

（a）室温 300K；（b）转变温度 110K；（c）低温 10K

3.5　有效介质理论

测试结果表明，并非所有的团簇组装 Fe/Fe_3O_4 核壳薄膜都存在显著的 SMIT 特性，这促使我们考虑如何预测和寻找该特性。如果能够有效地解决这个问题，那么将对以后开发和调控其他物质的 SMIT 特性起到关键的作用，最重要的是可以避免很多无效的实验。有效介质理论（EMT）是一种利用自洽条件求解多相复合体系的光、电、热等性质的平均场理论[224-226]。随着 EMT 的不断发展，目前已经研究出多种理论模型，如麦克斯韦-加尼特（Maxwell-Garnett）模型、布鲁格曼（Bruggeman）模型、Hashin-Shtrikman 模型、Brick-layer 模型等[227]。通过对比后会发现，布鲁格曼有效介质理论（BEMT）可以用来解决本书中的问题。

研究表明，当计算体系为球体时，BEMT 模型的电导率 σ 方程如下：

$$f_m \frac{\sigma_m - \sigma_{eff}}{\sigma_m + (d-1)\sigma_{eff}} + f_i \frac{\sigma_i - \sigma_{eff}}{\sigma_i + (d-1)\sigma_{eff}} = 0 \tag{3.1}$$

式中：d 表示将要计算的系统维度，核壳结构薄膜为三维系统，因此 $d=3$；f_m 代表金属相 Fe 的体积分数，而 f_i 代表绝缘相 Fe_3O_4 的体积分数，因此 f_m 和 f_i 分别为 w（核占比）和 $1-w$；σ_m、σ_i 和 σ_{eff} 分别代表 Fe 核、Fe_3O_4 壳和整个体系的电导率。

由于图 3.8（a）和图 3.11（e）的 ρ-T 曲线分别表现出最接近纯 Fe 和纯 Fe_3O_4 的性质，因此从这两幅图中可以得到不同温度下的 σ_m 和 σ_i。使用 MATLAB 编写计算程序即可得到体系在不同铁含量 f_m 时的 σ_{eff}-T 曲线，进而能得到 ρ-T 曲线，如图 3.14 所示。

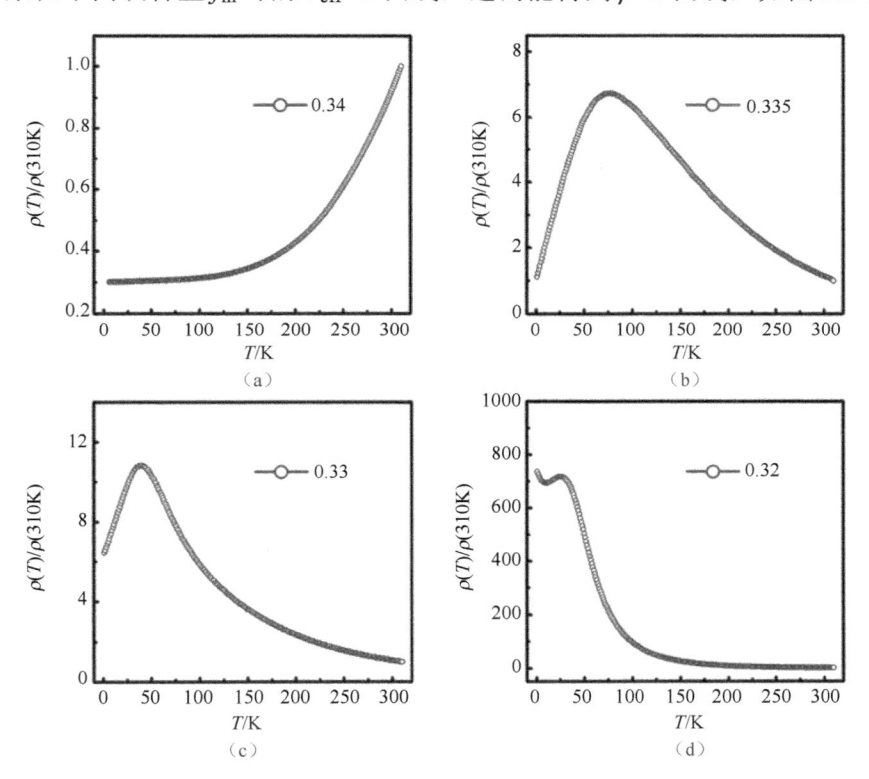

图 3.14 使用 BEMT 计算不同 Fe 含量的 ρ-T 曲线
(a) 0.34；(b) 0.335；(c) 0.33；(d) 0.32

计算结果显示在 w 为 0.32~0.34 的范围内存在 SMIT 特性，超出该范围的样品仅呈现纯绝缘态或金属态。而实验结果显示，拥有显著费尔维转变的 SMIT 特性存在于 w 为 0.302~0.355 的范围内。因此，理论预测与实验结果非常吻合，这也证实了 BEMT 模型的适用性。注意，SMIT 的转变温度及幅度在实验与理论之间存在差异，这可以通过以下三个因素来解释：①团簇尺寸以及核占比在实验制备的薄膜中并不是完全一致的，而是存在一定的分布范围，这在理论中并未考虑。②虽然本次模拟中使用的 Fe 核和 Fe_3O_4 壳的变温电阻率与它们自身纯相的性质很接近，但仍存在微小的差异。③计算公式采用的是球体模型，而薄膜中不完美球体团簇所带来的形状各向异性没有在理论中被考虑。此外，虽然使用 BEMT 模型能够很好地证明电阻率行为与核占比 w 密切相关，但这一模型却无法反映出核与壳之间电流传导通道的快速切换。因此，计算结果无法体现 SMIT 特性中快速的 TCR 符号转变行为，而是显示该行为存在于一个较宽的温度区域内。但是总的来说，使用 BEMT 模型可以为核壳结构的 SMIT 特性提供一个较准确的预测范围。因此，使用核壳结构设计 SMIT 特性时，可以先利用该模型行计算预测，这能够让实验过程事半功倍。

3.6 本章小结

本章根据目前单一和复合材料的 MIT 特性存在的一些问题设计了具有不同核占比 w 的 Fe/Fe_3O_4 核壳团簇薄膜。在 w 为 0.302~0.355 的薄膜中发现了一种 TCR 符号能够快速切换的 SMIT 特性。简单来说，具有该效应薄膜的电阻率随着温度变化会经历金属态-绝缘态-金属态三种状态的快速切换，呈现出两次开关效应。重要的是，电阻率在极窄温区内的变化率能够达到两个量级，同时还没有热滞后行为。理论分析表明，电流传导通道随着温度变化在 Fe 核与 Fe_3O_4 壳之间的切换行为引起了这种新型的 SMIT 特性。同时为了更好地理解这个过程，使用 ANSYS 有限元仿真展示了不同温度下的电流密度分布。最后，利用布鲁格曼有效介质理论计算了不同核占比的 ρ-T 曲线，计算结果显示具有 SMIT 特性的核占比范围与实验结果非常吻合。总的来说，这项工作制备了一种具有 SMIT 特性的核壳团簇组装薄膜，优异的性能使其在传感器和存储器等方面具有较为广泛的应用前景，同时希望能够通过这种设计方式来促进新型 MIT 效应以及新 MIT 材料的发现。

第 4 章

中小尺寸团簇组装 Ni$_{80}$Fe$_{20}$ 薄膜的反常霍尔效应

4.1 引言

磁性材料的反常霍尔效应（AHE）因其丰富的物理机制以及在自旋电子器件中的巨大应用前景而一直受到科研人员的关注。AHE 的起源通常归因于一种本征和两种非本征机制。本征机制是由自旋轨道相互作用（SOI）诱导的布洛赫电子的横向速度所产生的，该机制最近重新解释为被占据布洛赫态的贝里相位[228]。非本征机制是由 SOI 诱导的非对称性（asymmetric）杂质散射所引起的，其中包括斜散射机制和边跳机制。每种机制都提出了反常霍尔电阻率 ρ_{AH} 和纵向电阻率 ρ_{xx} 之间存在的标度关系，两者之间的关系在本征机制中为 $\rho_{AH} \propto \rho_{xx}^2$，而在斜散射机制和边跳机制中则分别为 $\rho_{AH} \propto \rho_{xx}$ 和 $\rho_{AH} \propto \rho_{xx}^2$。由于三者的主导地位在材料中存在争议且难以区分，所以通常认为反常霍尔效应由三个机制共同组成，即 $\rho_{AH}=a\rho_{xx}+b\rho_{xx}^2$。随着研究内容的不断丰富，人们发现表面和界面散射能够显著影响 ρ_{xx} 和 ρ_{AH}，从而可能带来巨磁电阻或巨反常霍尔效应等有趣的现象[229-230]。注意，在一些具有显著表面或界面散射效应的工作中，存在着 $\rho_{AH} \propto \rho_{xx}^n$（$n>2$）的标度关系。比如在 Fe/Au 多层膜中，当生长层数在 1～4 内，$n=2.65$[100]；在 Co/Ag 体系中，$n=3.7$[97]；在 Fe/Cr 多层膜中，$n=2.6$[98]；在 Co/Pd$_{1-x}$Ag$_x$ 多层膜中，n 为 5.7（$x=0$）或 3.44（$x=0.52$）[231]。近些年发现表面散射、界面散射与体散射之间会存在强烈的竞争，进而可能导致 AHE 出现符号反转行为。尽管该现象似乎只存在于一些特殊的多层异质结材料中（如 Co/Pd 多层膜），但是有趣的现象却激发了科研人员对其机理以及新体系的探索热情。可惜的是，长时间以来三种散射效应对于 AHE 符号的贡献一直不明朗。在第 1 章中已经详细介绍了一些 Co/Pd 多层膜的研究工作，可以发现即使在同一体系中也难以区分三种散射效应各自的贡献。注意，这三种散射效应在异质结体系中始终都是共同存在的，所以难以完全排除彼此之间的影响。因此，如果能够在没有界面的单一物质体系中寻找到 AHE 符号反转行为并揭示其机制，那么对于该现象的研究是非常有推动作用的。

早期理论预测，颗粒薄膜中极强的表面散射效应可能会导致其出现与母体材料相反的 AHE 符号[232]。然而，对于单一物质的颗粒薄膜而言，这种行为似乎一直没有被观察到，这是因为利用常规方法制备出的薄膜的致密结构和不规则圆柱形颗粒抑制了表面效应。更重要的是，由于颗粒尺寸分布较宽且不够均匀，因此薄膜性质的测量结果只会显示出一种粒径分布的平均效应，而不是尺寸依赖行为，这将导致颗粒薄膜在特征尺寸处存在的许多特性被掩盖。基于此，本章使用 LECBD 技术制备了一系列不同粒径的团簇组装 $Ni_{80}Fe_{20}$ 纳米结构薄膜。与传统的制备方法不同，采用该技术制备出的薄膜是由非常均匀的球形纳米团簇组装而成的。单分散团簇拥有的大比表面积和团簇组装薄膜的疏松多孔结构能够极大地发挥表面效应。同时，团簇薄膜优异的形状稳定性和窄的尺寸分布能够尽可能地排除形状的影响，进而揭示其尺寸依赖的表面效应对 AHE 的调控。而且团簇代表了基础研究和应用研究的原型系统，所以探索团簇组装薄膜的物理性质很有意义。当 $Ni_{80}Fe_{20}$ 团簇的尺寸减小到 16.17nm（特征尺寸 d_c）以下时，出现了 AHE 符号反转行为，同时在特征尺寸 d_c 的薄膜中还观察到了温度诱导的 AHE 符号反转行为。使用标度定律对数据进行拟合后，发现符号反转归因于体散射和表面散射效应之间的切换，两者分别诱导了正 AHE 和负 AHE。同时发现，温度及尺寸依赖的磁电阻和磁性在特征尺寸 d_c 以下均表现出显著的变化，这些现象进一步证实了散射效应的切换机制。本研究工作为调控 AHE 提供了一种有效的途径，这能够促进其机理的研究以及在自旋电子器件中的应用。

4.2　中小尺寸团簇组装 $Ni_{80}Fe_{20}$ 薄膜的制备及微结构

4.2.1　制备与性能表征手段

在图 3.1 所示的低能团簇束流沉积系统中，选择纯度为 99.9% 的 $Ni_{80}Fe_{20}$ 靶作为溅射靶材，团簇束流由直流磁控溅射气体聚集（magnetron-sputtering-gas-aggregation，MSGA）源所产生。由于采用了多级真空差分系统的设计，所以团簇束流在压强差的作用下通过喷嘴和分离器后，会以软着陆的方式沉积到 $Si-SiO_2$（300nm）衬底上。最后，将沉积好的团簇薄膜在真空环境中进行原位退火以获得良好的晶体。在固定溅射功率、气体流量、退火温度等各个参数不变的情况下，仅通过调节沉积距离来制备不同粒径的 $Ni_{80}Fe_{20}$ 团簇薄膜，具体参数见表 4.1。

微结构表征仪器与第 3 章中的相同，使用 HR-TEM 表征团簇的晶体结构，使用 FE-SEM 表征团簇组装薄膜的微观形貌。在 PPMS 平台上采用四探针法测试所有薄膜的电学输运性质。使用掩模版法制备具有霍尔条（Hall Bar）形状的薄膜，以实现纵向电阻率 ρ_{xx} 和横向电阻率（霍尔电阻率）ρ_{xy} 的同步测试。对每个温度下的 ρ_{xx} 和 ρ_{xy} 都采用了正场（+B）

和负场（-B）扫描测试模式，然后使用公式 $\rho_{xx}(B)=[\rho_{xx}(+B)+\rho_{xx}(-B)]/2$ 和 $\rho_{xy}(B)=[\rho_{xy}(+B)-\rho_{xy}(-B)]/2$ 消除测试点未对准所带来的影响。通过 PPMS-VSM 测试所有薄膜的磁学性能。

表 4.1 团簇组装 $Ni_{80}Fe_{20}$ 纳米结构薄膜的实验参数

参数名称	数值
溅射靶材及尺寸	$Ni_{80}Fe_{20}$ (99.9%)（直径为 50mm，厚度 3mm）
沉积腔压强	7×10^{-5}Pa
氩气压强	80Pa
溅射功率	60W
沉积速率	0.4Å/s
退火温度	723K
退火时间	15min

4.2.2 微结构分析

使用 HR-TEM 测试单分散 $Ni_{80}Fe_{20}$ 团簇的晶体结构，然后利用 Digital Micrograph（DM，Gatan Inc.）软件测量其晶面间距，详细步骤如图 4.1 所示。首先对图 4.1（a）虚线框内的区域执行 FFT 操作得到图 4.1（b），然后通过施加掩模（mask）并执行 IFFT 操作即可得到图 4.1（c）所示的清晰晶格条纹。测量结果显示 $Ni_{80}Fe_{20}$ 团簇的晶面间距为 0.2047nm，非常接近标准卡片 PDF#38-0419 中主峰（111）的晶面间距 0.2044nm，这为样品的准确性提供了直接的证据。

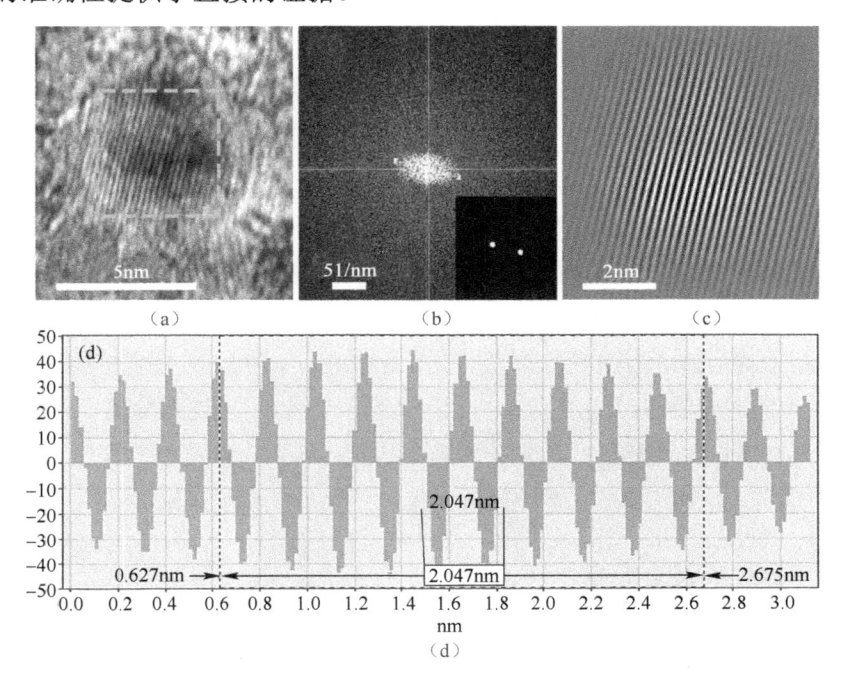

图 4.1 测量晶面间距的过程

图 4.2 展示了单分散团簇的分布情况，其中每幅 TEM 图像所对应的沉积距离 L 分别为：（a）530mm；（b）541mm；（c）554mm；（d）568mm；（e）584mm；（f）610mm。使用 Nano Measure 软件对所有 TEM 图像的团簇尺寸进行了统计，如图 4.2（a）~（f）中的插图所示。结果显示团簇的尺寸分布非常窄，且具有平均尺寸的团簇占据总团簇数量的 33%以上，这得益于低能量的软着陆沉积方式。对柱状图进行拟合后可以看出团簇尺寸均呈现出典型的正态分布，如插图中曲线所示，这与基于 LECBD 机制的模拟结果一致。统计结果显示，不同沉积距离 L 下团簇的平均尺寸分别为：（a）3.98nm；（b）4.42nm；（c）4.73nm；（d）5.42nm；（e）6.36nm；（f）7.58nm。当金属原子被溅射出来时，它们将在冷凝区域内相互碰撞并形成团簇。因此，沉积距离 L 越长，自由飞行团簇相互之间的碰撞融合过程就越充分，从而导致团簇的尺寸增大。TEM 图像清晰地表明了在不影响团簇形貌的情况下可以通过调节 L 有效地调控团簇的尺寸。

所有团簇组装薄膜的表面形貌展示在图 4.3（a）~（f）中，其对应的沉积距离与图 4.2（a）~（f）中的一致。可以发现，薄膜由均匀接触的球形团簇所组成，没有出现聚结成块的现象。得益于 LECBD 技术的特点，团簇颗粒中每个原子的平均沉积能量小于 10meV，这比原子的结合能要小得多[202]，因此团簇将以随机堆叠的软着陆方式组装成膜。独特的组装过程使得薄膜中的团簇并不会被破坏，极大地保留了原始团簇的结构和性质。从图 4.3（a）~（f）中的插图可以发现，团簇的尺寸分布也处于非常窄的范围内，最重要的是具有平均尺寸的团簇占据总团簇数量的 40%以上。因此，由 LECBD 技术组装的薄膜为研究材料的尺寸依赖特性提供了极大的保证，同时还有利于准确寻找性质突变的特征尺寸。图 4.3（g）展示了团簇组装薄膜的横截面，相邻的 $Ni_{80}Fe_{20}$ 团簇通过彼此小面积的接触形成了三维导电网络，疏松多孔的结构能够最大化团簇的表面效应。同时可以发现，薄膜表面的起伏度很低，这也表明采用该技术制备的薄膜拥有较高的质量。

图 4.3（a）~（f）的统计结果显示团簇的平均尺寸分别为：（a）9.52nm；（b）12.96nm；（c）16.17nm；（d）19.02nm；（e）23.18nm；（f）28.08nm。为了更直接地展示团簇尺寸 d 与沉积距离 L 之间的关系，需要将两者提取后绘制在图 4.3（h）中，同时还加入了粒径分布的标准差以使结果更加完整。可以发现 d 对于 L 的变化十分敏感，并且两者呈现出正比的趋势。注意，由于团簇组装薄膜中存在聚集行为，所以 TEM 和 SEM 图像中的团簇尺寸并不相同。TEM 测试膜是在极短时间内制备的，因此单分散的团簇彼此分离而没有接触。然而 SEM 测试的薄膜制备时间较长，大量的团簇着陆到衬底后，容易彼此聚集，形成大尺寸的团簇颗粒。对比 TEM 和 SEM 图像统计的团簇尺寸分布来看，SEM 薄膜中存在的聚集行为并未影响其标准的正态分布，反而由于这种类似二次生长的行为让具有平均尺寸的团簇占比更大了一些。之前的研究也表明，这种聚集行为并不会影响团簇的本征特性[233]。图 4.3（i）展示了 $Ni_{80}Fe_{20}$ 团簇薄膜的 EDS 能谱，结果以表格的形式插入在图中。可以发现 Ni 元素与 Fe 元素含量比约为 4:1，因此薄膜的成分与靶材一致，且不随团簇尺寸的变化而变化。

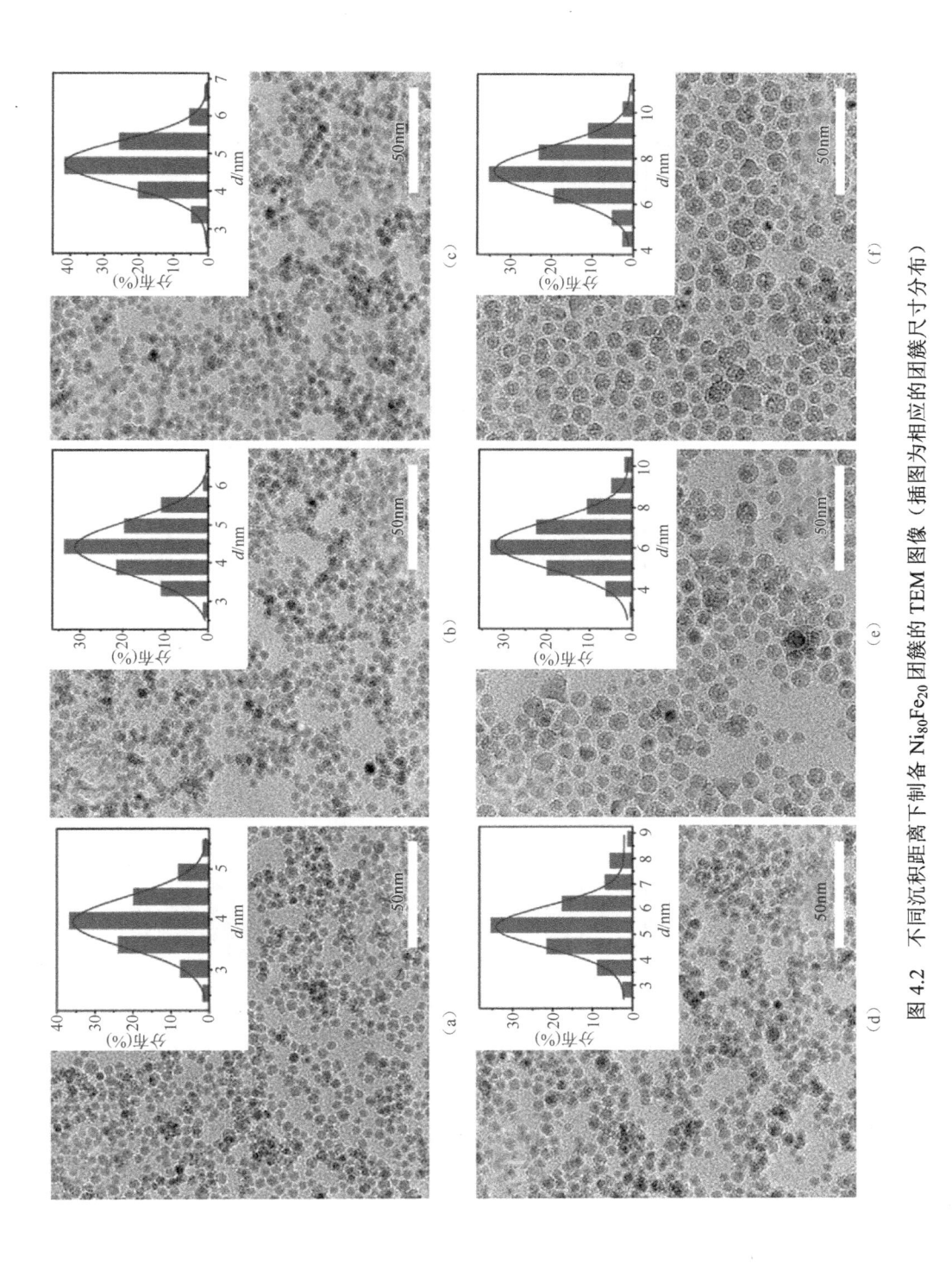

图 4.2 不同沉积距离下制备 Ni$_{80}$Fe$_{20}$ 团簇的 TEM 图像（插图为相应的团簇尺寸分布）

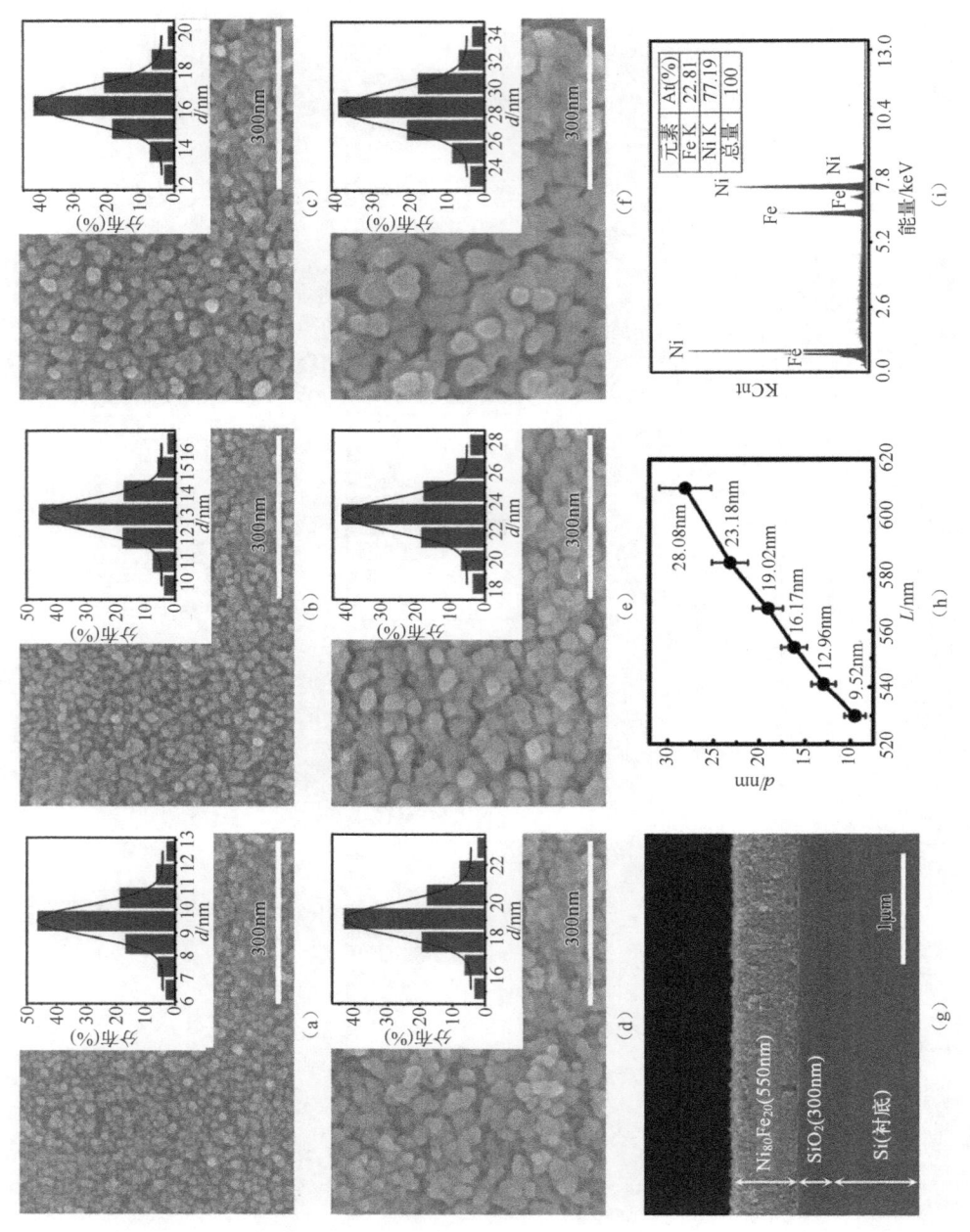

图 4.3 不同沉积距离下团簇组装薄膜的表面结构

4.3 反常霍尔效应的尺寸依赖性

在 10~300K 的温度区间内，测试不同团簇尺寸 $Ni_{80}Fe_{20}$ 薄膜的霍尔电阻率 ρ_{xy}，测试结果如图 4.4 所示。其中图 4.4（a）~（f）所对应的团簇尺寸分别为：(a) 28.08nm；(b) 23.18nm；(c) 19.02nm；(d) 16.17nm；(e) 12.96nm；(f) 9.52nm。这与图 4.3（a）~（f）所示的 SEM 结果顺序是相反的。所有的霍尔电阻率 ρ_{xy} 都在低磁场区域急剧增加，然后在达到饱和磁场后，变为具有一定斜率的直线。这样的曲线形状表明，$Ni_{80}Fe_{20}$ 薄膜中共存着正常霍尔效应（OHE）和反常霍尔效应（AHE）。

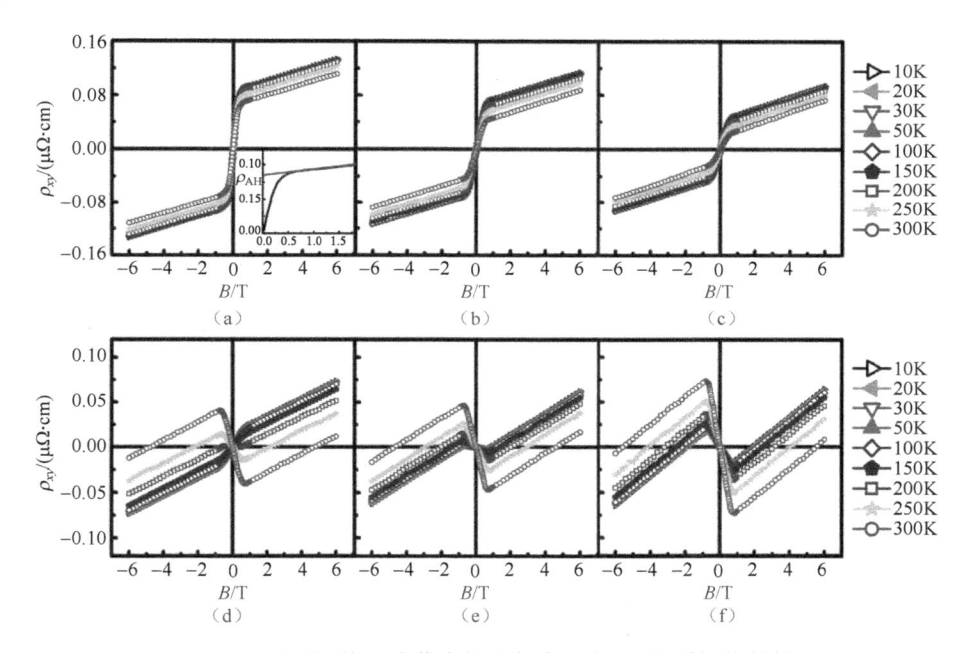

图 4.4 不同团簇尺寸薄膜的霍尔电阻率 ρ_{xy} 的磁场依赖性

众所周知，霍尔电阻率存在以下经验公式：

$$\rho_{xy} = \rho_{OH} + \rho_{AH} = R_0 H_z + R_s M_z \tag{4.1}$$

式中：ρ_{OH} 和 R_0 分别代表正常霍尔电阻率和正常霍尔系数；ρ_{AH} 和 R_s 分别代表反常霍尔电阻率和反常霍尔系数。所有 $Ni_{80}Fe_{20}$ 薄膜在高磁场下的 ρ_{OH} 都表现出正斜率（R_0 为正），由于 OHE 是由洛伦兹力引起的，所以能够确定薄膜中的载流子类型为空穴型（hole-type）。与此同时可以发现 ρ_{OH} 的斜率不会随着温度变化而出现明显的改变，这与其他过渡金属的结果相似[88]。

因为 OHE 是外磁场的线性函数,所以将饱和场以上的直线外推至磁场为零处就能够完全排除 OHE 的影响,得到的截距即为纯粹 AHE 的贡献。因此,通过这一操作便能够确定 ρ_{AH},图 4.4(a)中的插图为该操作的示意图。与 ρ_{OH} 相比,ρ_{AH} 的符号和数值明显依赖于团簇的尺寸及薄膜所处的温度。当团簇尺寸大于 16.17nm 时,ρ_{AH} 在测试温度范围内表现出的符号均为正,如图 4.4(a)~(c)所示。因此,这三个样品的 ρ_{AH} 符号与其他技术制备的 $Ni_{80}Fe_{20}$ 薄膜相同[234]。然而,当团簇尺寸减小到 16.17nm 时,ρ_{AH} 的符号在 150K 以下为正,而在 200K 以上转变为负,如图 4.4(d)所示。随着团簇尺寸继续减小,ρ_{AH} 的符号在任何温度下均为负,如图 4.4(e)和(f)所示。因此,可以将 ρ_{AH} 符号反转的过渡尺寸 16.17nm 定义为特征尺寸 d_c。本研究工作不仅在单一物质团簇组装薄膜中观察到了 AHE 的符号随着团簇尺寸减小而发生反转,更重要的是还在团簇尺寸为 16.17nm 的薄膜中观察到了 AHE 的符号随着温度升高而发生反转。为了更直接地体现 ρ_{AH} 随着温度和团簇尺寸的变化,可以将其全部提取并取绝对值后绘制为|ρ_{AH}|与温度和尺寸的依赖关系,如图 4.5 所示。

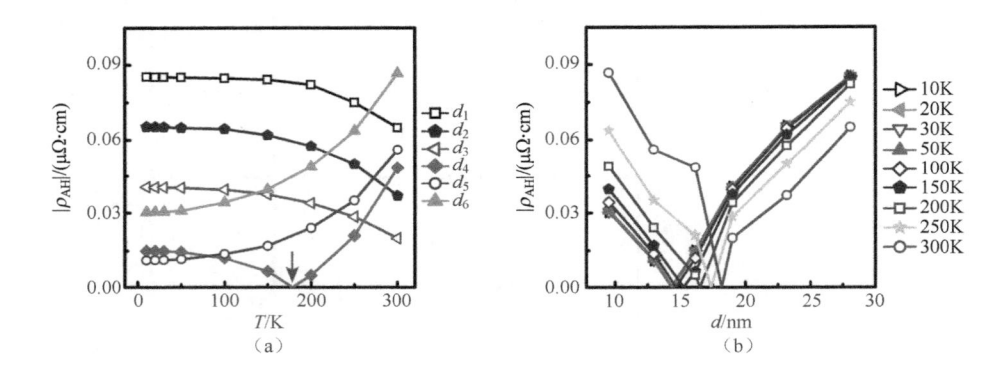

图 4.5 反常霍尔电阻率的符号反转

(a)|ρ_{AH}|与温度的信赖关系;(b)|ρ_{AH}|与团簇尺寸的依赖关系

在图 4.5(a)中,d_1~d_6 对应于图 4.4(a)~(f)中的团簇颗粒尺寸,可以发现:对于尺寸大于 d_c(d_4)的薄膜而言,|ρ_{AH}|随着温度升高而减小;相反,对于尺寸小于 d_c 的薄膜而言,|ρ_{AH}|随着温度升高而增大。最特别的是,在尺寸为 d_c 的薄膜中,|ρ_{AH}|随着温度升高而先减小后增大,即存在两种相反的变化趋势。图 4.5(b)展示了不同测试温度下的|ρ_{AH}|随团簇尺寸的变化趋势,结果显示随着尺寸减小,每个温度下的 ρ_{AH} 都具有通过零点的符号反转行为。在 10~300K 的整个温度区间内,ρ_{AH} 的符号反转行为均发生在特征尺寸 d_c 附近。图 4.5 中|ρ_{AH}|随着温度和尺寸的改变都表明了 AHE 的主导机制在 d_c 处发生了非常关键的转变。寻找纵向电阻率 ρ_{xx} 和反常霍尔电阻率 ρ_{AH} 之间存在的适当标度(proper scaling)关系是理解团簇薄膜中 AHE 机理的关键,这是因

第4章 中小尺寸团簇组装 Ni₈₀Fe₂₀ 薄膜的反常霍尔效应

为散射效应对于两者均有影响，所以通常认为这两个参数之间存在着紧密的联系。因此，需要在 10～310K 范围内测试零磁场下所有薄膜 ρ_{xx} 的温度依赖特性，如图 4.6 所示，其中 d_1～d_6 所对应的团簇尺寸与图 4.4（a）～（f）中的相同。由于所有薄膜在整个温度区间内都具有正的电阻率温度系数（TCR），所以这些薄膜均呈现出良好的金属性，没有被氧化的现象。在 10K 下，ρ_{xx} 几乎不受热扰动的影响，因此可以认为其值来源于材料本身的特性，称之为剩余电阻率。可以发现，d_1～d_3 样品的剩余电阻率非常接近，这表明在特征尺寸 d_c（d_4）以上，团簇尺寸的变化对剩余电阻率的影响很小。然而在 d_4～d_6 样品中，剩余电阻率随着团簇尺寸的减小开始显著增加，这显然归因于表面散射效应[99]。由于团簇组装薄膜具有疏松多孔的特性，因此电子传导路径较少，这导致所有薄膜的电阻率都很高。正是这一高电阻率性质使得图 4.4（a）～（f）中饱和场以上的线性 OHE 存在较大的斜率，而且随着团簇尺寸的减小，电阻率的增加会使得斜率进一步增大。而使用其他方法制备出的 Ni₈₀Fe₂₀ 薄膜的电阻率远低于团簇组装的薄膜，因此 OHE 在饱和场以上的斜率非常小，呈现出几乎不变的现象[234]。

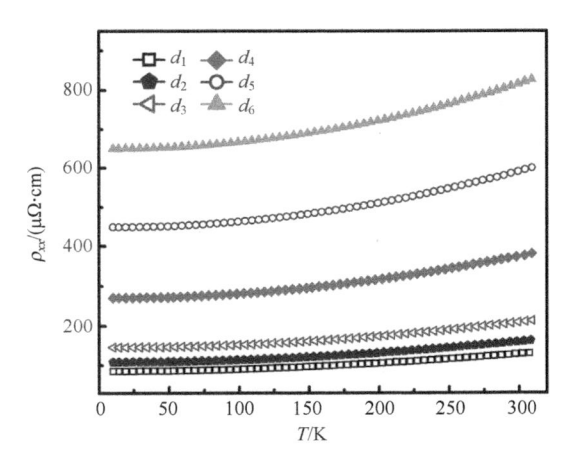

图 4.6 不同团簇尺寸薄膜的纵向电阻率 ρ_{xx} 的温度依赖性

在得到所有团簇薄膜在不同温度下的 ρ_{AH} 和 ρ_{xx} 后，就可以使用传统的 AHE 标度定律 $\rho_{AH}=a\rho_{xx}+b\rho_{xx}^2$ 对薄膜进行拟合与分析，其中第 1 项和第 2 项分别为斜散射机制和边跳机制（和/或本征机制）。拟合结果如图 4.7 所示，其中各种形状的符号代表不同样品的原始数据，而穿过符号的线则代表使用公式拟合得到的结果。当 ρ_{AH} 与 ρ_{xx} 的比值被绘制为 ρ_{xx} 的线性函数时，可以发现团簇尺寸大于 d_c 的薄膜（d_1～d_3）能够很好地通过该公式进行拟合，如图 4.7（a）所示（左纵坐标轴）。良好的拟合结果意味着体散射效应（包括斜散射和边跳机制）对这些薄膜起主导作用。

样品 $d_1 \sim d_3$ 的拟合结果见表 4.2，其中截距 a 和斜率 b 分别代表斜散射机制和边跳机制的贡献。可以发现 a 的符号为正，而 b 的符号则为负，这意味着两种机制对于 AHE 的贡献是相反的。

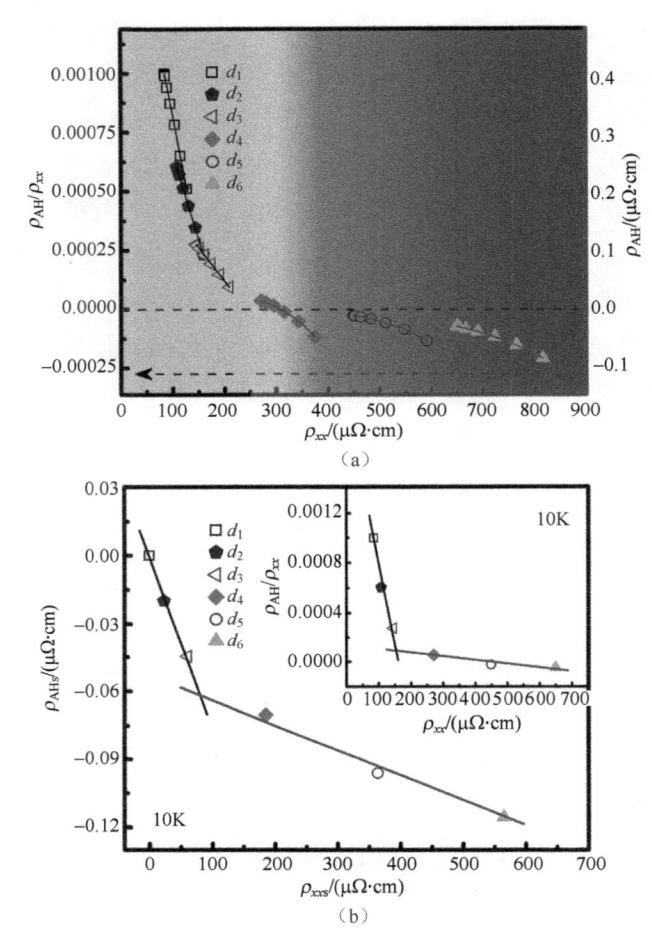

图 4.7 不同团簇尺寸薄膜的 ρ_{AH} 与 ρ_{xx} 的实验和拟合数据

（a）左纵坐标轴和右纵坐标轴分别展示了 $d_1 \sim d_3$ 和 $d_4 \sim d_6$ 的结果；
（b）10K 下所有样品的 ρ_{AH} 对 ρ_{xx} 的依赖性，插图展示了 10K 下 ρ_{AHs}/ρ_{xxs} 对 ρ_{xxs} 的依赖性

表 4.2 所有样品的拟合结果

拟合样品	$a(\times 10^{-3})$	$b[\times 10^{-6}\,(\mu\Omega \cdot cm)^{-1}]$	$c[\times 10^{-15}\,(\mu\Omega \cdot cm)^{-n+1}]$	n
d_1	1.98	−11.5		
d_2	1.39	−7.29		
d_3	0.694	−2.86		
d_4	0.31~0.37	−0.79~−1.1	−2.16~−9.88×10⁻⁵	5.2~6.8

续表

拟合样品	$a(\times 10^{-3})$	$b[\times 10^{-6} (\mu\Omega \cdot cm)^{-1}]$	$c[\times 10^{-15} (\mu\Omega \cdot cm)^{-n+1}]$	n
d_5			-3.19×10^{-3}	5.86
d_6			-3.42	4.6

对于铁磁体的 AHE 而言，斜散射机制在低温和/或低电阻下起主导作用，而边跳机制在高温和/或高电阻下变得更重要[97, 235-236]。这是因为随着温度升高，增强的磁子和声子散射会减短电子的散射时间而降低电导率，这将削弱斜散射机制的贡献，也就是说该机制的强度与系统的平均自由程成正比。因此，斜散射机制引起的正 AHE 贡献的减弱以及边跳机制引起的负 AHE 贡献的加强共同决定了 ρ_{AH} 随着温度升高而逐渐减小的趋势，如图 4.4（a）～（c）所示。同时，可以发现 a 和 b 的绝对值在此三个样品中均随着团簇尺寸的减小而减小，因此 AHE 也会逐渐减弱。上述结果清晰地表明了薄膜 d_1～d_3 的 AHE 由体散射效应所主导。

在团簇尺寸等于和小于 d_c（d_4～d_6）的薄膜中，负 AHE 不能通过传统的体标度定律来拟合，这意味着在这三个样品中出现了体散射以外的其他 AHE 机制。早期理论预测，颗粒膜中存在的强表面散射效应可能导致 AHE 的符号发生反转，如参考文献[232]中的公式（13）所示。本研究工作在团簇组装 $Ni_{80}Fe_{20}$ 薄膜的特征尺寸 d_c 以下观察到了这种行为，这意味着表面散射效应在该体系中对 AHE 的贡献与体散射效应的贡献相反。同时可以注意到在 d_4～d_6 薄膜中，ρ_{xx} 出现了明显的增加，并且增加幅度随着尺寸的减小而增大，这同样归因于表面散射的作用[99]。因此，可以采用幂标度定律 $\rho_{AH}=c\rho_{xx}^n$ 来拟合团簇尺寸等于和小于 d_c 的薄膜。结果显示 d_5 和 d_6 薄膜的实验数据与拟合曲线非常吻合，如图 4.7（a）所示（右纵坐标轴），具体的拟合系数展示在表 4.2 中。可以发现两个薄膜的指数 n 均超过了 2，在其他具有显著表面散射效应的体系中也观察到了该现象，比如 Co/Pd 多层膜中 $n=2.2$，以及 $Fe_{100-x}Cr_x$ 颗粒薄膜中 $n=4.61$～7.66[99, 237]。拟合结果清晰地表明，薄膜 d_5 和 d_6 的 AHE 实际上是由表面散射效应主导的，这说明当表示体内散射贡献的系数 a 和 b 随着团簇尺寸减小而下降到一定程度后，表面散射效应开始影响 AHE 并迅速占据主导地位。这等效于传导电子的散射中心从体内转移到表面。团簇尺寸为 d_c（d_4）的薄膜中存在着两种符号的 AHE，因此并不能简单地使用幂标度定律进行拟合。根据前面的分析能够得到一个明确的结论，即体散射效应在 d_1～d_3 薄膜中占主导地位，而表面散射效应则在 d_5 和 d_6 薄膜中占主导地位，这促使我们考虑到具有特征尺寸的 d_4 薄膜处于两种散射效应的过渡区域。也就是说，虽然 d_4 薄膜中具有由表面散射效应引起的显著负 AHE 行为，但正 AHE 行为的存在也表明其体散射效应并不弱。因此，可以将传统标度定律和幂标度定律进行数学叠加而得到 $\rho_{AH}=a\rho_{xx}+b\rho_{xx}^2+c\rho_{xx}^n$，然后使用该公式拟合 d_4 薄膜即可，结果如图 4.7（a）所示。实验数据与拟合曲线良好的重合表明该薄膜中确实存在体散射与表面散射效应激烈的竞争。具体而言，该薄膜在 150K 以下和 200K 以上的温度区域内分别由体散射引起的正 AHE 和表面散射引起的负 AHE 所主导，而在 150~200K 的温度区域内两种散射效应带来的贡献非常接近，因此 AHE 几乎为零。

由于有限尺寸效应，表面原子的自旋相关散射决定了温度和尺寸依赖的 ρ_{AH}[238]。对于具有显著表面散射效应的团簇组装薄膜而言[见图 4.4（d）~（f）]，团簇尺寸的减小会导致表面原子分布的无序度增加，进而增强表面散射的强度。同时，尺寸减小带来的比表面积迅速升高还会增加表面散射的概率，即散射中心的数量急剧增加。由于表面散射能够增强传导电子的自旋轨道散射，所以团簇尺寸减小引起的表面散射增强能够显著增加 ρ_{AH}，这一结论很好地解释了 d_4~d_6 薄膜中负 ρ_{AH} 随着尺寸减小而不断增加的行为。同时，需要注意传导电子的自旋轨道散射也会受到温度的显著影响。通常，热扰动引起的表面自旋无序度会随着温度的升高而增加，对于具有大比表面积的小尺寸团簇更是如此。因此，温度的升高可以增强表面诱导的自旋翻转散射，这将使表面自旋更加随机化，进而提高散射强度和散射概率，最终进一步增加负 ρ_{AH}。因此可以发现，在表面散射效应主导的 d_4~d_6 样品中，负 ρ_{AH} 会随着温度的升高而持续增加。总的来说，d_4~d_6 薄膜所表现出 ρ_{AH} 的尺寸和温度依赖行为与以体散射效应为主导的 d_1~d_3 薄膜完全不同，这表明表面散射效应对特征尺寸 d_c 以下薄膜的 AHE 起到了关键作用。因此在图 4.7（a）中，左侧区域代表薄膜的主导机制为体散射，右侧区域代表薄膜的主导机制为表面散射，而两者之间的区域则对应于体散射到表面散射机制的过渡。

为了进一步确认散射效应切换的特征团簇尺寸 d_c，可以使用格伯（Gerber）等人提出的公式对数据进行再次分析[236]：

$$\rho_{xxs} = \rho_{xx} - \rho_{xxb} \tag{4.2}$$

$$\rho_{AHs} = \rho_{AH} - \rho_{AHb} \tag{4.3}$$

式中，ρ_{xxs} 和 ρ_{xxb} 分别为表面散射和体散射对纵向电阻率 ρ_{xx} 的贡献，而 ρ_{AHs} 和 ρ_{AHb} 分别为表面散射和体散射对反常霍尔电阻率 ρ_{AH} 的贡献。利用这两个公式能够提取出表面散射对于所有薄膜 ρ_{xx} 和 ρ_{AH} 的贡献。由于最大团簇尺寸组装薄膜的性质最接近于块体，所以可以将 28.02nm 薄膜的 ρ_{xx} 和 ρ_{AH} 分别视为 ρ_{xxb} 和 ρ_{AHb}。为了排除温度引起的声子散射和自旋无序的影响，提取所有薄膜在 10K 时的 ρ_{xxs} 和 ρ_{AHs} 进行分析。图 4.7（b）展示了不同尺寸下 ρ_{xxs} 与 ρ_{AHs} 的关系，结果显示团簇尺寸等于和小于 d_c 薄膜（d_4~d_6）的斜率（右侧斜线）与团簇尺寸大于 d_c 薄膜（d_1~d_3）的斜率（左侧斜线）明显不同，从而进一步证明散射机制在 d_c 处发生了切换。图 4.7（b）中的插图还展示了 10K 下所有薄

膜 ρ_{AH}/ρ_{xx} 对 ρ_{xx} 的依赖关系，斜率的变化再一次证实了表面散射效应对 $d_4 \sim d_6$ 薄膜具有显著的影响[99]。

4.4 磁电阻和磁性的尺寸调控

在铁磁薄膜系统中，反常霍尔效应（AHE）和磁电阻（MR）效应往往会同时受到散射效应的影响。因此本节展示在不同温度下测试所有薄膜 ρ_{xx} 的磁场依赖性（即 MR），如图 4.8 所示，其中（a）～（f）对应的团簇尺寸分别为 28.08、23.18、19.02、16.17、12.96、9.52nm。为了让不同团簇尺寸组装薄膜之间的对比更直观，图中将 MR 以变化率的形式进行了展示。可以发现，所有薄膜的 MR 均为负值，这可以用自旋相关散射的双电流模型来解释[239]。当不施加磁场时，自由电子 $4s$ 的自旋是散乱排布的，所以它们将受到自旋向上和向下的局域 $3d$ 电子的强烈散射，从而形成两个相互并联的导电通道。施加磁场后，平行于整体磁化的 $4s$ 电子的自旋散射会消失，进而形成一条低电阻通道。因此，高电阻通道会被低电阻通道"短路"，最终导致薄膜整体的电阻下降。由于 $4s$ 电子的态密度远小于 $3d$ 电子，因此在整个过程中 $4s$ 电子之间的散射已经被忽略。尽管洛伦兹力会导致自由电子的散射截面增加进而引起电阻上升，但其幅度在铁磁体中远远小于自旋相关散射带来的电阻下降，因此在 MR 曲线中并未观察到电阻上升的现象。

在图 4.8 中可以发现，MR 在低磁场中变化很快，达到饱和场后变化减慢。这是因为团簇中大部分的自旋可以在小磁场下快速对齐，而难以翻转的自旋只能在高磁场中逐渐对齐。随着颗粒尺寸的减小，MR 曲线的饱和磁场呈增加的趋势，这与参考文献[240]中公式（8）的理论是一致的。此外，所有样品的 MR 在饱和场以上均逐渐呈现出线性非饱和现象，并且随着温度升高而变得越来越明显，这种现象是磁子磁电阻（MMR）的体现，本质上可归因于磁场对电子-磁子散射的抑制[111]。有趣的是，MR 的变化趋势在特征尺寸 d_c 处存在显著的改变。当团簇尺寸大于 d_c 时，MR 在最高 6T 磁场下呈现出温度越低数值越小的现象，如图 4.8（a）～（c）所示；当尺寸小于 d_c 时，MR（6T）却呈现出温度越低数值越大的现象，如图 4.8（e）和（f）所示；当尺寸为 d_c 时，MR（6T）的值随着温度变化几乎不变，如图 4.8（d）所示。另一个重要的现象是，MR（6T）在 d_c 以上很小，但在 d_c 以下却呈现出大幅度的持续增加趋势。想要理解磁性薄膜中 MR 的变化规律，就必须测试与之密切相关的磁性，而且在颗粒薄膜中表面效应的变化也会对磁性产生显著的影响，这对于确认特征尺寸也有意义。因此在 10～300K 的范围内测试图 4.8（a）～（f）中所有薄膜的磁滞回线（M-H），结果如图 4.9（a）～（f）所示。测试过程中，磁场施加方向垂直于薄膜表面。

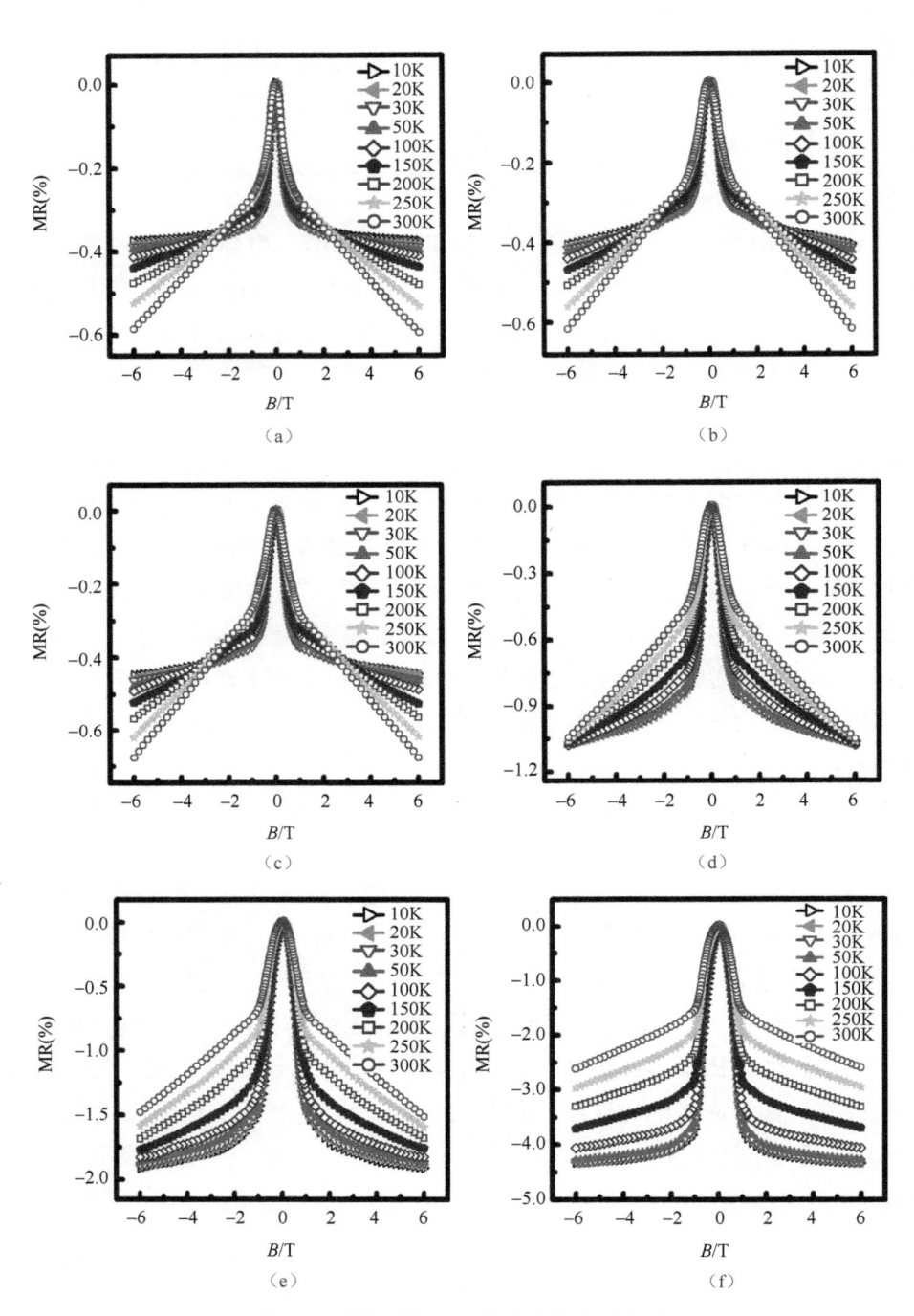

图 4.8 不同团簇尺寸薄膜的磁电阻曲线

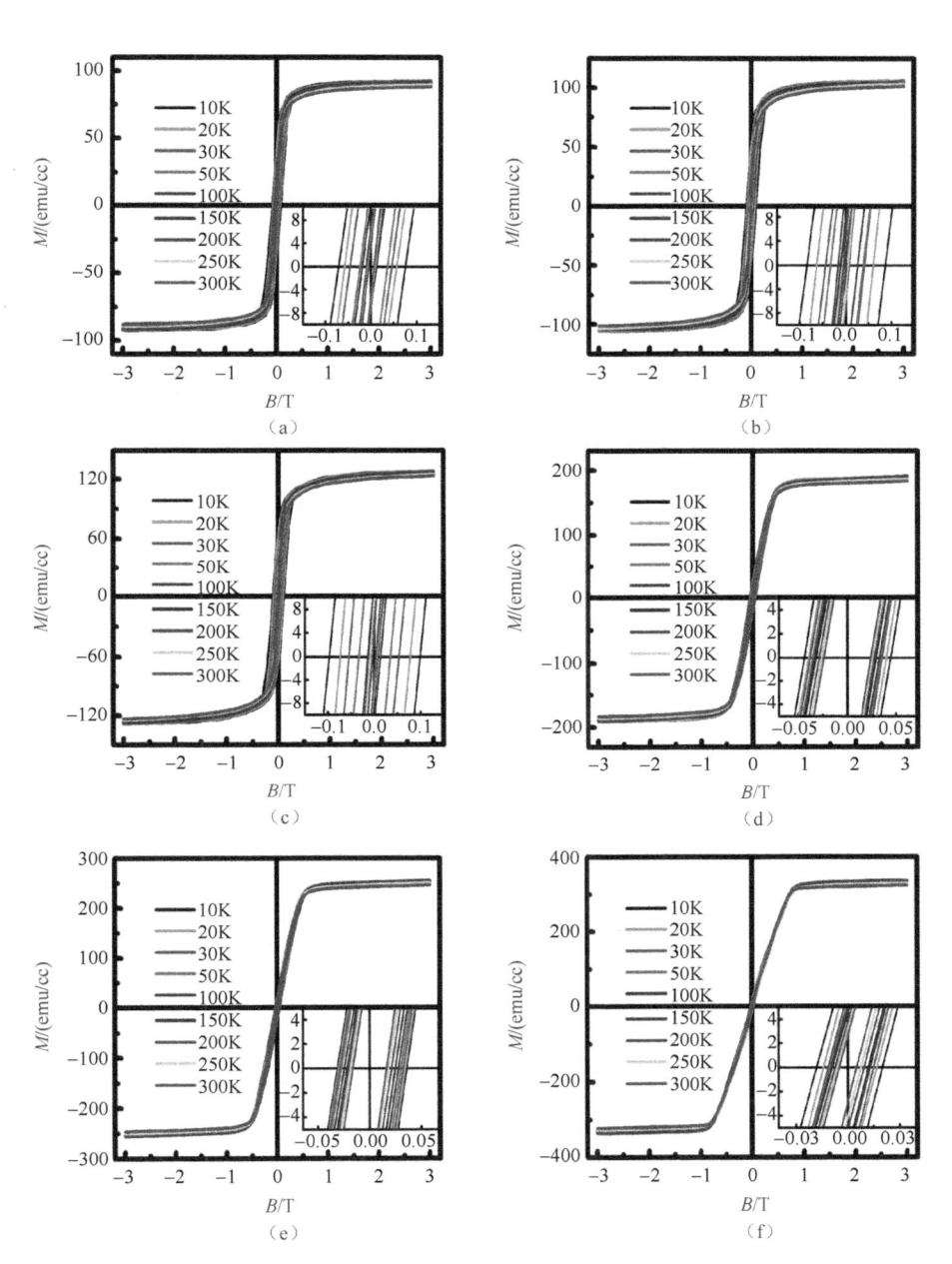

图 4.9　不同团簇尺寸薄膜的磁滞回线（插图展示了矫顽力的放大视图）

可以发现 $M\text{-}H$ 磁滞回线的饱和磁场随着团簇尺寸的减小而增加，而 AHE 和 MR 中也存在类似的行为，相同的现象反映了数据的一致性。所有薄膜在 10K 下的矫顽力（H_c）随着团簇尺寸减小并不是单调的变化，而是呈现出先升高后下降的趋势，如图 4.10 中的曲线所示。众所周知，纳米颗粒系统中 H_c 出现的最大尺寸接近于多畴（MD）和单畴（SD）的分界点[241]。MD 态中的畴壁可以有效降低大尺寸团簇组装薄膜的能量。然而，当团簇尺寸减小到一定数值时，形成 MD 态的畴壁能将高于 SD 态的静磁能，此时薄膜将变为 SD 态以降低系统的总能量。MD 态与 SD 态之间的转变对于磁性物质来说很重要，因为它代表着交换能和静磁能之间的竞争，同时也标志着系统在不稳定磁化和相对稳定磁化之间的转变[242]。这些都表明当磁畴结构发生转变时，薄膜的其他性质也将不可避免地发生改变。因此，找到磁畴结构的切换点对于磁性物质的研究是非常有意义的，而团簇组装薄膜非常窄的颗粒尺寸分布极有利于寻找到该临界切换点。图 4.10 清晰地显示 $Ni_{80}Fe_{20}$ 薄膜的磁畴结构在 d_c（16.17nm）处开始转换为 SD 态。同时，饱和磁化强度（M_s）作为磁性系统的另一个主要参数也在 d_c 处出现了显著的变化，如图 4.10 中曲线所示。可以发现，M_s 在团簇尺寸 $d \geqslant 19.02\text{nm}$ 的三个薄膜中变化较弱，但在 16.17nm 处却出现了急剧的增加。这是因为当团簇颗粒处于 SD 态时，每个原子的磁矩都会通过交换力进行耦合，从而产生更大的磁矩[243]。注意，尽管团簇尺寸小于 16.17nm 的薄膜已经处于 SD 态，但是 M_s 随着尺寸的减小仍然持续快速增加。因此对于这三个样品而言，M_s 的增加还来源于其他重要的因素。团簇颗粒的表面原子对于磁性的贡献是非常重要的，这是因为表面原子的磁矩大于深层原子。随着团簇尺寸的减小，表面原子的配位数（即最近邻数）会随之减小，这将使原子轨道之间的重叠减小。因此，从多数自旋转移到少数自旋的电子也随之减少，进而导致自旋向上能带和自旋向下能带之间的差距变大，最终引起表面原子的磁矩增加[30, 244]。同时，团簇的比表面积还会随着尺寸减小而增加，这意味着表面原子数量的增加。因此，团簇尺寸减小时，表面原子的磁矩和数量的同时增加，能显著提高薄膜的磁性。饱和磁化强度在 d_c 以下的持续快速增加行为再次证明了表面效应在这些薄膜中占主导地位。

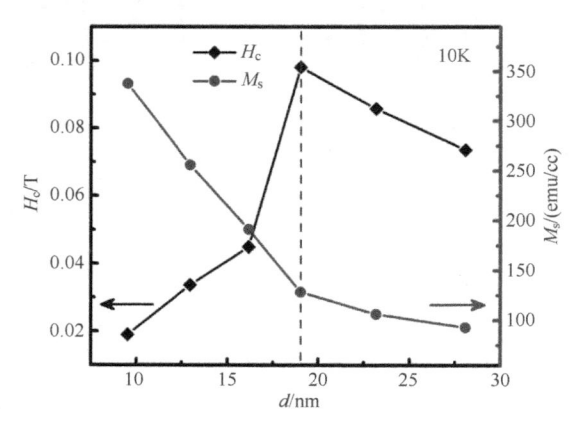

图 4.10　矫顽力（H_c）及饱和磁化强度（M_s）在 10K 下对团簇尺寸的依赖性

第4章 中小尺寸团簇组装 Ni$_{80}$Fe$_{20}$ 薄膜的反常霍尔效应

图 4.11 展示了所有 Ni$_{80}$Fe$_{20}$ 薄膜在 10~325K 温区内的零场冷却（ZFC）和加场冷却（FC）曲线。ZFC-FC 曲线的测试步骤与第 3 章中的相同，不同的是两条曲线在升温测试过程施加的磁场为 0.03T。所有薄膜的 ZFC-FC 曲线在 325K 都未重合，这意味着它们的居里温度（T_c）均高于室温，这与其他研究的结果一致[245]。从所有薄膜的 M_s（见图 4.9）几乎不随温度变化这一现象同样可以得到这个结论。注意，团簇尺寸大于 d_c 的三个薄膜的 ZFC-FC 曲线在低温下存在显著的分叉行为，如图 4.11（a）~（c）所示。

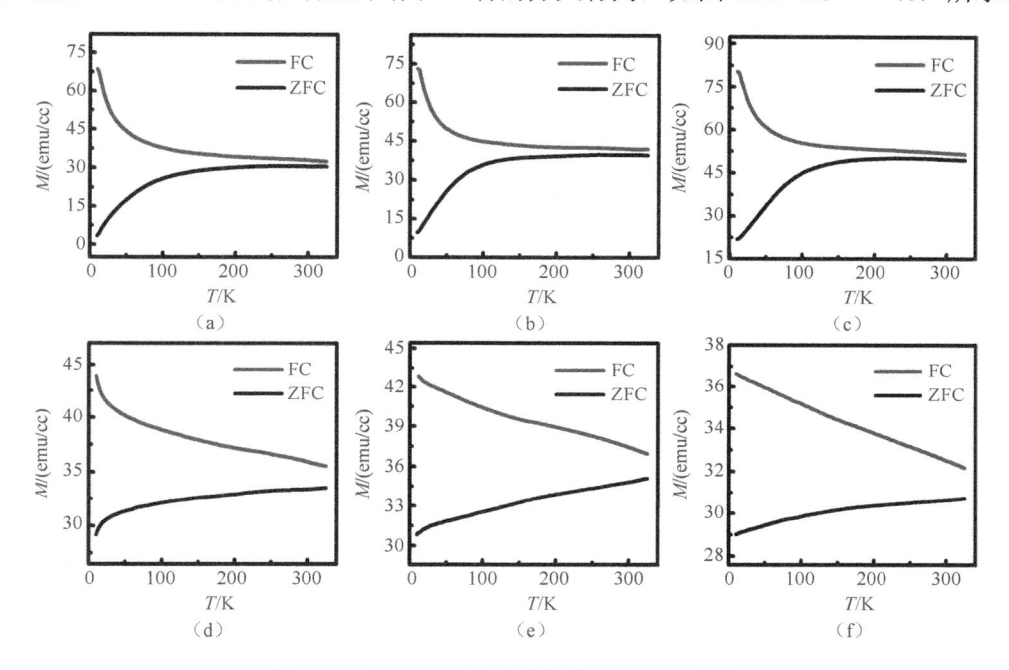

图 4.11 不同团簇尺寸薄膜的 ZFC-FC 曲线

（a）28.08nm；（b）23.18nm；（c）19.02nm；（d）16.17nm；（e）12.96nm；（f）9.52nm

通常有四种情况会导致磁性材料的 ZFC-FC 曲线出现相似的分叉行为[246]。第 1 种是铁磁（FM）相互作用与反铁磁性（AFM）相互作用竞争所引起的自旋/团簇玻璃态，这种状态的特点是 ZFC 曲线在低温下存在一个峰值，而 FC 曲线则随着温度的降低呈逐渐增加的趋势并最终在极低温下接近饱和[247]。第 2 种是超顺磁（SPM）态，其存在于由单畴纳米颗粒组装而成的磁性材料中。SPM 态的特点是 ZFC 曲线在低温下存在一个称为阻塞温度 T_B 的峰值，而 FC 曲线则随着温度的降低呈不断增加的趋势[248]。显然，这三个团簇薄膜的 ZFC-FC 曲线不存在上述两种情况的特点，所以可以排除这两个因素。第 3 种是相分离行为，其存在于具有多种相互作用的复杂体系中，如锰氧化物而非简单的 Ni$_{80}$Fe$_{20}$ 金属，所以这个因素也能够被排除[249]。第 4 种是畴壁钉扎行为，其会导致铁磁体的 ZFC 曲线与 FC 曲线在低温下出现显著的分叉，而随着温度的升高，退钉扎行为会使得 ZFC 曲线与 FC 曲线快速接近[250-251]。而图 4.11（a）~（c）中的 ZFC-FC 曲线均呈现出类似的行为，因此可以证实这三个样品中存在畴壁钉扎行为。图 4.11（d）显示团簇尺寸为 d_c（16.17nm）的薄膜在极低温下存在略微分叉的现象，这表明薄膜内部的钉扎行为并不明显。这是因为该薄膜已经基本转换为 SD 态，所以畴壁的消失会导致钉扎行为迅速减弱。因此，通过 ZFC-FC 曲线也能够表明图 4.11（a）～（c）和图 4.11（d）～（f）的薄膜分别处于 MD 态和 SD 态。注意，畴壁钉扎行为还会对材料的 H_c 造成影响[252-253]。ZFC-FC 曲线显示三个 MD 态薄膜在 10K 存在显著的畴壁钉扎行为，随着温度升高，该行为迅速减弱并在 100 K 以上消失。与之对应的，可以发现它们的 H_c 在 10～100K 范围内变化非常明显，而当温度高于 100K 后 H_c 随温度的变化很小，如图 4.9（a）～（c）所示。而在没有畴壁钉扎行为的 SD 态薄膜中，H_c 与温度的依赖关系一直较弱，如图 4.9（d）～（f）所示。

通过上述对磁性的详细分析会发现，MR 的温度和尺寸依赖性在特征尺寸 d_c 处发生的显著改变都与薄膜磁畴结构的切换行为密切相关。因此，为了进一步验证磁畴结构的切换尺寸，本研究工作使用微磁学模拟软件 OOMMF 研究了不同尺寸团簇颗粒的磁性。该软件基于 LLG 方程：

$$\frac{dM}{dt} = -\gamma M \times H_{\text{eff}} + \frac{\alpha}{M_s} M \times \frac{dM}{dt} \tag{4.4}$$

式中，H_{eff} 为有效磁场，α 为吉尔伯特阻尼常数，γ 为旋磁比。模拟所设定的单元尺寸为 1nm×1nm×1nm。模拟的具体参数包括以下几项[254]：饱和磁化强度 $M_s=8.6\times10^5$A/m，交换常数 $A=1.3\times10^{-11}$ J/m，阻尼常数 $\alpha=0.01$，磁晶各向异性常数 $K=0$，系统温度设置为 0K 以消除热扰动的影响。图 4.12 展示了直径为 8～30nm 的单个球体团簇的磁滞回线和磁畴结构。

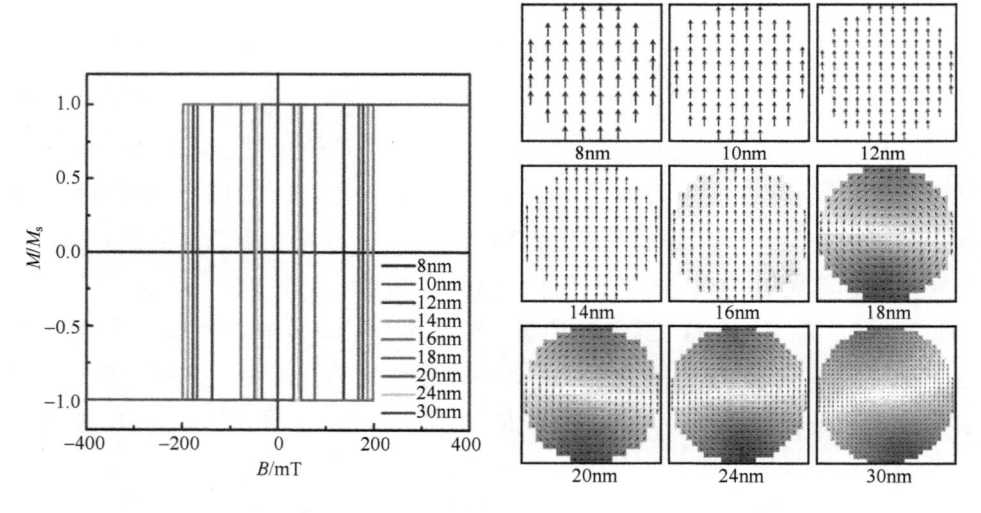

图 4.12　使用 OOMMF 模拟的不同尺寸 $Ni_{80}Fe_{20}$ 团簇的磁性
（a）磁滞回线，（b）磁畴结构

模拟结果显示，H_c 随着团簇尺寸的减小呈现出先增加后减小的趋势，并且 H_c 的最大值出现在 16nm 处，如图 4.12（a）所示，这与实验结果非常接近。自旋状态的变化是 SD 态与 MD 态之间转换的最有力证据[255-256]，因此图 4.12（b）展示了不同尺寸 $Ni_{80}Fe_{20}$ 团簇的磁畴结构。当颗粒尺寸为 8～14nm 时，内部自旋方向是一致的，这表明它们处于 SD 态。当颗粒尺寸达到 16nm 时，尽管大多数内部自旋仍然保持一致的方向，但是团簇边界处的自旋已经出现了不同的方向，因此该样品的磁畴图显现了自旋方向略微不一致所引起的较浅背景颜色。这一结果表明，虽然 SD 态在尺寸为 16nm 的颗粒中仍占据主导地位，但是 MD 态也已开始显现。当颗粒尺寸增加到 18nm 及以上时，自旋方向的不一致以及深的背景颜色均表明磁畴结构完全转换成了 MD 态。因此，16～18nm 是 SD 态与 MD 态之间的过渡区域。理论模拟与实验结果的一致性再次有力地证明了磁畴结构切换尺寸的准确性。

通过详细的磁性分析（M-H 和 ZFC-FC）以及 OOMMF 微磁学模拟，可以确定磁畴结构的切换尺寸与表面散射效应开始占主导地位的特征尺寸是一致的。当薄膜处于 MD 态时（d>16.17nm），大量畴壁的存在会导致传导电子散射概率增加，从而被限制在团簇内；而处于 SD 态时（d≤16.17nm），畴壁的消失显著减少了体内散射源，从而让传导电子有更大的概率散射到表面，进而影响薄膜的电学输运性质。使用目前磁性分析得到的一系列结论也能够对前面提到的 MR 在特征尺寸 d_c 处体现的显著变化进行机理分析。当具有 MD 态的薄膜处于低温时，由于畴壁钉扎行为的存在，无序的自旋会增加传导电子散射概率，从而让双电流模型的"短路"效应减弱，因此将降低 MR 的变化幅度。然而随着温度的升高，原本钉扎的自旋会被释放并逐渐与外部磁场对齐，这将抑制体内的自旋无序散射，从而增强 MR。还需注意温度升高带来的热扰动会导致自旋排列不一致，因此会增加散射概率进而减弱 MR，但该效应显然相对较弱。因此，MD 态薄膜的 MR（6T）随着温度升高呈现出增加的趋势，如图 4.8（a）～（c）所示。然而，对于没有畴壁钉扎行为的 SD 态薄膜而言，温度升高引起的自旋排列混乱程度的增加只会减弱 MR。因此 SD 态薄膜的 MR（6T）随着温度升高呈现出减小的趋势，如图 4.8（d）～（f）所示。所有薄膜的 MR（6T）对温度的依赖关系均展示于图 4.13（a）中，其中 d_1～d_6 对应于图 4.8（a）～（f），这能够更直观地显示 MR 趋势的改变。注意，畴壁钉扎效应似乎还影响着 AHE。在具有 MD 态的三个薄膜中，主导 AHE 的体散射效应（斜散射和边跳机制）起源于杂质和无序散射，而畴壁钉扎会导致部分自旋处于无序状态，因此钉扎效应会对 AHE 有增强的效果。然而，随着团簇尺寸的减小，畴壁钉扎效应会减弱，因此拟合结果显示代表两种散射机制的系数 a 和 b 均逐渐减小。而 d_c（16.17nm）薄膜在低温下仍然会受到弱钉扎效应的影响，因此表现出体散射主导的正 AHE 现象。然而随着温度升高，退钉扎效应使得体散射减弱，从而导致表面散射主导的负 AHE 出现。

MR 的尺寸依赖行为也非常有趣，可以发现 MR 在 d_c（16.17nm）以上很小并且尺寸依赖性很弱，而在 d_c 处却出现了显著的增加，并且增加幅度随着团簇尺寸减小越来越明显，如图 4.13（b）所示，该图中左侧和右侧区域分别代表薄膜的磁畴结构为 SD 态和 MD 态。具有 MD 态的薄膜（$d > d_c$）以体散射效应为主导，因此传导电子的自旋与各个方向磁化分布之间的相互作用会导致电流传导通道较为混乱，从而导致 MR 的变化幅度较低。根据零场纵向电阻率 ρ_{xx} 在 d_c（d_4）以下的急剧增加行为（见图 4.6）可以确定团簇尺寸 $d \leqslant d_c$ 组装薄膜的 MR 主要由自旋相关的表面散射所主导。具体来说，对于具有 SD 态的薄膜（$d \leqslant d_c$）而言，其零磁场下的电阻率主要由自由电子与表面电子之间存在的强烈自旋无序散射所决定。当施加磁场后，由于两者的自旋方向趋于一致，它们之间的自旋无序散射将大幅度减少，从而使电阻率显著降低，因此会展示出较大的 MR 效应。在图 4.6 中，d_5 和 d_6 样品零场 ρ_{xx} 的大幅增加行为意味着表面散射效应随着尺寸减小而显著增强。同时，前面分析的 M_s 变化趋势也表明了表面磁矩对于磁性的贡献随着尺寸减小而显著提高。因此，由自旋相关的表面散射引起的 MR 效应必然会随着团簇尺寸的减小而大幅度增加，如图 4.13（b）中左侧 SD 区域所示。

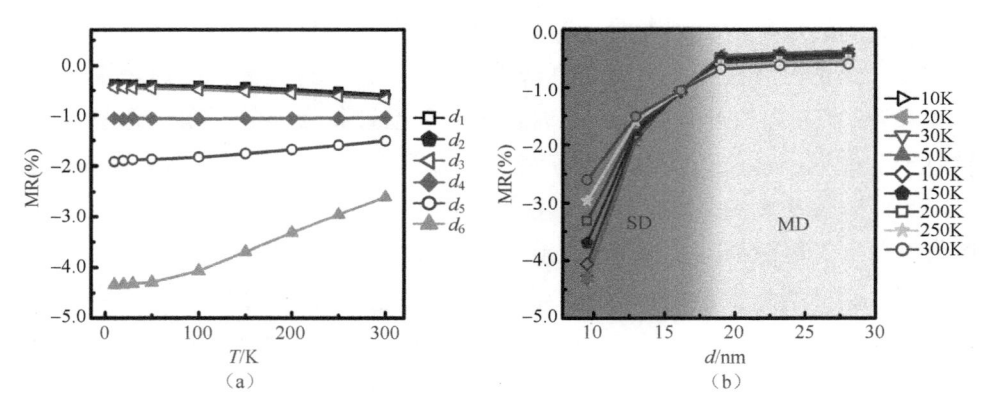

图 4.13 6T 时的磁电阻对温度和团簇尺寸的依赖性

之前的理论也表明纳米颗粒表面上的散射效应对电阻率的场依赖性（即 MR）比其体内的散射效应更重要，因此特征尺寸 d_c 以下 MR 的大幅度增加必然源于表面散射的贡献[257]。早期的研究工作预言，如果能将 $Ni_{80}Fe_{20}$ 团簇以单分散和单畴（SD）的状态组装成膜，那么 MR 就会显著增强从而获得 GMR 效应[258]。在本章的研究工作中，最小尺寸单分散团簇组装 $Ni_{80}Fe_{20}$ 薄膜（d_6）的 MR 效应比之前的研究工作大了 6 倍以上，因此我们对该预言进行了很好的验证。MR 的分析结果再次表明，当团簇减小到特征尺寸 16.17nm 以下时，薄膜的主导散射效应会从体内切换到表面。总的来说，散射效应的切换行为对 AHE 的符号反转和 MR 的迅速增加都起到了决定性的作用。

4.5 本章小结

本章使用 LECBD 技术制备了不同团簇尺寸的 $Ni_{80}Fe_{20}$ 薄膜，当团簇尺寸减小到特征尺寸 d_c（16.17nm）以下时，AHE 发生了符号反转行为，同时在特征尺寸组装的薄膜中还存在温度诱导的 AHE 符号反转行为。使用标度定律对所有薄膜进行了拟合后，发现该行为源于体散射效应和表面散射效应之间主导地位的切换。单分散团簇拥有的大比表面积和采用软着陆方式带来的疏松多孔结构显著增强了整个薄膜的表面效应，从而为 AHE 的符号反转提供了极优的先天条件。此外，薄膜内极窄的团簇尺寸分布为寻找特征尺寸提供了非常有力的帮助。电学输运测试结果还显示，MR 的尺寸和温度依赖性在特征尺寸 d_c 以下也呈现出显著的改变。由于 AHE 和 MR 都会受到散射效应的强烈影响，因此两者同步的变化有力地证实了散射切换理论的准确性。M-H 和 ZFC-FC 曲线的测试结果也显示 d_c 以下存在显著的变化，同时还发现磁畴结构的切换尺寸非常接近于表面散射效应开始占主导地位的特征尺寸 d_c。两种尺寸极为接近的情况表明，SD 态中畴壁的消失有利于传导电子散射到团簇颗粒表面，进而能够诱导并增强表面散射效应。这项研究工作在单一物质中实现了 AHE 的符号反转行为，不仅验证了之前的理论预言，还为利用表面工程调控 AHE 提供了有效的途径。

第 5 章
极小尺寸团簇组装 Ni$_{80}$Fe$_{20}$ 薄膜的各向异性磁电阻

5.1 引言

能够检测角度变化的传感器是空间位置和姿态检测装置不可或缺的组成部分，其广泛应用于电子罗盘、智能机器人、生物电子学和磁场方向校正等方面[125-126]。随着器件的设计趋于小型化，磁敏材料需要在体积小、制备简单、易于集成的条件下保持高的灵敏度和精度。目前，主流的磁敏角度传感器（MSAS）都是基于霍尔效应或磁电耦合效应组装而成的，虽然这些 MSAS 具有结构简单、实用性强、成本低等优点，但仍存在灵敏度低以及功耗大等缺点[134-135]。更重要的是只能通过数值来判断角度的改变，这容易受自身老化、外界应力和温度变化等因素的干扰，因此器件的稳定性较差。这些问题的存在使得当前的 MSAS 逐渐无法满足现代工业和信息技术的可扩展性发展需求。

各向异性磁电阻（AMR）是指铁磁材料的电阻率 ρ_{xx} 随磁化强度 M 与电流密度 J 方向之间的夹角改变而变化的行为，在第 1 章中已经对该效应进行了详细的介绍。AMR 效应主要来源于 SOI 引起的各向异性 s-d 电子散射[259]。目前，AMR 效应已被证明是一种能够检测微小磁化改变的灵敏技术，同时该效应存在的角度敏感特性也极为重要[260]。近年来，具有优异形状各向异性和磁晶各向异性特点的纳米线所带来的强 AMR 效应为 MSAS 的发展提供了契机。此外，由于独特的受限空间（confined space）特性，纳米线的磁电阻（MR）曲线会出现电阻跳跃行为，而且该行为对磁场角度的偏离非常敏感[260-261]。因此，通过识别电阻跳跃行为所对应磁场值的改变也可达到识别角度偏离的效果，这确实比仅依赖于电阻数值改变的常规检测方法更加可靠。然而，纳米线的有效分离、定向转移、重新排列和集成等技术仍在探索中，这些问题严重限制了后续的电气连接和器件制造[262-263]。目前，纳米线的 AMR 效应仅用于研究材料内部磁化翻转和检测畴壁位置等基础研究。如果能在大面积均匀的薄膜系统中找到这种角度依赖的电阻跳跃行为，就可以有效地避免上述纳米线遇到的难题。

由于独特的软着陆和单分散特性，采用 LECBD 技术组装的纳米结构薄膜可以让相邻的团簇之间形成纳米接触，这表明其能够拥有与纳米线/环相同的受限空间特性，因此磁化状态的改变也有可能激发团簇薄膜出现电阻跳跃行为。易于制备的大面积均匀团簇薄膜不仅能有效地避免纳米线得到电阻跳跃行为所需的复杂微纳加工步骤，而且在集成器件的过程中更不需要经历前面提及的纳米线所遇到的一系列困难。坡莫合金（$Ni_{80}Fe_{20}$）具有低矫顽力、低阻尼常数和显著的磁各向异性等优良特性[264]，其在实现小角度灵敏检测方面显示出了巨大的潜力。注意，当团簇尺寸较大时，相邻团簇之间的接触面积也很大，这导致薄膜的受限空间效应无法达到最大，因此不会产生电阻跳跃行为。在第 4 章中，即使最小的团簇尺寸达到了 9.52nm，薄膜的 MR 曲线仍未表现出跳跃行为。因此，必须使用 LECBD 技术制备更小尺寸的团簇组装 $Ni_{80}Fe_{20}$ 薄膜。实验结果表明，当团簇尺寸减小至 9.08nm 时，薄膜展现出了显著的电阻跳跃行为。更有趣的是，随着磁场角度略微偏离，该薄膜还具有跳跃趋势切换特性。同时，角度的偏离还会引起显著的电阻开关效应。因此，团簇组装 $Ni_{80}Fe_{20}$ 薄膜对极小角度的变化具有双重感知，即磁电阻曲线的跳跃趋势和电阻数值。本研究工作还通过制备团簇尺寸为 7.16nm 的薄膜验证了实验结果的准确性，因此可以确定 9.08nm 是 $Ni_{80}Fe_{20}$ 薄膜产生电阻跳跃行为的特征尺寸。理论分析表明，跳跃趋势的切换源于传统各向异性磁电阻与畴壁磁电阻之间主导地位的转换。使用 OOMMF 微磁学模拟和 ANSYS 有限元仿真验证了实验和理论的准确性。这项研究工作表明，极小尺寸团簇组装 $Ni_{80}Fe_{20}$ 薄膜具有开发更灵敏和更可靠的磁敏电阻角度传感器的潜力，这对于姿态检测装置的发展也有一定的帮助。

5.2 极小尺寸团簇组装 $Ni_{80}Fe_{20}$ 薄膜的制备及微结构

5.2.1 制备与性能表征手段

溅射源选用纯度为 99.9% 的 $Ni_{80}Fe_{20}$ 靶材，由直流磁控溅射气体聚集（DC-MSGA）源所产生的团簇束流会在差分压强的设计下通过喷嘴和分离器，然后以软着陆的方式沉积到 $Si-SiO_2$（300nm）衬底上组装成膜。制备方式和参数与第 4 章中的几乎相同，不同的是将沉积距离调至非常低以获得最小尺寸的团簇组装 $Ni_{80}Fe_{20}$ 纳米结构薄膜，这样能够保证团簇之间的纳米接触点最小从而使受限空间效应达到最大，具体参数见表 5.1。

使用 HR-TEM 和 FE-SEM 分别表征团簇的晶体结构和团簇组装薄膜的微观形貌。利用 PPMS 测试所有薄膜角度依赖的电学输运性质（四探针法）。利用 LabVIEW 软件控制的 Keithley 2400 源表在 PPMS 平台上测试角度依赖的电阻开关效应。通过 PPMS-VSM 和 MFM 全面测试薄膜的磁学性质。

表 5.1　团簇组装 $Ni_{80}Fe_{20}$ 纳米结构薄膜的实验参数

参数名称	数　值
溅射靶材及尺寸	$Ni_{80}Fe_{20}$ (99.9%) (直径为 50mm，厚度为 3mm)
沉积腔压强	$7×10^{-5}$Pa
氩气压强	70Pa
溅射功率	60W
沉积速率	0.35Å/s
退火温度	723K
退火时间	20min

5.2.2　微结构分析

通过改变靶材与衬底之间的沉积距离 L 能够有效地调控团簇尺寸。图 5.1（a）和（b）分别展示了在沉积距离 L=515 和 520mm 时制备的单分散 $Ni_{80}Fe_{20}$ 团簇的 TEM 图像，同时通过 Nano Measure 软件统计了相应的尺寸分布，结果以插图形式展示至右上角。TEM 测试结果显示团簇颗粒为球形，并且尺寸分布非常窄。由于团簇的平均沉积能量非常低，这使其着陆到衬底后不会破碎或反射，从而能很好地保留 $Ni_{80}Fe_{20}$ 团簇的原始结构和物理特性。图 5.1（c）展示了使用 Digital Micrograph 软件测量晶面间距的完整过程。图 5.1（c-1）为原始测试图像，对虚线框内的区域执行 FFT 操作后得到图 5.1（c-2），然后施加掩模[见图 5.1（c-3）]并执行 IFFT 操作后即可得到去噪后的图像[图 5.1（c-4）]。测试结果显示晶面间距为 0.2046nm，非常接近标准卡片 PDF#38-0419 中主峰（111）的晶面间距 0.2044nm，这表明了样品制备的准确性。图 5.1（d）和（e）分别展示了 L=515 和 520mm 时制备的团簇组装薄膜的表面形貌。可以发现薄膜由相互纳米接触（nanocontact）的球形团簇所组成，这与其他方法制备的致密薄膜完全不同[200-201]。统计结果显示薄膜中团簇的尺寸分布非常窄，并且具有平均尺寸的团簇占据总数的 40%以上，如图 5.1（d）和（e）中的插图所示。超低能量的随机堆积方式是 LECBD 技术获得具有纳米接触特性的均匀单分散团簇组装薄膜的重要原因。

注意，即使在相同的沉积距离下，TEM 图像和 SEM 图像中的团簇尺寸也存在明显的不同。在 TEM 图像中，L=515mm 和 L=520mm 得到的团簇平均尺寸分别 3.47nm 和 3.91nm，而在 SEM 图像中两个沉积距离得到的团簇平均尺寸分别为 7.16nm 和 9.08nm。根据前面第 3 章和第 4 章的分析也能够明白，两者尺寸的差异归因于 SEM 图像中大量团簇所产生的近程聚集行为，这是极为常见的现象，重要的是这种聚集行为并不会影响团簇的本征特性[233]。图 5.1（f）展示了团簇组装薄膜的截面 SEM 图像，疏松多孔的结构表明了软着陆的成膜方式。

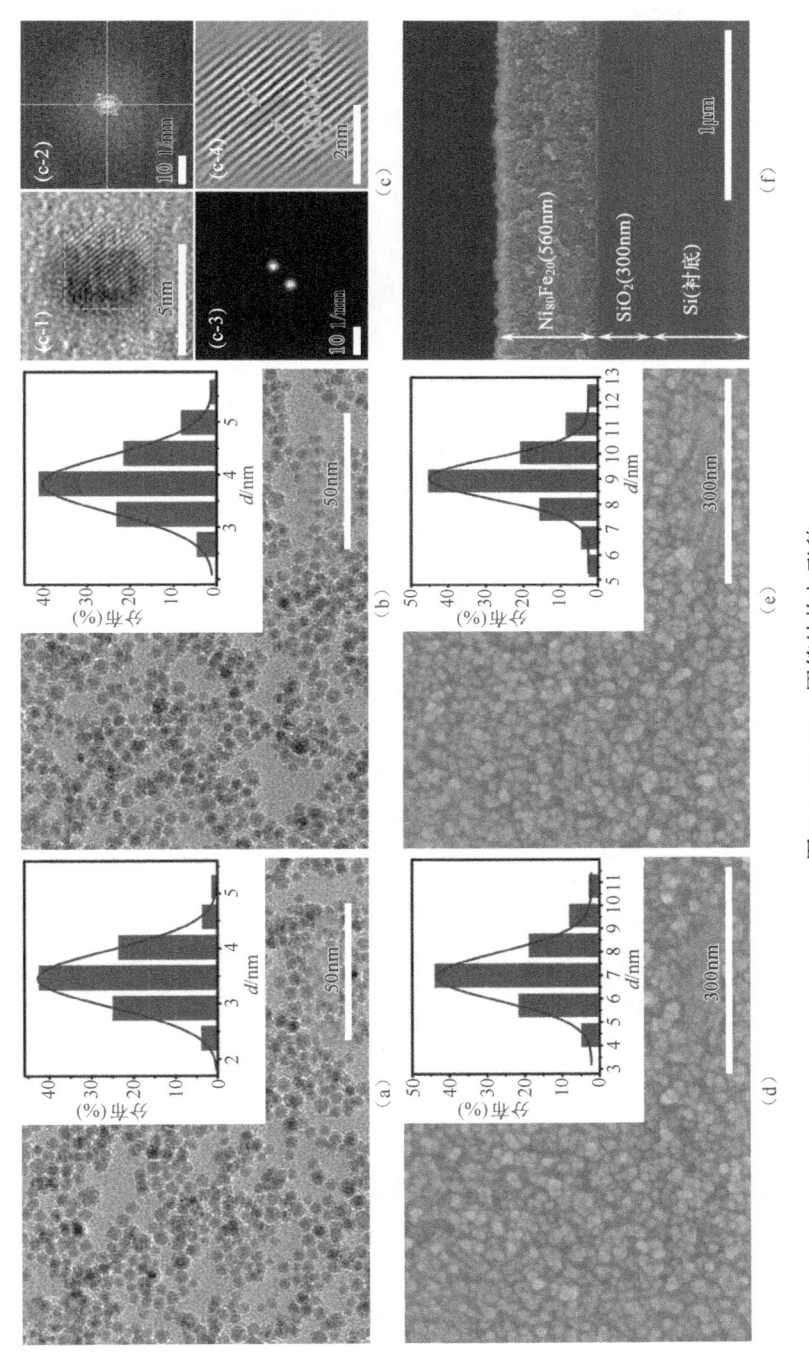

图 5.1 Ni$_{80}$Fe$_{20}$ 团簇结构与形貌

(a) L=515mm 时的 TEM 图像；(b) L=520mm 时的 TEM 图像；
(c) 测量晶面间距的详细步骤；(d) L=515mm 时的 SEM 图像；(e) L=520mm 时的 SEM 图像；(f) 团簇薄膜的截面图

5.3 团簇薄膜的各向异性磁电阻

图 5.2（a）和（b）分别展示了磁场在 xz 和 yz 平面内旋转时的测试几何示意图，其中 θ_{ij}($i, j=x, y, z$)表示在 ij 平面内，磁场从 i 轴旋转到 j 轴时旋转场与 i 轴的夹角。磁场在 xz 和 yz 平面内旋转时分别能够测试面外 AMR 和垂直 AMR 效应。

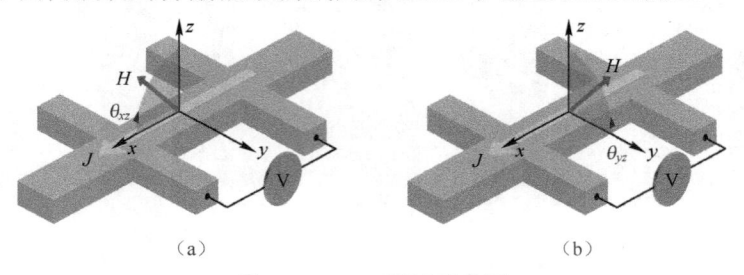

图 5.2 AMR 测试示意图

(a) 面外 AMR；(b) 垂直 AMR

图 5.3（a）展示了磁场在团簇尺寸为 9.08nm 薄膜的 xz 平面内旋转时不同角度下的场依赖磁电阻（field-dependent magnetoresistance，FDMR）曲线，测试温度为 300K。每个 FDMR 曲线都是由负场（negative field，NF）扫描过程（3T 到-3T）和正场（positive field，PF）扫描过程（-3T 到 3T）组成的。当沿 z 轴（面外，即 θ=90°）施加磁场时，FDMR 曲线具有显著的回滞（hysteresis）行为，图 5.4（a）展示了该曲线的小场放大图，其中两条曲线分别代表 NF 和 PF 的扫描过程。接下来将 NF 扫描过程划分成 5 个关键点对该曲线进行细节描述。当施加最大正磁场时，系统处于最低电阻率的 A 点。随着磁场减小，电阻率会单调增加并在 B 点（零场）处达到最大值。当磁场向反方向增加时，电阻率首先会迅速下降至 C 点，然后随着磁场进一步增加突然向上跳跃至 D 点，发生跳跃行为时所对应的磁场值被称为跳跃场（B_{JF}）。最后，随着磁场持续增加，电阻率会一直下降至 E 点。PF 与 NF 的扫描过程具有完全相同的趋势，所以 PF 曲线的向上跳跃行为发生在正磁场区域。因此，FDMR 曲线是由电阻率的连续变化和不连续的向上跳跃行为所组成的。从图 5.3（a）中可以发现，向上跳跃的趋势随着角度减小而迅速减弱并最终消失。

图 5.3（b）展示了磁场在 9.08nm 薄膜的 yz 平面内旋转时不同角度下的 FDMR 曲线。有趣的是，当磁场在该平面上略微偏离 z 轴 1.5°（θ=88.5°）时，FDMR 曲线原本存在的向上跳跃趋势会发生翻转变成向下跳跃。图 5.4（b）展示了该曲线的小场放大图，NF 扫描过程同样可分为 5 个关键点。可以发现，该曲线的电阻率在最大磁场时的状态（A 点与 E 点）与图 5.4（a）的曲线相同，但是低磁场下 B 到 D 的趋势却与之完全相反，呈现出向下跳跃行为。随着磁场继续偏离 z 轴，FDMR 曲线的跳跃趋势没有再发生改变，而是迅速减弱并最终消失，如图 5.3（b）所示。因此，上述结果表明向上跳跃和向下跳跃行为分别在 xz 和 yz 平面中占主导地位。

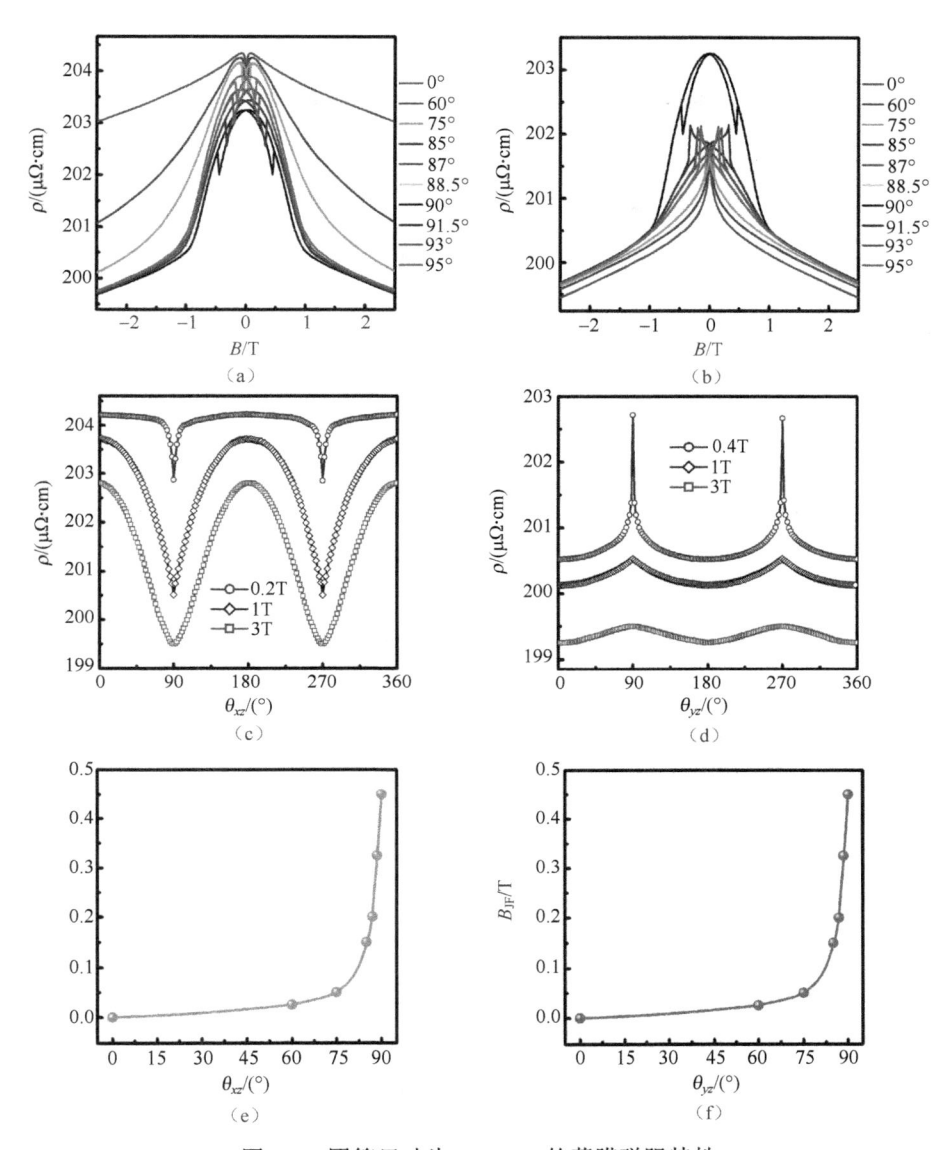

图 5.3 团簇尺寸为 9.08 nm 的薄膜磁阻特性

(a) xz 平面中不同角度的 FDMR 曲线；(b) yz 平面中不同角度的 FDMR 曲线；(c) xz 平面中不同应用场的 ADMR 曲线；(d) yz 平面中不同应用场的 ADMR 曲线；(e) xz 平面中跳跃场对角度的依赖性；
(f) yz 平面中跳跃场对角度的依赖性

角度依赖的磁电阻（angle-dependent magnetoresistance，ADMR）曲线不仅能够全面展示电阻率对角度的依赖性，还能够验证 FDMR 曲线的准确性，因此必然要测试 9.08nm 薄膜在 xz 和 yz 平面内不同磁场下的 ADMR 曲线，测试结果如图 5.3（c）和（d）所示。在多晶材料中，由于随机取向晶粒的存在，磁晶各向异性会被平均化，因此所有的 ADMR 曲线均显示出双重对称性（twofold symmetry）。注意，xz 平面中的 ADMR 曲线呈现出"W"形状，并且变化幅度随着磁场的增加而增加；而 yz 平面中的

ADMR 曲线呈现出与之相反的形状，并且变化幅度随着磁场的增加而减小。完全相反的曲线形状以及磁场依赖行为意味着这两个平面内的主导效应是截然不同的，因此两种跳跃行为也必然是由不同因素所诱导的。此外，FDMR 曲线在 yz 平面内的跳跃趋势切换行为引起的电阻率急剧下降现象[见图 5.3（b）]也很好地反映在磁场为 0.4T 的 ADMR 曲线中，即图 5.3（d）中 90°和 270°附近极小角度下的电阻率突变。为了研究跳跃行为在两个平面内对磁场施加角度变化的敏感性，xz（向上跳跃）和 yz（向下跳跃）平面中跳跃场对角度的依赖性已经展示在图 5.3（e）和（f）中。两种跳跃行为的跳跃场在 90°附近均对角度的变化非常敏感，但随着角度减小，跳跃场的敏感性也会迅速减弱，这与具有跳跃行为的纳米线存在相似的角度依赖性[260-261]。但是，团簇组装薄膜的跳跃场在高角度下的变化幅度更大且对角度更敏感，这表明团簇薄膜的单轴磁各向异性非常强。由于 ADMR 曲线具有双重对称性，因此可以通过测试角度略高于 90°的 FDMR 曲线验证跳跃场的灵敏度。结果显示，xz 和 yz 平面中 91.5°、93°、95°的 FDMR 曲线分别与 88.5°、87°、85°的 FDMR 曲线重合，这有效地验证了两个平面中跳跃场的准确性。尽管两个平面内的主导效应不同，但是跳跃场却体现出相同的角度依赖性，这表明跳跃行为与薄膜面内（$\theta=0°$）和面外（$\theta=90°$）的磁化状态密切相关。

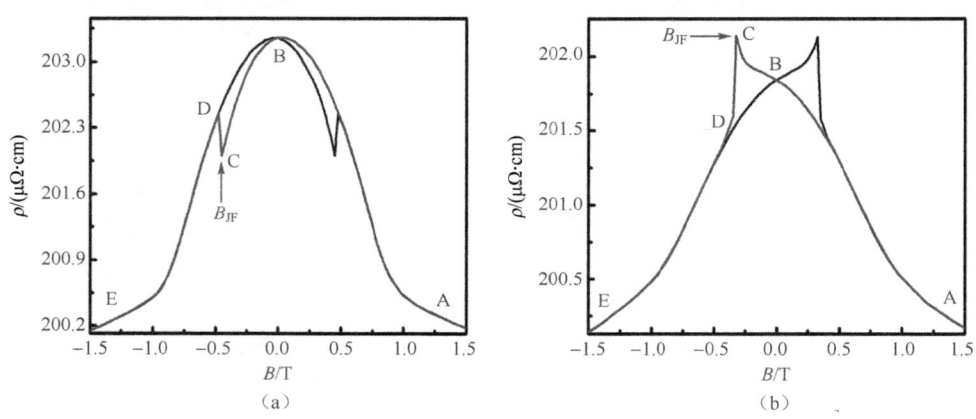

图 5.4 具有向上跳跃和向下跳跃行为曲线的放大视图

FDMR 曲线中存在跳跃行为非常少见，更不用说小角度内的跳跃趋势切换行为，这在其他系统中尚未观察到。因此，为了进一步证实该现象，本研究工作制备并测试了团簇尺寸为 7.16nm 的 $Ni_{80}Fe_{20}$ 薄膜的 FDMR 和 ADMR 性质。FDMR 曲线显示，该薄膜的 xz 和 yz 平面分别由向上跳跃和向下跳跃行为所主导，显然这与 9.08nm 薄膜的情况是一致的，如图 5.5（a）和（b）所示。由于主导效应并未改变，7.16nm 薄膜在 xz 和 yz 平面的 ADMR 曲线仍然表现出与 9.08nm 薄膜相同的趋势，如图 5.5（c）和（d）所示。然而，7.16nm 薄膜在 $\theta=90°$时的 FDMR 曲线却呈现出向下跳跃的行为，这与 9.08nm 薄膜在该角度下的 FDMR 曲线趋势相反。因此，7.16nm 薄膜中的跳跃趋势切换行为自然出现在 xz 平面而不是 yz 平面。同样，xz 平面中磁场为 0.2T 的 ADMR 曲线在 90°和 270°处也显示出由跳跃趋势切换引起的电阻率大幅度变化,如图 5.5(c)所示。可以发现,xz 平面[见图 5.5(e)]和 yz 平面[见图 5.5(f)]的跳跃场在 $\theta=90°$ 附近仍然具有非常敏感的角度依赖行为,这表明团簇尺寸的变化并不会影响薄膜的单轴磁各向异性强度。不同团簇尺寸薄膜的结果有力地验证了跳跃行为的准确性。更重要的是,跳跃趋势不仅能在同一个薄膜中通过施加不同角度的磁场来改变,还能够通过调控团簇尺寸来改变,这使得团簇组装薄膜的设计和应用前景更加突出。同时,这种现象对于机理研究也非常有帮助,因为分析时可以从多个方面来证实理论的准确性。

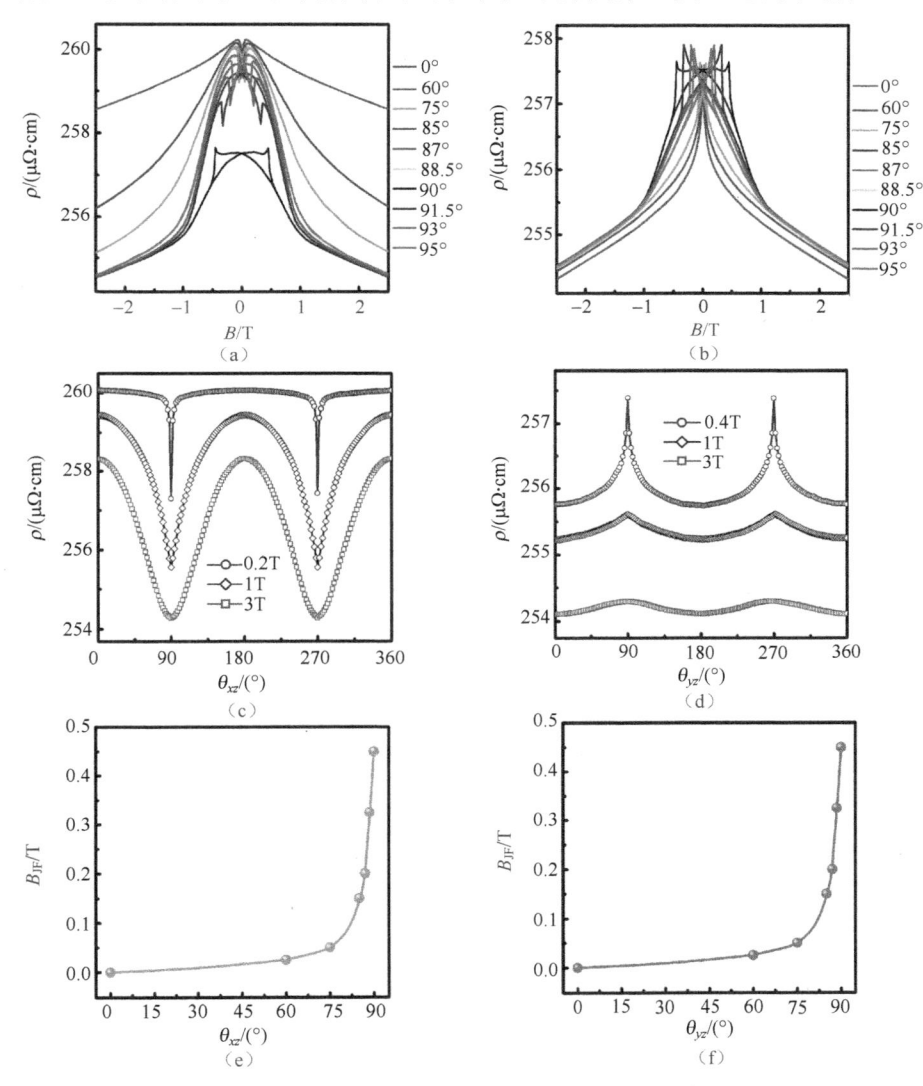

图 5.5 团簇尺寸为 7.16 nm 薄膜的磁阻特性

(a) xz 平面中不同角度的 FDMR 曲线;(b) yz 平面中不同角度的 FDMR 曲线;(c) xz 平面中不同应用场的 ADMR 曲线;(d) yz 平面中不同应用场的 ADMR 曲线;(e) xz 平面中跳跃场对角度的依赖性;(f) yz 平面中跳跃场对角度的依赖性

图 5.3（b）和图 5.5（a）清晰地表明了团簇尺寸为 9.08nm 和 7.16nm 的薄膜分别在 yz 和 xz 平面内存在跳跃趋势切换行为。接下来将寻找两个薄膜各自切换行为发生的极限角度，因为这对于器件的设计和应用非常有意义。图 5.6（a）和（b）分别展示了 9.08nm 和 7.16nm 薄膜的跳跃趋势切换的演化过程。结果显示，当磁场偏离 z 轴 0.2°（θ=89.8°）时原始的跳跃行为基本消失，当偏离 0.5°（θ=89.5°）时跳跃趋势的切换就已完成，而且两个薄膜具有几乎相同的敏感性。因此，团簇组装薄膜对于角度的偏离具有很高的分辨率，重要的是通过跳跃行为的消失和切换来检测角度的偏离是非常有说服力的。为了证明由跳跃趋势切换带来的电阻率显著变化能够被可逆控制，需要使用 LabVIEW 软件控制的 2400 源表测试两个薄膜角度依赖的电阻率响应。图 5.6（c）和（d）分别展示了 9.08nm 薄膜（yz 平面）和 7.16nm 薄膜（xz 平面）随角度循环的电阻开关效应。由于 PPMS 的测试组件在经过多次极小角度循环后会存在不可避免的螺距误差，因此选择较宽的 4°范围作为测试循环角以避免重新校准角度，这样可以在不影响后续分析的情况下显示连续的开关效果。图 5.3（d）显示对于 9.08nm 薄膜而言，磁场为 0.4T 的 ADMR 曲线在 90°～88.5°的范围内显现出最显著的电阻率变化，而在 88.5°以下则非常弱。在图 5.6（c）中，0.4T 时测试的电阻开关效应显示 90°和 86°的电阻率几乎接近图 5.3（d）中 90°和 88.5°的电阻率，这意味着 4°内的电阻率变化基本都是来自 1.5°以下的贡献。通过对比图 5.5（c）中磁场为 0.2T 的 ADMR 曲线和图 5.6（d）中 0.2T 的电阻开关效应，在 7.16nm 薄膜中也可得到相同的结论。9.08nm 薄膜的 90°和 86°分别对应于系统的高阻态（HRS）和低阻态（LRS），并且两个电阻态的变化率高达 0.79%。而 7.16nm 薄膜的 HRS 和 LRS 所对应的角度却与 9.08nm 薄膜相反，但两个电阻态的变化率也达到了 0.84%。因此，团簇组装薄膜中跳跃趋势切换带来的电阻开关效应比一些薄膜系统中畴壁磁电阻带来的开关效应要高 8 倍，并且前者不需要像后者一样旋转 90°以体现开关性能[265]。在经过多次循环后，两个团簇薄膜的开关性能都不会有任何下降，并且电阻数值也不存在偏差，这显示了薄膜稳定的角度依赖性。

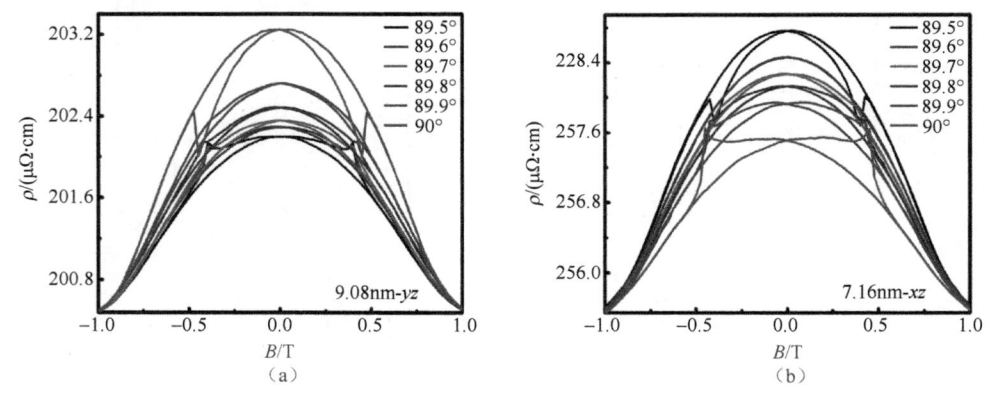

图 5.6　薄膜电阻开关特性

第5章 极小尺寸团簇组装 Ni$_{80}$Fe$_{20}$ 薄膜的各向异性磁电阻

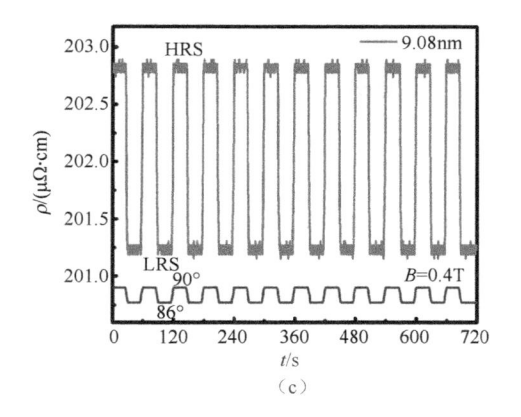

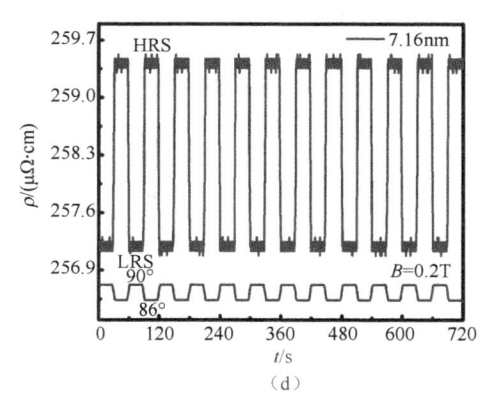

图 5.6 薄膜电阻开关特性（续）

（a）9.08 nm 薄膜的跳跃趋势切换的演化过程；（b）7.16 nm 薄膜的跳跃趋势切换的演化过程；
（c）9.08 nm 薄膜的电阻开关效应；（d）7.16 nm 薄膜的电阻开关效应

接下来将利用 7.16nm 薄膜去检测和校准磁场与薄膜之间存在的角度偏差。当由于组件松动或仪器操作误差使磁场与薄膜的 z 轴未对准（misalignment）时，86°（状态 1）和 94°（状态 2）的电阻率是不一致的，如图 5.7（a）所示。然而当两者对准（alignment）后，86°和 94°的电阻率会变为几乎相同，如图 5.7（b）所示。这意味着在实际应用中，利用该特性可以快速校准装置存在的角度偏差。同时，利用未对准状态和对准状态的电阻率最低点（90°）之间的时间差还能够确定偏差的角度。因此，将两种状态的电阻开关数据绘制到图 5.7（c）中以方便比较。可以发现，虽然两种状态处于电阻率最低点所对应的时间点是不一致的，但是时间差是相同的，并且即使在多个周期中该时间差也不会改变。图 5.7（d）展示了一个随机周期的放大图，两种状态达到 90°的时间差分别为 0.55s 和 0.57s，系统默认的转角速度为 0.78°/s，因此可以确定角度的偏差为 0.44°（0.56s×0.78°/s）。综上所述，团簇组装 Ni$_{80}$Fe$_{20}$ 薄膜可以同时通过跳跃趋势和电阻数值来判断和校准极小角度的偏差，这意味着它可以作为新一代动态水平姿态检测装置的候选者。

全面理解 Ni$_{80}$Fe$_{20}$ 团簇薄膜中两种跳跃行为的产生与切换对于基础物理和应用研究都具有重要意义。铁磁金属薄膜在磁场中的总电阻率由以下三项组成：

$$\rho = \rho_r + \rho_{ph} + \rho_M \tag{5.1}$$

式中：等号右侧第 1 项 ρ_r 为是由杂质和缺陷所引起的剩余电阻率，第 2 项 ρ_{ph} 为晶格振动所带来的电阻率，这两项由于对磁场的依赖性非常弱，所以属于非磁性项；而第 3 项 ρ_M 高度依赖于磁场，并且主要包含以下几个来源：

$$\rho_M = \rho_L + \rho_m + \rho_{AMR} + \rho_{DW} \tag{5.2}$$

式中：等号右侧第 1 项 ρ_L 为洛伦兹磁电阻率，在低温和高磁场下 ρ_L 与磁场强度的二次方成正比；第 2 项 ρ_m 为是磁子磁电阻率，ρ_m 其在高温和高磁场下随磁场的增加呈线性下降的趋势[116]；第 3 项 ρ_{AMR} 为与磁化强度和电流密度之间的夹角密切相关的各向异性磁电阻率；第 4 项 ρ_{DW} 是由畴壁中的自旋散射所引起的畴壁磁电阻率。

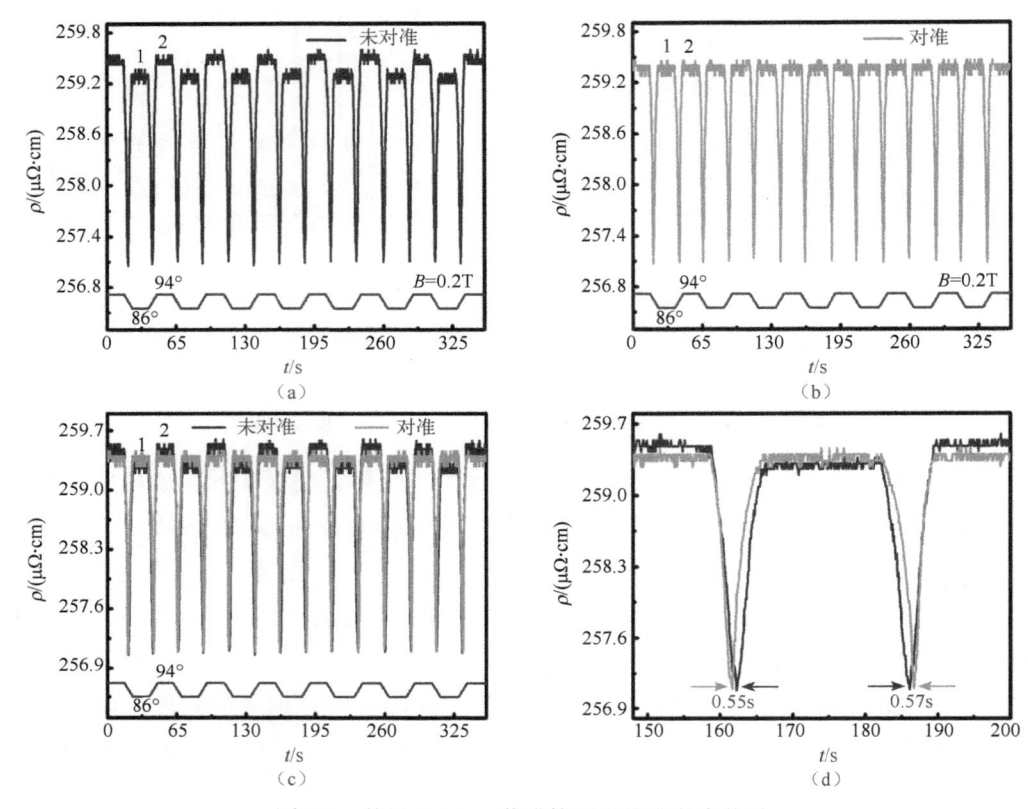

图 5.7　使用 7.16nm 薄膜检测和校准角度偏差

洛伦兹力会使传导电子呈螺旋线运动，这将导致电子的散射截面增大，因此 LMR 为正且呈抛物线状。然而团簇组装 $Ni_{80}Fe_{20}$ 薄膜与其他过渡金属薄膜一样呈现出负的 FDMR 行为[111]，所以 LMR 的贡献在这项工作中可以被忽略。由于磁子分布（magnon population）在一定磁场以上会迅速下降，因此 MMR 可能会带来电阻率向下跳跃行为[266]。然而由于磁子分布在低温下呈指数下降，所以 MMR 随着温度降低会迅速减弱[267]。因此，如果 $Ni_{80}Fe_{20}$ 薄膜中的电阻率跳跃行为确实是由 MMR 所引起的，那么这个行为在低温下会显著减弱或消失。为了进一步分析该因素，本研究工作在 10K 下测试了两个薄膜的电学输运性质，如图 5.8 所示。其中：图 5.8（a）和（b）分别为 9.08nm 薄膜在 xz 和 yz 平面内的 FDMR 曲线；图 5.8（c）和（d）分别为 9.08nm 薄膜在 xz 和 yz 平面内的 ADMR 曲线；图 5.8（e）和（f）分别为 7.16nm 薄膜在 xz 和 yz 平面内的 FDMR 曲线；图 5.8（g）和（h）分别为 7.16nm 薄膜在 xz 和 yz 平面内的 ADMR 曲线。FDMR 曲线显示两个薄膜在 10K 时的跳跃行为比在 300K 时更显著。此外，ADMR 曲线也显示两个薄膜在 10K 时由跳跃趋势切换引起的电阻率变化率比在 300K 时更大。因此可以排除 MMR 对两个薄膜中跳

第 5 章 极小尺寸团簇组装 Ni$_{80}$Fe$_{20}$ 薄膜的各向异性磁电阻

跃行为的贡献。然而，在两个薄膜 300K 的 FDMR 曲线中饱和磁场以上观察到的电阻率线性下降归因于磁子抑制机制，如图 5.3（a）～（b）和图 5.5（a）～（b）所示。在较高的外磁场下，塞曼能可以有效地提高磁矩的恢复力以抵抗热扰动效应，由此导致的磁子分布下降会减少电子-磁子散射，最终使得电阻率线性下降。此外，由于电子-磁子散射是各向同性的，因此 FDMR 曲线在不同角度下呈现出的不饱和线性行为非常一致。最后，根据曲线形状还能确定团簇薄膜的跳跃行为并不是由畴壁的钉扎和退钉扎效应所引起的，这是因为 FDMR 曲线显示跳跃行为发生前的最低点（向上跳跃）或最高点（向下跳跃）没有加宽的现象[268]。

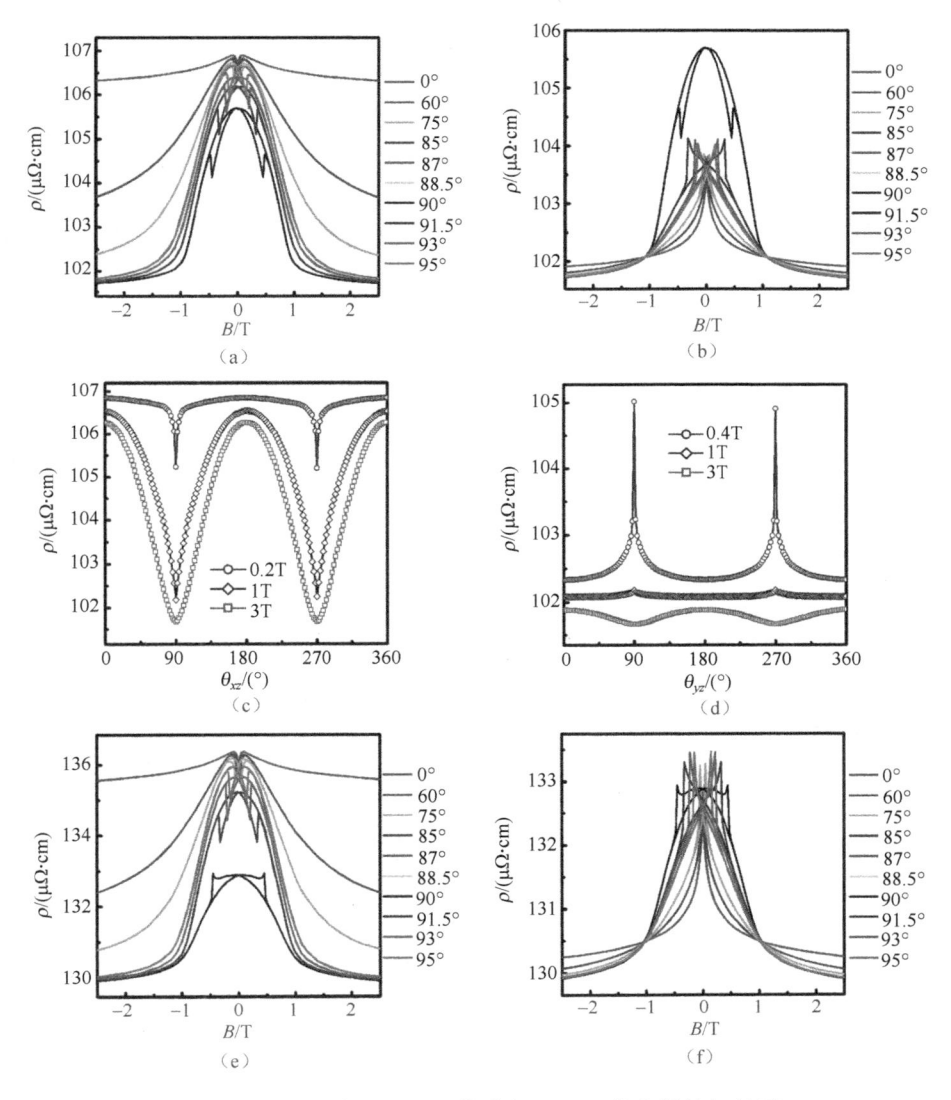

图 5.8 团簇组装 Ni$_{80}$Fe$_{20}$ 薄膜在 10K 下的电学输运性质

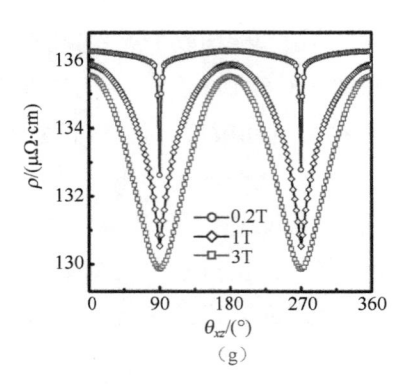

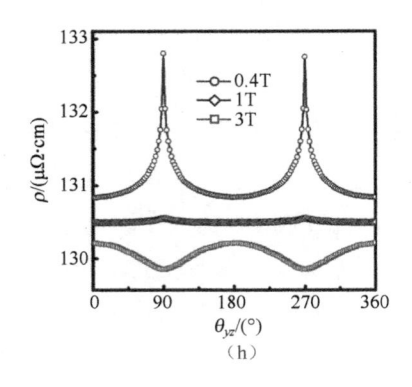

图 5.8　团簇组装 $Ni_{80}Fe_{20}$ 薄膜在 10K 下的电学输运性质（续）

（a）9.08 nm 薄膜在 xz 平面内的 FDMR 曲线；（b）9.08 nm 薄膜在 yz 平面内的 FDMR 曲线；
（c）9.08 nm 薄膜在 xz 平面内的 ADMR 曲线；（d）9.08 nm 薄膜在 yz 平面内的 ADMR 曲线；
（e）7.16 nm 薄膜在 xz 平面内的 FDMR 曲线；（f）7.16 nm 薄膜在 yz 平面内的 FDMR 曲线；
（g）7.16 nm 薄膜在 xz 平面内的 ADMR 曲线；（h）7.16 nm 薄膜在 yz 平面内的 ADMR 曲线

根据上面的排除可以发现，只有 AMR 和 DWMR 效应才是诱导 $Ni_{80}Fe_{20}$ 团簇薄膜出现跳跃行为的原因，但是我们仍然需要确定这两种效应各自主导的跳跃类型。一般来说，多晶铁磁体中的 AMR 效应表示为

$$\rho = \rho_\perp + (\rho_\parallel - \rho_\perp)\cos^2\varphi_M \tag{5.3}$$

式中，$\rho_\parallel$ 和 $\rho_\perp$ 分别代表磁化强度 M 与电流密度 J 平行和垂直时的电阻率，φ_M 表示 M 与 J 之间的夹角。在多晶铁磁体中，大多数金属和合金都表现出正的 AMR 效应，即 $\rho_\parallel > \rho_\perp$ [259]。在由 AMR 效应主导的铁磁系统中，$\rho_\parallel$ 和 $\rho_\perp$ 分别对应于系统最大和最小的电阻率，这是因为 s-d 散射截面在这两种状态时分别达到了最大和最小。

在 xz 平面中，3T 的 ADMR 曲线显示 $\theta=0°$（$\rho_\parallel$）和 90°（$\rho_\perp$）处的电阻率分别为最高和最低，如图 5.3（c）和图 5.5（c）所示，这与 AMR 占主导地位时的现象一致。不同磁场下的 ADMR 曲线的趋势保持不变，因此均可得到相同的结论。ADMR 的值可以定义为

$$\Delta\rho/\rho = (\rho_\parallel - \rho_\perp)/\rho_\perp \tag{5.4}$$

两个薄膜在 xz 平面中的 ADMR 值均随着磁场的增大而增大，这是因为外加磁场与磁化的对齐会增加 $\rho_\parallel$ 与 $\rho_\perp$ 之间的差异，这也是 AMR 效应占主导时所体现的另一个特征。因此，可以确定 xz 平面中的向上跳跃是由传统 AMR 效应所引起的。

接下来将使用具有最显著向上跳跃行为的 FDMR 曲线来详细地分析这一现象，如图 5.3（a）中 $\theta=90°$ 所示。在最大的正/负磁场下，薄膜的电阻率为最低，这是因为 M 沿着磁场的方向并与 J 完全垂直。随着磁场减小，M 开始逐渐脱离磁场方向并向面内易轴（IP，$\theta=0°$）旋转，其具体方向与外磁场、样品形状和各向异性能所共同决定的最小能量方向一致。当磁场减小至 0 时，M 与 J 基本处于相互平行的状态，因此体系

的电阻率会达到最高。随着磁场向相反的方向增加，M 会逐渐偏离易轴并向磁场方向旋转，然后系统会进入一个不稳定的磁化状态，即 FDMR 曲线的局部谷值（跳跃场）。该点也意味着系统处于不稳定的能量配置，这是由具有一定面外分量（OP，$\theta=90°$）的自旋所引起的。随后，外磁场的进一步增加将驱动 M 克服能量势垒从而让系统进入新的稳定状态，在这一过程中电阻率会出现突然的向上跳跃行为。最后，电阻率会随着磁场的增加而持续降低，这是因为 M 与 J 逐渐再次趋向于垂直。达到饱和场后，MMR 效应会体现出来，因此电阻率并不会饱和而是呈现出线性的下降。相反在 10K 时，饱和磁场以上的电阻率变化很小，这是因为 MMR 效应在低温下非常弱。随着磁场施加方向与薄膜之间的夹角减小，易轴分量的增加能有效减小将体系从不稳定态驱动到新稳定态所需要的磁场，因此跳跃场会随着角度的减小而减小，并在磁场与薄膜平行（$\theta=0°$）时完全消失。

图 5.3（d）和图 5.5（d）显示 yz 平面中的 ADMR 曲线呈现出与 xz 平面完全相反的趋势。由于 M 和 J 在 yz 平面上几乎总是保持相互垂直的状态，所以 AMR 效应的贡献在该平面上会被强烈地抑制[269]。因此，可以确定 yz 平面的主导作用是 DWMR 效应，这意味着 FDMR 曲线中磁场向反方向增加后，电阻率的额外增加和突然向下跳跃行为是由畴壁散射所引起的。铁磁过渡金属的电阻率会随着磁场的增加而降低，可以通过双电流模型很好地解释该现象[239]。由于费米面处自旋向上和向下的电子态密度不同，所以不同方向的自旋受到的散射程度不一样，这导致两个通道的电阻率也不相等。在坡莫合金中，自旋向上（多数自旋）通道的电阻率低于自旋向下（少数自旋）通道的电阻率，这是因为前者的平均自由程比后者长得多。因此，自旋向下通道将会被自旋向上通道所"短路"。畴壁的哈密顿量不具有纯自旋本征态，即

$$H_\theta \equiv R_\theta^{-1} H_0 R_\theta = -\frac{\hbar^2 \nabla^2}{2m} + V + J\sigma_z \tag{5.5}$$

$$R_\theta^{-1} \frac{\hbar^2 \nabla^2}{2m} R_\theta = \frac{\hbar^2 \nabla^2}{2m} + V_{\text{pert}} \tag{5.6}$$

其中又存在以下关系：

$$R_\theta \equiv \exp\left(-\mathrm{i}\frac{\theta}{2}\hat{n}\cdot\sigma\right) \tag{5.7}$$

$$V_{\text{pert}} = R_\theta^{-1}[p^2/2m, R_\theta] = \frac{\hbar^2}{2m}(\sigma\cdot\hat{n})(\theta)\cdot p - \frac{\mathrm{i}\hbar}{4m}(\sigma\cdot\hat{n})\nabla^2\theta + \frac{\hbar^2}{8m}|\nabla\theta|^2 \tag{5.8}$$

式中，$\hat{n}$ 代表磁化旋转的轴。由旋转产生的附加项表示畴壁中的磁化扭曲对波函数的修正。杂质散射势表示为

$$V_{\text{scatt}} = \sum_i \left[v + j\sigma\cdot\hat{M}(r)\right]\delta(r-r_i) \tag{5.9}$$

式中，r_i 为杂质的位置，j 代表散射的自旋依赖性。当存在磁畴时，分割磁畴的畴壁会将电子从一个本征态散射到另一个本征态，从而导致两个独立的电流通道混合[270]。这

将导致"短路"效应失效，进而产生额外的电阻率，这是向下跳跃行为产生的前提。

接下来使用具有最显著向下跳跃行为的 FDMR 曲线来分析这一过程，如图 5.5（b）中 $\theta=90°$ 所示。当施加最大正/负磁场时，薄膜的电阻率最低，这是因为在饱和状态下薄膜中基本不存在畴壁。随着磁场减小，磁畴取向的不一致将导致畴壁开始出现，从而使得电阻率不断增加。当磁场向反方向增加时，电阻率并没有降低，而是在畴壁散射的作用下继续增加。当磁场增加至接近饱和磁场时，畴壁的数量会迅速下降，因此畴壁散射的大幅度减少会使电阻率出现快速的下降，从而体现出向下跳跃行为。最后，剩余的畴壁也将随着磁场的持续增加而逐渐消失，因此电阻率仍然会逐渐下降。当然，线性的 MMR 效应在薄膜达到完全饱和后依然会体现出来。由于薄膜的饱和磁场会随着施加磁场与面内易轴之间的夹角减小而减小，所以驱动畴壁消失的磁场也会减小。因此，向下跳跃行为的跳跃场会随着磁场施加角度的减小而减小。并且可以发现，yz 平面内的 ADMR 值随着磁场的增加而减小，这是因为磁场增加会导致畴壁消失，进而使得 DWMR 效应减弱。然而，即使在 3T 的磁场下，ADMR 曲线仍能表现出较弱的角度依赖行为，而不是一条直线。这种弱的依赖性源于过渡金属中 yz 平面的几何尺寸效应（GSE）。最近，通过使用严格的对称性理论，GSE 被证明是结晶度和晶粒各向异性取向的结果，这可以合理解释团簇组装 $Ni_{80}Fe_{20}$ 薄膜中 GSE 的来源[271]。

注意，无论磁场施加在 xz 平面还是 yz 平面，薄膜在未达到饱和前总是存在畴壁。同时，畴壁散射还会产生 AMR 效应[272]，因此两个平面都存在 AMR 和 DWMR 效应。虽然这两种效应并不能完全分离，但从上述理论分析依然可以确定 xz 和 yz 平面分别由 AMR 和 DWMR 效应所主导。因此，跳跃趋势的切换反映了这两种效应主导地位的变化。当 DWMR 效应占主导地位时，电子在畴壁中的自旋无序散射将显著降低 FDMR 曲线的变化幅度。相反，当 AMR 效应占主导时，这种现象并不会对 FDMR 曲线的变化幅度有较大的影响。因此，两种效应在小角度下主导地位的切换将伴随着显著的电阻变化，从而使薄膜出现跳跃趋势切换所带来的电阻开关行为。对 AMR 和 DWMR 效应的详细分析还表明，这两种跳跃行为都与易轴和难轴的磁化状态密切相关，因此跳跃场在 xz 和 yz 平面上表现出了几乎相同的角度依赖性。

5.4 团簇薄膜的磁性分析

寻找团簇尺寸诱导跳跃趋势切换的原因可以有效地验证两种跳跃行为主导效应的准确性。因此，在 300K 下通过磁力显微镜（MFM）测试了两个 $Ni_{80}Fe_{20}$ 薄膜的表面形貌和对应的磁畴结构，如图 5.9 所示。

第 5 章　极小尺寸团簇组装 $Ni_{80}Fe_{20}$ 薄膜的各向异性磁电阻

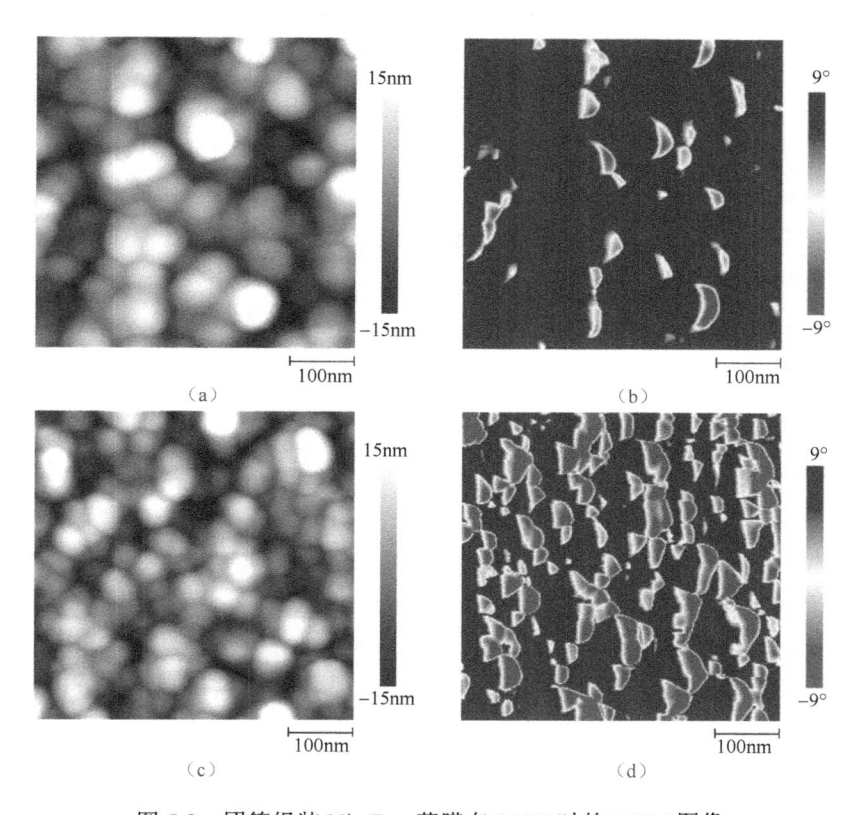

图 5.9　团簇组装 $Ni_{80}Fe_{20}$ 薄膜在 300K 时的 MFM 图像

（a）9.08nm 薄膜的形貌；（b）9.08nm 薄膜的磁畴结构；（c）7.16nm 薄膜的形貌；（d）7.16nm 薄膜的磁畴结构

由于 MFM 测试探针的尖端有用于提取磁信号的 Co/Cr 镀层，因此针尖宽度明显大于团簇尺寸，这导致探针无法区分单个团簇。因此 MFM 形貌测试结果[图 5.9（a）为 9.08nm，图 5.9（c）为 7.16nm]中的颗粒尺寸要显著大于 SEM 的测试结果[图 5.1（e）为 9.08nm，图 5.1（d）为 7.16nm]。即使如此，通过 MFM 的测试也能够表明 9.08nm 薄膜的粒径大于 7.16nm 薄膜的粒径。图 5.9（b）和（d）分别展示了 9.08nm 和 7.16nm 薄膜的磁畴图。团簇组装 $Ni_{80}Fe_{20}$ 薄膜疏松多孔的结构使得团簇之间的磁相互作用较弱，因此两个薄膜的磁畴结构并未形成传统铁磁薄膜所拥有的条纹畴或迷宫畴。此外，在形貌与磁畴图之间几乎没有观察到关联性，这表明磁畴图体现出的对比度完全来自磁相互作用。磁畴图中的背景和斑块区域分别对应于向上和向下的面外磁化，而两者之间的区域则为畴壁。图 5.9（b）显示 9.08nm 薄膜存在大面积的向上面外磁化区域（占比 91.67%）和小面积的向下面外磁化区域（占比 4.98%），因此畴壁面积（占比 3.35%）在该薄膜中非常小。由于畴壁散射在畴壁密度低的系统中并不明显[273]，因此对于 9.08nm 薄膜而言，当磁场沿 z 轴（$\theta=90°$）施加时，占主导地位的是 AMR 效应。相反，当团簇尺寸为 7.16nm 时，背景区域（60.85%）的减少以及斑块区域（29.61%）的增加导致薄膜的畴壁面积（9.54%）显著增加，如图 5.9（d）所示。因此，当磁场沿

7.16nm 薄膜的 z 轴（$\theta=90°$）施加时，占主导地位的是 DWMR 效应。以上分析清晰地表明了 9.08nm 和 7.16nm 薄膜在 $\theta=90°$ 时表现出的向上和向下跳跃行为分别源自 AMR 和 DWMR 效应。因此，通过磁畴结构也能确定不同团簇尺寸薄膜在 $\theta=90°$ 时的跳跃趋势转变源自两种效应之间主导地位的切换。注意，畴壁散射引起的电阻率与畴壁宽度的二次方成反比[274]。与其他方法制备的铁磁薄膜（包括 $Ni_{80}Fe_{20}$）相比，团簇组装 $Ni_{80}Fe_{20}$ 薄膜中的小尺寸和不连续磁畴导致畴壁极窄[275-276]，这种独特的磁畴结构为团簇薄膜展现 DWMR 效应提供了良好的前提条件。因此，即使 9.08nm 薄膜在磁场沿着 $\theta=90°$ 施加时表现出以 AMR 效应为主导的向上跳跃，但当磁场在 yz 平面内略微偏离 90°时，以 DWMR 效应为主导的向下跳跃仍然会迅速出现，从而在该薄膜中呈现出角度诱导的跳跃趋势切换行为。总的来说，通过对不同团簇尺寸薄膜的磁畴结构分析，有力地证实了两种跳跃行为各自主导效应的准确性。

跳跃趋势的快速切换是团簇组装 $Ni_{80}Fe_{20}$ 薄膜识别角度偏差的核心。前面的分析清晰地表明了这两种跳跃行为均与磁化配置密切相关，因此对两个薄膜的磁性进行了表征，如图 5.10 所示。磁场平行和垂直于薄膜的测试配置分别设定为面内（IP）和面外（OP），这与 FDMR 测试一致。图 5.10（a）和（b）分别为 9.08nm 和 7.16nm 薄膜的零场冷却（ZFC）和加场冷却（FC）曲线。可以看出无论是在面内还是面外的情况下，9.08nm 薄膜的 ZFC 和 FC 曲线在 310K 时都不重合，并且磁化强度随温度的变化很小，所以能够确定薄膜的居里温度（T_c）高于室温，这与其他关于 $Ni_{80}Fe_{20}$ 研究的结果一致[245]。同时，两种测试配置各自的 ZFC 和 FC 曲线都非常接近，即使在低温下也没有明显的分叉，这表明薄膜中并不存在畴壁钉扎行为[31]。因此，通过 ZFC-FC 曲线可以再次排除由畴壁钉扎引起跳跃行为的可能性。由于两个薄膜的 ZFC-FC 曲线具有相似的行为，因此对 7.16nm 薄膜也能得到相同的结论。

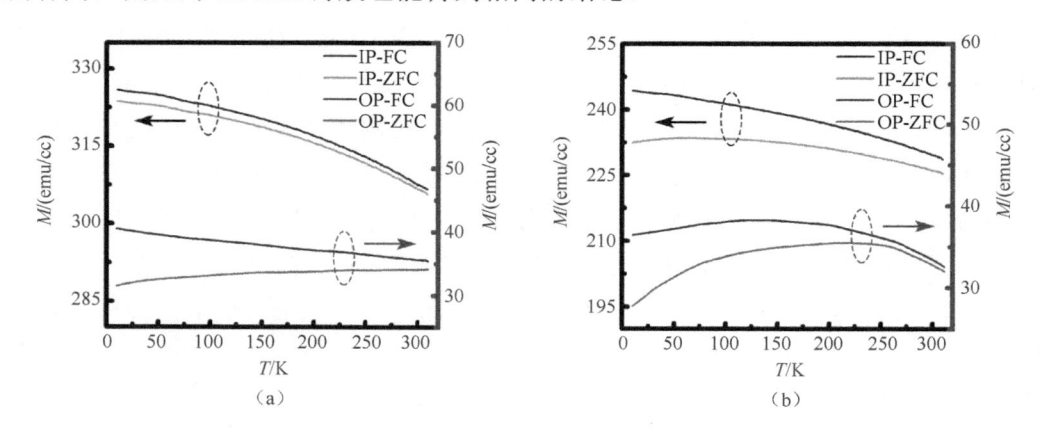

（a）

（b）

图 5.10　团簇组装 $Ni_{80}Fe_{20}$ 薄膜的磁性

第 5 章　极小尺寸团簇组装 Ni₈₀Fe₂₀ 薄膜的各向异性磁电阻

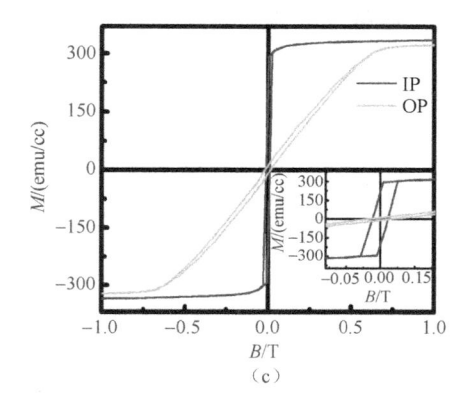

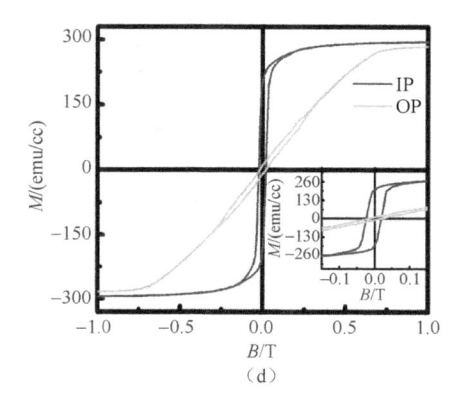

图 5.10　团簇组装 Ni₈₀Fe₂₀ 薄膜的磁性（续）

(a) 9.08 nm 薄膜的 ZFC-FC 曲线；(b) 7.16 nm 薄膜的 ZFC-FC 曲线；
(c) 9.08 nm 薄膜的磁滞回线；(d) 7.16 nm 薄膜的磁滞回线

图 5.10（c）和（d）所示分别为 9.08nm 和 7.16nm 薄膜的磁滞回线（M-H）。由于薄膜存在强的退磁能，所以 IP 和 OP 方向分别为易轴和难轴。9.08nm 薄膜在 IP 和 OP 方向的剩磁比（剩余磁化强度 M_r/饱和磁化强度 M_s）分别为 0.7 和 0.035，同时 IP 和 OP 方向的饱和磁场分别为 0.03T 和 0.72T。因此可以发现，9.08nm 薄膜拥有非常强的面内单轴磁各向异性。该特性也存在于 7.16nm 薄膜中，这同样可以通过对比两个方向的剩磁比（IP：0.74，OP：0.038）和饱和磁场（IP：0.05T，OP：0.75T）来发现。团簇组装 Ni₈₀Fe₂₀ 薄膜的磁各向异性强度接近于三角波状的 Ni₈₀Fe₂₀ 薄膜，这比先前报道的研究结果强得多[277]。IP 和 OP 方向的 FDMR 曲线之间的形状及数值的差异会随着磁各向异性的增强而增大[278]。这是因为对于强磁各向异性系统而言，磁场施加角度的微小改变都会显著影响其磁化配置，从而导致电阻率发生显著变化。因此，团簇组装薄膜优异的磁各向异性为 FDMR 曲线在小角度下的跳跃趋势切换行为和跳跃场的显著变化提供了最基本且最重要的条件。同时，强的磁各向异性还会导致高的畴壁磁电阻[274]，这保证了两个薄膜在 yz 平面上均具有显著的 DWMR 效应。众所周知，团簇的比表面积随着自身尺寸的减小而增大，并且变化速度越来越快。本研究工作制备的 Ni₈₀Fe₂₀ 团簇非常小，因此团簇的比表面积随着尺寸减小会显著增大，这将导致表面自旋无序占比增加[279]。因此，7.16nm 薄膜的饱和磁化强度 M_s 低于 9.08nm 薄膜，这一现象同样反映在了磁畴结构中。如图 5.9 所示，7.16nm 薄膜中自旋无序的增加导致自旋向上磁畴和自旋向下磁畴的面积差减小，从而使得其畴壁数量明显多于 9.08nm 薄膜。磁畴和磁滞回线的一致性很好地体现了实验结果的准确性。最重要的是，对图 5.10 的分析清晰地表明了薄膜的磁性对于外加磁场的角度和团簇尺寸的变化高度敏感。

5.5 微磁学模拟及有限元仿真

由于 MR 依赖于电流密度和局域自旋的方向，因此若能直接观察到局域自旋随磁场的变化，那么对于跳跃行为的产生机制和跳跃细节的理解就会更加彻底。然而到目前为止，实验上仍然难以对跳跃过程中磁化状态的空间和时间变化进行成像，因为这不仅需要在空间上实现纳米级分辨率，同时还需要在时间上实现皮秒级分辨率。微磁学模拟是纳米磁学研究中不可或缺的手段，因为其能够随时显示系统的磁化状态。本节将利用基于 LLG 方程的微磁学模拟软件 OOMMF 研究不同团簇尺寸 $Ni_{80}Fe_{20}$ 薄膜的局域自旋态，其中 LLG 方程展示在了式（4.4）中。模拟所设定的单元尺寸为 1nm×1nm×1nm，使用的具体参数均与第 4 章中的相同。确定计算模型是极其重要的，这是因为其不仅需要反映出 $Ni_{80}Fe_{20}$ 薄膜优异的磁各向异性，还应节省计算资源，以将磁化翻转步骤设置到足够精细。经过大量的计算和筛选后，确定了 3×3×2 的球阵模型，如图 5.11（a）中的插图所示。沿着这个模型的 x 轴（IP）和 z 轴（OP）施加磁场时，分别获得了典型的易轴和难轴 M-H 磁滞回线，因此该模型能够很好地体现 $Ni_{80}Fe_{20}$ 薄膜的 IP 单轴各向异性，如图 5.11（a）所示。

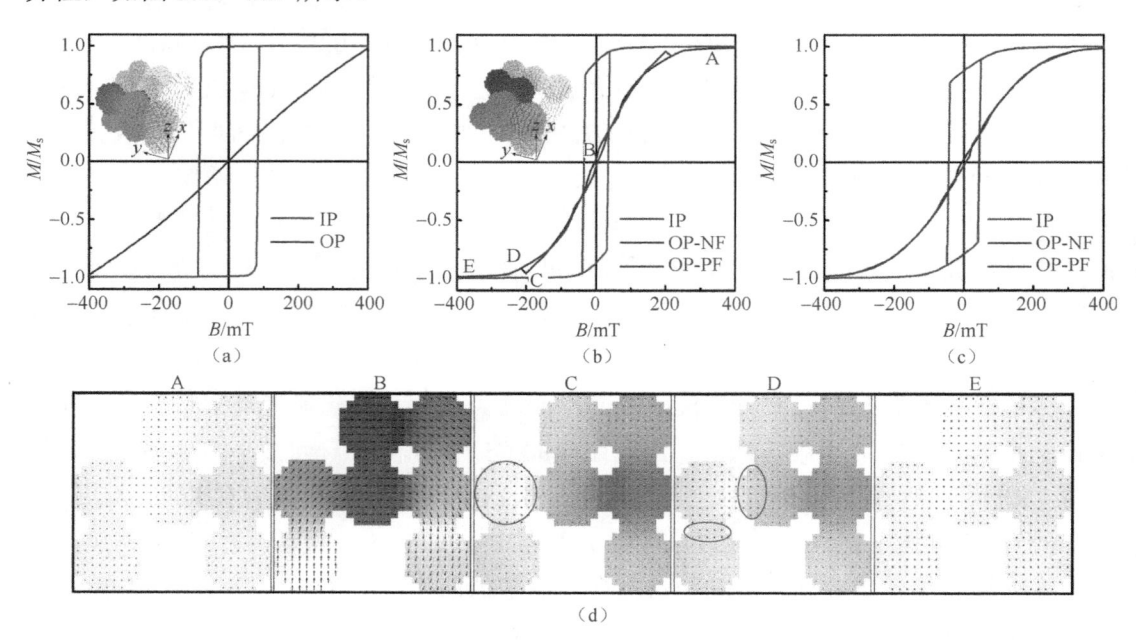

图 5.11 团簇组装 $Ni_{80}Fe_{20}$ 薄膜的微磁学模拟

（a）完整模型的 M-H 磁滞回线；（b）团簇尺寸为 9nm 薄膜的真实模型的 M-H 磁滞回线；
（c）团簇尺寸为 7nm 薄膜的真实模型的 M-H 磁滞回线；（d）9nm 的面外（OP）磁化配置

为了体现团簇组装薄膜疏松多孔的特点，需要在球阵模型上随机地删除 3 个颗粒，如图 5.11（b）中的插图所示。首先将修正后模型中的团簇尺寸设置为 9nm，然后将磁场分别施加于 x 轴和 z 轴，即可获得 IP 和 OP 方向上的 M-H 磁滞回线，如图 5.11（b）所示。可以发现模拟结果与实验结果[见图 5.10（c）]非常相似，这表明了模型的合理性。但应注意，模拟的 OP M-H 磁滞回线中存在磁化跳跃行为。之前的研究表明，磁化配置从不稳定态到稳定态的转变会在 M-H 磁滞回线中引起相似的跳跃，同时还会导致 FDMR 曲线出现向上跳跃行为[280]。这与前面分析 9.08nm 薄膜 OP 方向的 FDMR 曲线[见图 5.3（a）中 θ=90°]出现向上跳跃行为的机制非常一致，进一步确认了理论分析的准确性。

为了更好地理解整个磁化过程，在图 5.11（d）中展示了 OP 负场扫描（OP-NF）过程中整个模型的自旋结构变化（俯视图）。箭头表示自旋方向，深色/浅色背景表示磁化强度的散度（divergence）。系统在 A 点处于饱和状态，因此自旋方向与磁场方向一致，均指向 OP 向上（+z）。当磁场减小至 B 点（零场）时，系统处于自然状态，因此自旋会在 xy 平面（易磁化面）内形成回路。当磁场反向增加至接近 C 点时，只有圆圈中的自旋方向与 A 点相反，这种磁化配置一直维持到 C 点也没有再改变，如图 5.11（d）-C 所示。然而，随着磁场进一步增加至 D 点，团簇边界处的大量自旋会同时发生翻转，如图 5.11（d）-D 中的椭圆圈所示。最后，系统在 E 点处会再次达到饱和态，不过其磁化配置与 A 点完全相反。从 C 点到 D 点的跳跃对应于局域能量状态的快速转变。但是，实验测试结果却显示 OP M-H 磁滞回线不存在跳跃行为，如图 5.10（c）所示。这是因为测试结果只能显示薄膜整体的平均效应，从而无法反映局域磁化的改变，而微磁学模拟可以很好地解决这个问题。图 5.11（c）展示了团簇尺寸为 7nm 的 IP 和 OP M-H 磁滞回线，可以发现它们的形状与 7.16nm 薄膜的实验数据非常相似[见图 5.10（d）]。此外，与 9.08nm 薄膜相比，7.16nm 薄膜 IP 矫顽力的增加和 OP 回滞的减小都很好地体现在了模拟结果中，这也说明了模拟的合理性。由于 7nm 的模拟结果显示 OP M-H 磁滞回线没有跳跃行为，所以其内部不存在局域磁化的不连续翻转现象，这意味着 7.16nm 薄膜的 FDMR 曲线在 OP 方向的向下跳跃行为只能归因于畴壁的散射效应。因此，通过 OOMMF 模拟得到的跳跃行为的产生机理与实验分析完全一致，这再次证明了理论分析的准确性。

如果能在团簇薄膜中建立电流密度分布，那么就能够寻找到薄膜产生跳跃行为的潜在原因。更重要的是，这可能有利于其他系统设计跳跃行为。因此，本节将使用有限元仿真软件来模拟电流密度分布的情况。为了便于分析，采用了与微磁学模拟相同的模型[见图 5.11（d）]，施加与测试过程相同的 60μA 电流载荷。在 300K 和零磁场下测试得到的两个薄膜中任意一个的电阻率实验值都可以设置为模拟所需要的电阻率参数，这是因为该参数不会影响整体的电流分布趋势。模拟结果如图 5.12 所示，其中箭头代表每个位置的电流流动方向。由于每个团簇与周围团簇之间的纳米接触点数量不同,因此电流密度分布并不是很均匀,这很好地反映了薄膜中团簇的随机堆叠特性。团簇内部的电流密度较低,但是团簇之间的纳米接触点处却有很高的电流密度,这是因为后者的电流通道非常窄。有趣的是,微磁学模拟显示磁化的突然翻转也发生在相对孤立团簇的纳米接触点附近。因此,只有在这样独特的情况下,磁场才能诱导电阻发生非常显著的变化。先前的研究通过微纳加工制备极窄的纳米线来诱导 FDMR 曲线呈现电阻跳跃行为[281-282]。而团簇组装薄膜所具有的疏松多孔结构使其可以被视为一个三维导电网络,而且每个导电通道都有大量的纳米接触点。因此,极小尺寸团簇组装薄膜自身所拥有的受限空间特性是产生电阻跳跃行为最关键的因素。总的来说,通过 OOMMF 微磁学模拟和 ANSYS 有限元仿真,可以为确认团簇薄膜中电阻跳跃行为的机理提供良好的证据。

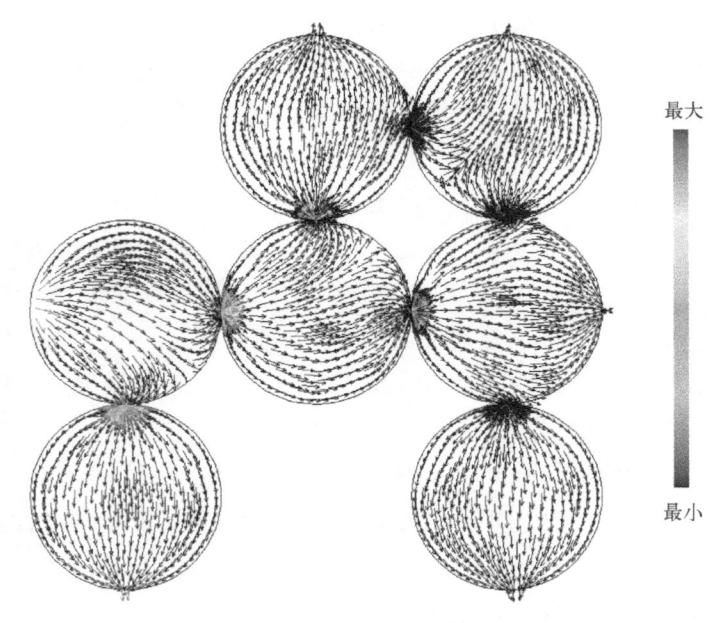

图 5.12 团簇组装 $Ni_{80}Fe_{20}$ 薄膜中电流密度的有限元分析

5.6 本章小结

磁敏角度传感器(MSAS)对于现代的测控系统非常重要,而 AMR 效应由于独特的角度敏感性为 MSAS 的性能优化提供了可能。本章通过 LECBD 技术制备了极小尺寸团簇组装 $Ni_{80}Fe_{20}$ 纳米结构薄膜。当沿垂直于薄膜的 z 轴施加磁场时,9.08nm 薄膜的 FDMR 曲线具有向上跳跃的行为;当磁场在 yz 平面内偏离 z 轴 0.2°时,原始的向上跳跃行为就会消失；而当磁场偏离 0.5°时，则会切换为向下跳跃。相反，当磁场沿着 7.16nm 薄膜的 z 轴施加时，FDMR 曲线具有向下跳跃的行为，而且其跳跃趋势切换现象发生在 xz 平面，但其拥有与 9.08nm 薄膜相同的角度敏感性。值得注意的是，角度偏离还伴随着显著的电阻开关效应。因此，团簇尺寸为 9.08nm 以下的 $Ni_{80}Fe_{20}$ 薄膜能够通过跳跃趋势的切换和电阻数值的突变来同时检测极小角度的偏离。理论分析表明，该特性源于传统 AMR 与 DWMR 效应之间主导地位的切换，两者分别对应于具有高阻态的向上跳跃和具有低阻态的向下跳跃。磁性分析表明，团簇组装 $Ni_{80}Fe_{20}$ 薄膜优异的小角敏感特性源于其出色的磁各向异性。单分散团簇的软着陆沉积方式使得团簇之间的接触区域非常小，这种先天性的受限空间效应为 MR 出现跳跃行为创造了良好的条件。最后，使用 OOMMF 微磁学模拟和 ANSYS 有限元仿真验证了理论分析的准确性。该研究工作为制备高灵敏的双感应磁敏倾角传感器提供了优秀的候选材料，更重要的是其极低的生产成本和简单的工艺流程有利于大量生产。

第 6 章

团簇组装 Ni$_{80}$Fe$_{20}$ 薄膜平面霍尔效应的尺寸调控

平面霍尔效应（PHE）源于自旋轨道耦合和自旋相关 s-d 散射引起各向异性之间的相互作用，磁畴状态的有效调控能够对其性能产生影响。然而由于多畴与单畴状态之间的切换尺寸范围较窄，难以区分不同磁畴状态对 PHE 的影响。本研究工作采用低能团簇束流沉积技术制备具有极窄团簇尺寸分布的 Ni$_{80}$Fe$_{20}$ 纳米结构合金薄膜，并利用其尺寸精确可控特点，实现了从多畴、双畴到单畴状态的演变。多畴状态薄膜的 PHE 表现出明显的回滞行为，但是单畴状态薄膜的 PHE 没有表现出回滞特征。磁畴状态的转换也显著影响了磁场和角度依赖的 PHE 幅值，这主要源于畴壁的钉扎和退钉扎行为对电子散射的影响。该研究工作展示了磁畴状态的切换对 PHE 的调控能力，有助于对其机制和相关应用的研究。

6.1 引言

PHE 表征的是同一平面内横向电压对磁场和纵向电流的响应。从唯象的角度看，PHE 中的横向电压强烈依赖于磁化强度与电流密度的相对角度，这一特点与各向异性磁电阻（AMR）中的纵向电压响应类似[283]。同时，PHE 还具有与反常霍尔效应（AHE）相同的检测微小磁杂散场的能力[146]。也就是说，PHE 兼具了 AMR 和 AHE 的优点，对磁场方向和强度都极对敏感，这对开发基于 PHE 的低噪声、低功耗磁阻传感器非常有利[284-285]。

迄今为止，对 PHE 的研究主要集中在通过材料成分调节、表面改性和几何形状设计来改善其响应时间、稳定性、磁场响应线性和灵敏度等特性上[149, 151, 285-286]。事实上，由于 PHE 源于自旋轨道耦合和自旋相关 s-d 散射引起各向异性之间的相互作用[287]，基于磁畴状态演变的调控方法有望引起 PHE 的本征变化。尤其是在纳米颗粒组装薄膜材料中，因为其对磁畴结构非常敏感，所以有可能在其中观测到磁畴对 PHE 的调制作用。然而，很少有研究关注基于多畴（MD）和单畴（SD）的状态切换来调控 PHE，因为常规的溅射镀膜方法很难实现纳米颗粒组装薄膜的精准完美制备[285]。由于多畴与单畴状态之间的过渡尺寸范围较窄，纳米颗粒薄膜内较宽的尺寸分布不仅无法实现两者之间的精准转变，而且会使两种磁畴状态之间相互干扰。因此说尺寸范围分布较窄的纳米颗粒组装薄膜是实现基于磁畴状态调控 PHE 的必要条件。

低能团簇束流沉积（LECBD）采用超低能量软着陆沉积方式，可以确保球形团簇颗粒的形状稳定性。喷嘴和分离器的设计保证了团簇的极窄尺寸分布；可灵活调节的沉积距离（L）保证了团簇尺寸在较大范围内的精准可控[233]。基于 LECBD 技术，我们制备了团簇尺寸分布较窄的纳米结构 $Ni_{80}Fe_{20}$ 合金薄膜，从而实现了磁畴状态从单畴至多畴的切换，并根据微磁学模拟和磁性分析确认了单畴状态的临界尺寸。多畴薄膜（19nm）的磁场依赖 PHE 曲线在低温下表现出非常显著的角度依赖磁滞行为。有趣的是，磁滞行为随着温度升高而消失。然而，对于单畴薄膜（12nm），PHE 的磁滞行为在整个温度范围内并未出现。因此，这种有趣的行为被认为是源于畴壁（DW）的钉扎和退钉扎效应。此外，多畴薄膜的 PHE 对磁场强度较为敏感，但对磁场角度不敏感，而单畴薄膜表现出完全相反的磁场强度和角度依赖行为。PHE 的磁场强度和角度依赖行为与 AMR 是一致的，从而验证了实验结果和理论分析的正确性。

6.2 团簇组装 $Ni_{80}Fe_{20}$ 薄膜的制备及微结构

6.2.1 制备与性能表征手段

本研究工作利用 LECBD 技术制备团簇组装的 $Ni_{80}Fe_{20}$ 薄膜。溅射气体（Ar）的压强为 75Pa，功率为 50W。利用多级真空泵系统，溅射腔室、筛选腔室、沉积腔室的压强逐步降低，本底真空为 $4×10^{-5}$Pa。因此，团簇将在压差作用下通过一个喷嘴和两个分离器后，形成一束准直均匀的束流，最终沉积在 Si-SiO_2 衬底上。此套沉积系统允许通过改变沉积距离来调整团簇尺寸（d）。高分辨透射电子显微镜（HR-TEM, FEI F20）和扫描电子显微镜（FE-SEM, Hitachi SU4800）被用于研究团簇薄膜的微观结构和形貌。为了获得清晰的 HR-TEM 图像，需要将团簇沉积在超薄碳膜上（膜厚 3~5nm，200 目铜网），溅射时间控制在 2min 以内，从而避免团簇的聚集生长。沉积在 Si-SiO_2 衬底上的团簇薄膜可用于 FE-SEM 表征。由于 $Ni_{80}Fe_{20}$ 团簇组装薄膜的良好导电性，所以在其表面无须喷金，从而保证了结果的真实性和准确性。测试过程中，HR-TEM 和 FE-SEM 的加速电压分别为 200 kV 和 10 kV。利用综合物性测量系统（PPMS-9T，QD）对薄膜的磁性和输运性质进行表征。沉积在 Si-SiO_2 衬底上的团簇组装薄膜可用于磁性测试，但应将样品切割成合适的尺寸（0.5cm×0.3cm），以便安装到石英杆上。电学输运测量应使用引线键合机进行电路连接，以保证良好的电学接触。

6.2.2 微结构分析

图 6.1（a）～（c）分别显示了沉积距离为 537、550、572mm 时，制备的单分散 $Ni_{80}Fe_{20}$ 合金团簇的 HR-TEM 图像，其中的 $Ni_{80}Fe_{20}$ 合金团簇未铺满单层。图 6.1（a）～（c）的插图所示为由 Nano Measure 软件进行统计学测量的团簇尺寸分布[288]。结果表明，团簇的平均尺寸分别为 4、5、6nm，标准差分别低至 0.5、0.6、1.0nm。10 meV/atom 的沉积能量远低于团簇中的原子结合能，从而确保了团簇形状和尺寸的一致性[31, 233]。图 6.1（d）～（f）显示晶面间距为 0.2028nm，与 $Ni_{80}Fe_{20}$ 合金的 (111) 面一致。图 6.1（g）所示为团簇组装薄膜的能量色散 X 射线能谱（energy-dispersive X-ray spectroscopy，EDS），因此可以判断，团簇的成分与溅射靶材几乎相同，且不随团簇尺寸的变化而变化。

图 6.1（h）所示为团簇组装薄膜的横截面 SEM 图像，呈现出疏松多孔的特征，体现出 LECBD 技术软着陆的沉积特点。图 6.1（i）～（k）所示为不同沉积距离所生长 $Ni_{80}Fe_{20}$ 薄膜的表面 SEM 图像，可以看出所有的薄膜都是由球形团簇组装而成的，团簇平均尺寸分别为 12、16、19nm，标准差分别为 1、2、2nm。最重要的是，所有薄膜中超过 42% 的团簇处于平均尺寸范围内，从而保证了单个薄膜中的磁畴状态是一致的，避免了常规薄膜中不同磁畴状态之间的干扰。需要说明的是，TEM 和 SEM 图像中的团簇尺寸是不同的，这归因于团簇表现出的聚集行为。TEM 图像显示单分散纳米团簇是彼此孤立的，没有团聚现象。在 SEM 图像中，大量的纳米团簇更容易聚集成较大尺寸的团簇。在我们前期的工作中也存在类似的现象，不过团簇的聚集行为不影响其本征性质。总之，对 LECBD 系统而言，其具有的超低能量下的随机堆积特性，是生长具有极窄团簇尺寸分布纳米颗粒薄膜的关键。

6.3 微磁学模拟及磁性分析

本研究工作采用基于 LLG 方程的 OOMMF 软件来预测 $Ni_{80}Fe_{20}$ 合金团簇尺寸对磁畴状态的影响。图 6.2（a）模拟了尺寸为 11～19nm 的球形团簇的磁滞回线，可以看出矫顽场（H_c）随着尺寸的减小先增大后减小，最大值出现在 16nm 处，因此可以判断出多畴与单畴状态的临界尺寸为 16nm。

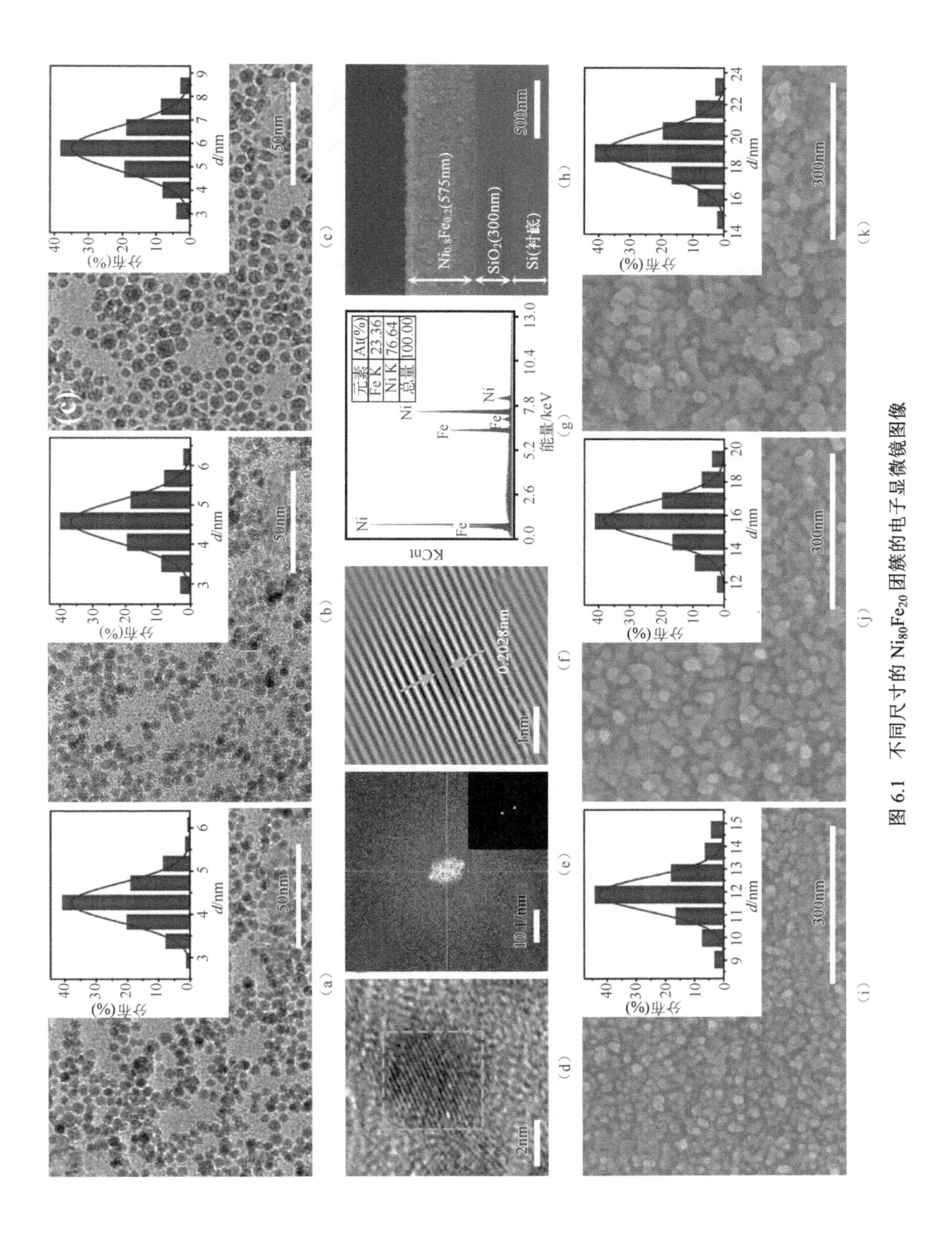

第 6 章　团簇组装 Ni$_{80}$Fe$_{20}$ 薄膜平面霍尔效应的尺寸调控

图 6.1　不同尺寸的 Ni$_{80}$Fe$_{20}$ 团簇的电子显微镜图像

团簇组装薄膜的磁电输运性质及应用

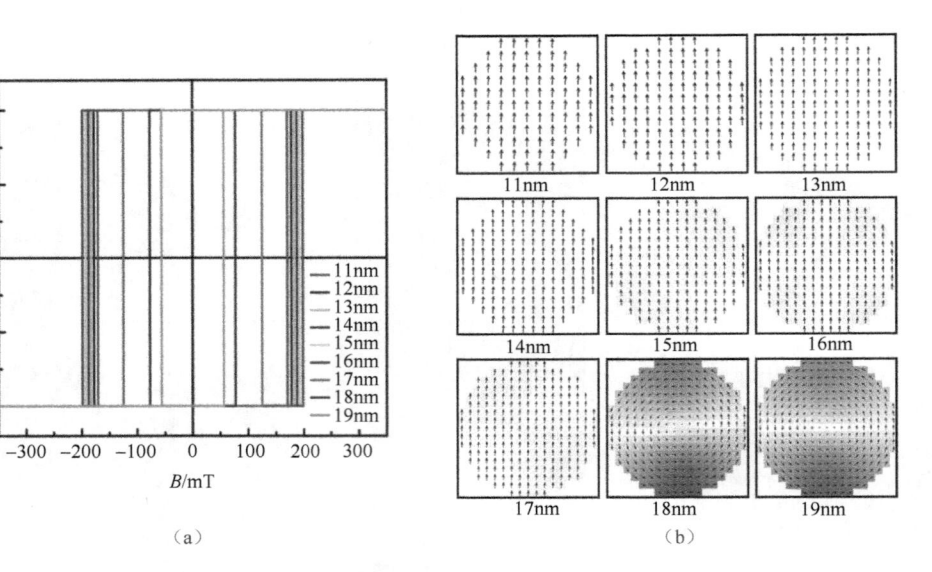

图 6.2　不同尺寸的 $Ni_{80}Fe_{20}$ 团簇的微磁学模拟

(a) M-H 磁滞回线；(b) 磁畴状态

自旋结构的变化是磁畴状态转变最直接的证据[255-256, 289]。图 6.2 (b) 给出了所有 $Ni_{80}Fe_{20}$ 合金团簇的内部磁畴状态。当团簇尺寸小于 14nm 时，团簇内部自旋方向一致，背景色为白色，代表处于单畴状态；然而当尺寸增加到 15～17nm 范围时，自旋取向开始出现差异，且这种差异越来越明显。因此自旋方向不一致引起的颜色差异出现在 15～17nm 的磁畴示意图中，这意味着在这些尺寸的团簇内部，多畴和单畴是共存的。当团簇尺寸大于 18nm 时，自旋分布转变为涡旋状，呈现多畴状态。通过微磁学模拟结果可以确定，团簇尺寸大于 18nm 和小于 14nm 分别对应多畴态和单畴态，15～17nm 为双畴（BD）态。以微磁学模拟结果为前提，我们利用 LECBD 技术中团簇尺寸精准可控的特点，制备了具有这三种磁畴状态的团簇组装 $Ni_{80}Fe_{20}$ 薄膜。

基于所生长 $Ni_{80}Fe_{20}$ 薄膜的磁学性质，可以进一步证明其磁畴状态及本征特性。图 6.3 (a) ～ (c) 展示了三类不同磁畴状态下 $Ni_{80}Fe_{20}$ 薄膜的零场冷却（ZFC）和加场冷却（FC）曲线，可以看出三类薄膜的 ZFC-FC 曲线在 310K 时并不重合，磁化强度也没有急剧下降，这表明它们的居里温度（T_c）都在室温以上。注意，d = 19nm 的薄膜在 100K 以下出现了明显的分叉行为，即 ZFC 与 FC 曲线的趋势是相反的，对 d = 16nm 的薄膜而言，这种行为出现在 50K 以下，但是 d = 12nm 的薄膜并未表现出此种行为。一般来说，以下因素会导致 ZFC-FC 曲线出现明显的分叉行为：一是铁磁与反铁磁竞争引起的自旋-团簇玻璃态，此时 ZFC 曲线存在一个称之为凝固温度（T_f）的峰值临界点，而 FC 曲线在 T_f 以下几乎保持不变[247]；二是存在于单畴颗粒薄膜中的超顺磁态，其表现为 ZFC 曲线存在一个称之为阻挡温度（T_b）的峰值临界点，而 FC 曲线在 T_b 以下继续升高[248]；三是复杂合金体系或稀土锰氧化物的相分离行为会导致 ZFC 曲线存在一个峰值临界温度[246, 290]。显然，由于我们的薄膜样品中没有观察到峰值临界温度，所以可以排除这三种情况。因此，ZFC-FC 曲线的分岔行为是由畴壁的钉扎效应引起的[251]。具体来说，铁磁性薄膜的 ZFC-FC 曲线在低温下分岔，随着温度的升高，由于退钉扎效应，ZFC-FC 曲线迅速接近。

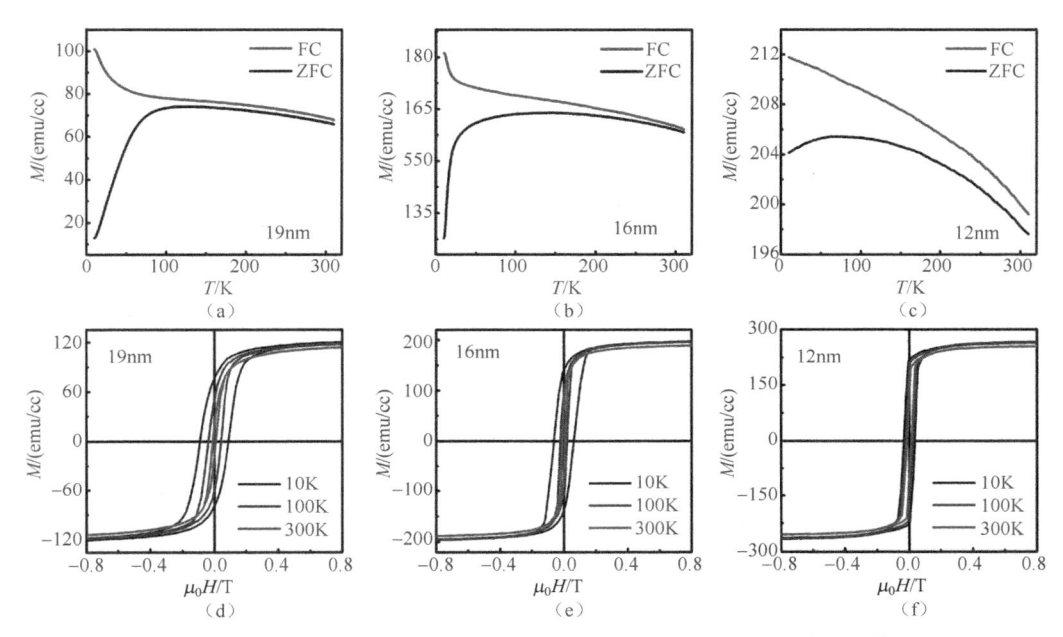

图 6.3　不同团簇尺寸的 ZFC-FC 曲线（500 Oe）和 M-H 磁滞回线

畴壁的钉扎效应会抑制薄膜中的自旋随磁场翻转，所以其强度与矫顽场成正比。图 6.3（d）～（f）所示为团簇尺寸分别是 19、16、12nm 的薄膜的面内磁滞回线，可以看出，d = 19nm 的薄膜在 10K 时表现出非常明显的回滞行为和 907 Oe 的较大矫顽场，随着温度升高到 300K，由于钉扎效应的减弱，矫顽场降至 93 Oe。虽然 d = 16nm 的薄膜也存在类似的行为，但矫顽场的变化范围减小到 530 Oe。对于团簇尺寸为 12nm 的薄膜，温度从 10K 到 300K 的大幅变化只引起矫顽场减小了 205 Oe。这种趋势表明，随着团簇尺寸的减小，磁畴的钉扎效应是逐渐减弱的。众所周知，畴壁的钉扎行为往往存在于多畴状态的薄膜中，而在单畴状态下则完全消失。因此，从磁学性质的表征结果来看，团簇尺寸的调节对应着磁畴状态的演变，19nm 和 12nm 薄膜分别属于多畴状态和单畴状态，16nm 薄膜处于过渡状态。此实验数据的结果与微磁学模拟是基本一致的，这更加充分证明了团簇尺寸决定了薄膜的磁畴状态。

6.4　平面霍尔效应的尺寸调控

为了表征 PHE 和 AMR，需要在样品的 xy 平面上以不同角度施加磁场，然后测量横向电压和纵向电压以获得平面霍尔电阻率（ρ_{xy}）和各向异性磁电阻率（ρ_{xx}）。ρ_{xx} 和 ρ_{xy} 具有以下表达式[287]：

$$\rho_{xx} = \rho_\perp + (\rho_\parallel - \rho_\perp)\cos^2\varphi \tag{6.1}$$

$$\rho_{xy} = \frac{1}{2}(\rho_\parallel - \rho_\perp)\sin 2\varphi \tag{6.2}$$

式中，$\rho_\parallel$ 和 $\rho_\perp$ 分别为平行电阻率和垂直电阻率，φ 为磁化强度 M 与电流密度 J 之间的夹角。图 6.4 给出了 NiFe 薄膜在不同团簇尺寸和温度下，ρ_{xy} 随磁场角度的变化情况，θ 表示磁场与电流密度之间的夹角。结果表明，θ-ρ_{xy} 曲线的周期为 180°，ρ_{xy} 分别在 45° 和 135° 处达到最大值和最小值。同时，当外加磁场高于饱和磁场时（即 $\varphi \approx \theta$），式（6.2）可以很好地拟合 θ-ρ_{xy} 曲线，表明了实验结果的准确性。

对于铁磁体来说，$\rho_\parallel$ 大于 $\rho_\perp$[259]，磁场强度的增加将进一步加大两者之间的差异，从而增大了 ρ_{xy} 变化的幅值。由于多畴薄膜的磁滞回线饱和磁场较大，所以 0.08T 与 0.2T 下的 θ-ρ_{xy} 曲线差异较为明显，如图 6.4（a）～（c）所示。相反，单畴薄膜的饱和磁场较小，所以图 6.4（g）～（i）显示这两条曲线是比较接近的。毫无疑问，双畴薄膜介于多畴薄膜与单畴薄膜之间，如图 6.4（d）～（f）所示。另外，对于所有薄膜而言，$B = 0.2T$ 时的 θ-ρ_{xx} 曲线几乎与 0.5T 时的曲线重合。因此，角度依赖的 ρ_{xy} 曲线与磁滞回线所体现的磁畴状态是一致的。

图 6.5 所示为不同团簇尺寸的 θ-ρ_{xx} 曲线，用式（6.1）能很好地对其进行拟合。由于多晶 $Ni_{80}Fe_{20}$ 材料中存在随机取向的晶粒，磁晶各向异性被平均化，使得 θ-ρ_{xx} 曲线表现出二重对称性。由于测试时磁场和电流是平行于薄膜施加的，因此此处的磁电阻可以定义为面内各向异性磁电阻（in-plane AMR，IP-AMR）。结果表明，所有 NiFe 薄膜在 0° 处的电阻率（$\rho_\parallel$）均高于 90° 处的电阻率（$\rho_\perp$），这与其他关于 IP-AMR 的报道相同[116]。同时，对于所有 $Ni_{80}Fe_{20}$ 薄膜，0° 和 90° 之间的电阻率差值都会随着磁场的增大而增大，这与 PHE 幅值随磁场增强而提高的理论分析是契合的。可以发现，在 300K 条件下，多畴薄膜、双畴薄膜、单畴薄膜的近零磁场电阻率 ρ_{xx} 分别为 253.3、395.9、644.3μΩ·cm。与传统方法制备的如 FeCo（约 9μΩ·cm）和 Co（约 26μΩ·cm）薄膜相比较，此处团簇组装铁磁性薄膜的电阻率是非常高的[116, 259]。究其原因，用 LECBD 技术生长的薄膜，团簇间是以点接触的方式相连接的，而非传统的大面积接触，这使得薄膜中电子传导路径少，导致电阻率偏高。随着团簇尺寸的减小，多畴薄膜和单畴薄膜的电阻率迅速增加，这要归因于表面散射效应的增强。统计表明，较高的 ρ_{xx} 往往会伴随有较大的 PHE，如图 6.5 所示，单畴薄膜的 ρ_{xx} 确实比多畴薄膜的更大。因此，可以确定表面散射效应是影响 PHE 强度的一个重要因素。

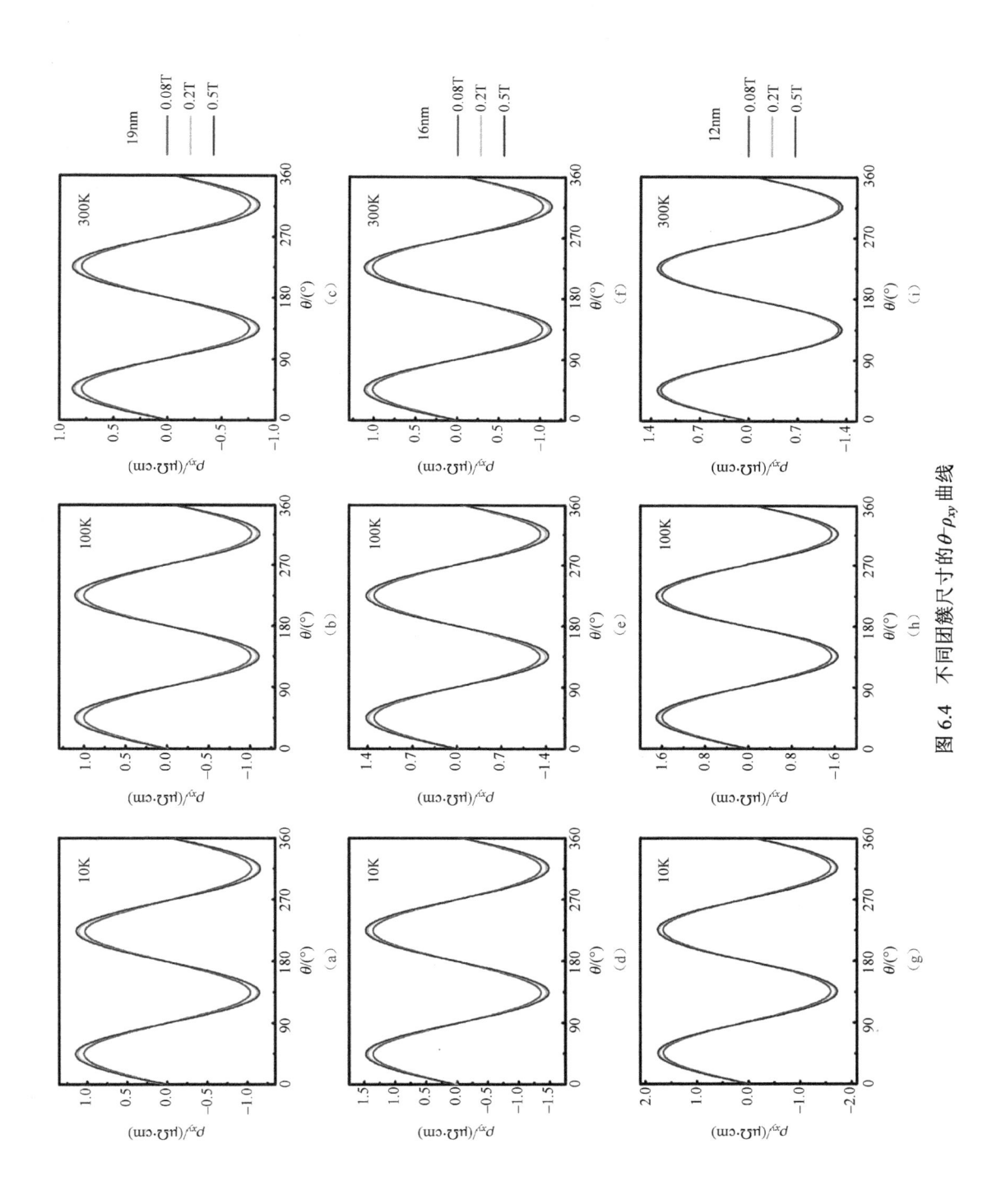

图 6.4 不同团簇尺寸的 θ-ρ_{xy} 曲线

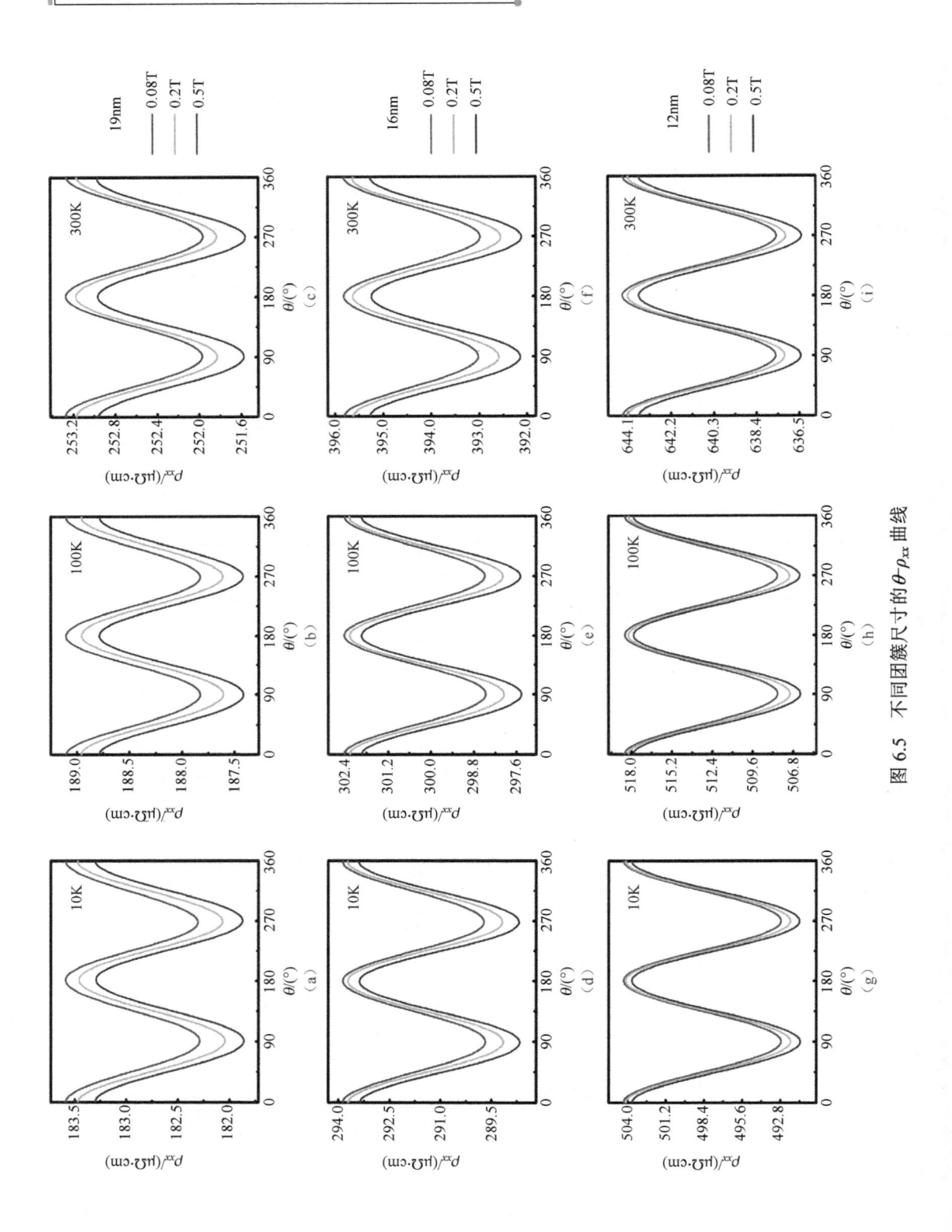

图 6.5 不同团簇尺寸的 $\theta\text{-}\rho_{xx}$ 曲线

图 6.6 显示了所有薄膜在 10、100、300K 典型温度条件下，ρ_{xy} 随磁场的变化情况。需要说明的是，为了更直观地展示 PHE 受磁畴状态和施加磁场角度的影响，原始数据中重叠的曲线被平移，考虑到数据初始值已经改变，我们在图中并未展示纵坐标值。如图 6.6（a）所示，对于多畴薄膜（d =19nm），在 10K 下表现出非常明显的磁滞行为。有趣的是，这个磁滞行为对角度 θ 也非常敏感，在 0° 时，PHE 表现出回线行为，而随着角度改变，逐渐转变为蝶线行为。在由正磁场至负磁场和由负磁场至正磁场的过程中，ρ_{xy} 曲线在饱和磁场以上相互重叠。因此可以确认，PHE 曲线是两种过程的叠加，一是可逆磁化反转引起的电阻率连续变化，二是不可逆磁化反转引起的电阻率非连续磁滞行为。注意，磁阻回线的峰值并不与磁滞回线的矫顽场相对应，这表明畴壁钉扎不仅影响自旋旋转，而且改变了自由电子的散射机制。

PHE 的机理主要建立在 s-d 散射二流体模型上[291]。自旋向上和自旋向下的传导电子共同参与导电，并表现出自旋轨道相互作用。在低磁场条件下，由于钉扎效应的存在，自旋不会转向局域易轴，因此随机取向的自旋会使电子无序散射，导致额外的不可逆磁阻，即 ρ_{xy} 的磁滞现象。也就是说，虽然多畴薄膜的磁化反转是以畴壁位移的形式实现的，但是钉扎效应的存在会阻碍畴壁位移，从而对电子产生额外的散射效应。而当磁场角度变化时，尽管磁滞形状发生变化，临界翻转磁场几乎不变，这与非均匀反转模型预测的临界翻转磁场随角度增大而增大是不同的[292]。因此说，畴壁钉扎效应是非常复杂的，它能够显著地调控磁化反转过程，并在不同的体系中表现出不同的特性。如图 6.6（d）所示，对于双畴薄膜（d = 16nm），在 10K 时 PHE 曲线的磁滞行为已经有所减弱。而对于单畴薄膜（d = 12nm），这种行为在 10K 时完全消失[见图 6.6（g）]。这意味着在单畴薄膜中，即使在低磁场条件下，内部自旋也可以随时转向局域易轴方向，此时钉扎效应诱导自旋随机排列所造成的无序散射消失，因此不会贡献额外的电阻率。

此外，通过比较不同温度下电学输运测试的结果，还可以观察到 PHE 曲线中磁滞现象的出现和消失。对于多畴薄膜，当温度升高 100K 时，PHE 曲线的磁滞行为略有减弱[见图 6.6（b）]，而在 300K 时几乎消失[见图 6.6（c）]。这说明随着温度升高，热能将逐渐增加到足以克服畴壁钉扎能的程度，因此自旋将沿磁场方向排列，无序散射消失。同样，温度也影响了双畴薄膜的 PHE[见图 6.6（d）～（f）]。然而，对于单畴薄膜[见图 6.6（g）～（i）]，由于不存在畴壁钉扎效应，PHE 曲线的形状并未随温度的升高而改变。

如前所述，既然 PHE 与 AMR 在理论上同出一源，可以推断，畴壁的钉扎效应和退钉扎效应对 AMR 同样有显著的影响。为了进一步验证实验和理论的准确性，图 6.7 展示了所有薄膜在 10、100、300K 条件下，磁场依赖的 AMR 结果。多畴薄膜的 AMR[见图 6.7（a）]在 10K 时有非常明显的磁滞现象，但这种行为在双畴薄膜中有所减弱[见图 6.7（d）]，在单畴薄膜中完全消失[见图 6.7（g）]。同时，多畴薄膜[见图 6.7（a）～（c）]和双畴薄膜[见图 6.7（d）～（f）]的磁滞行为随着温度的升高而逐渐消失。可以看出，AMR 曲线的磁滞行为对团簇尺寸和温度的依赖行为与 PHE 一致，证明了这种行为的出现和消失确实源于畴壁钉扎和退钉扎效应。

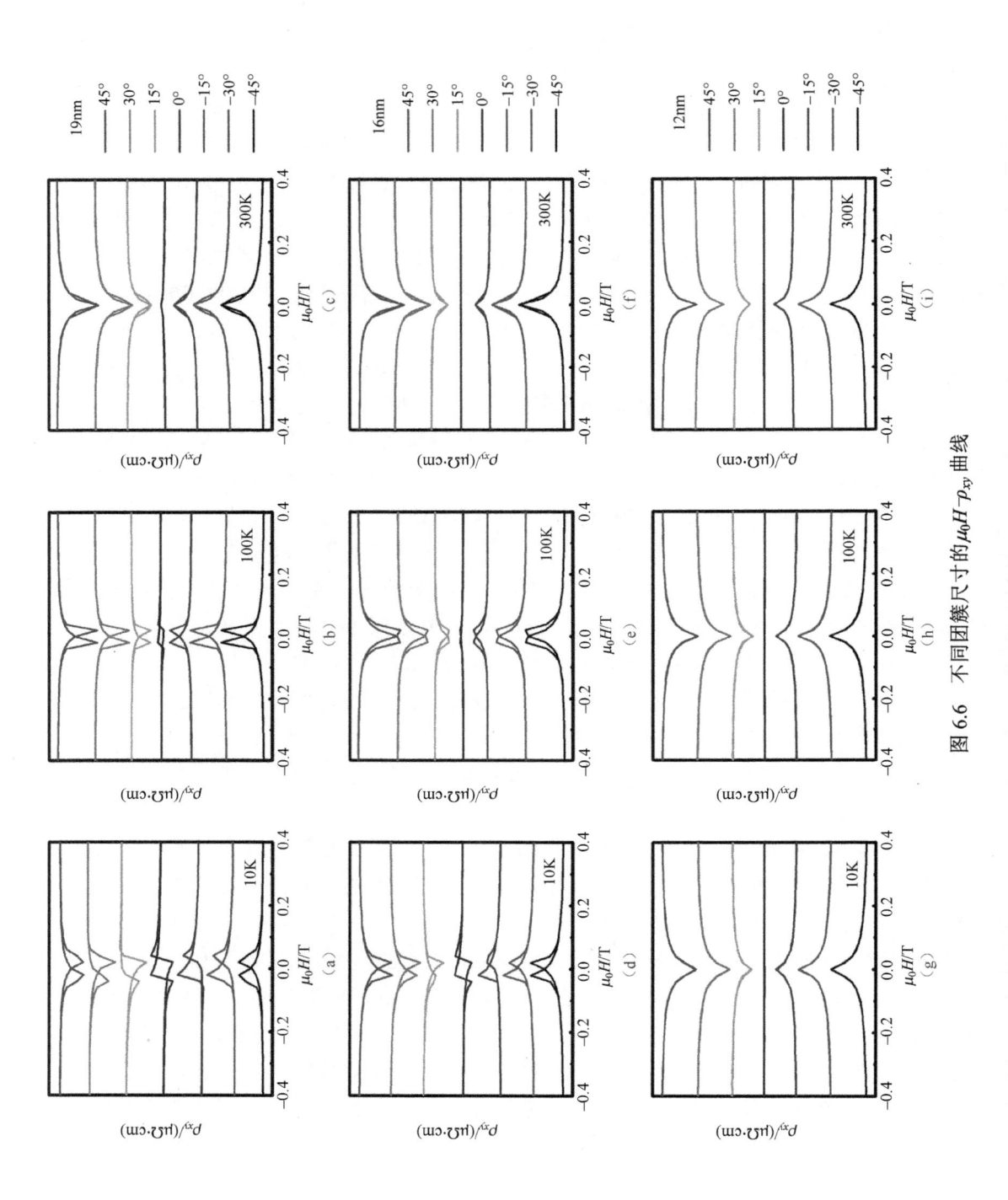

图 6.6 不同团簇尺寸的 μ_0H-ρ_{xy} 曲线

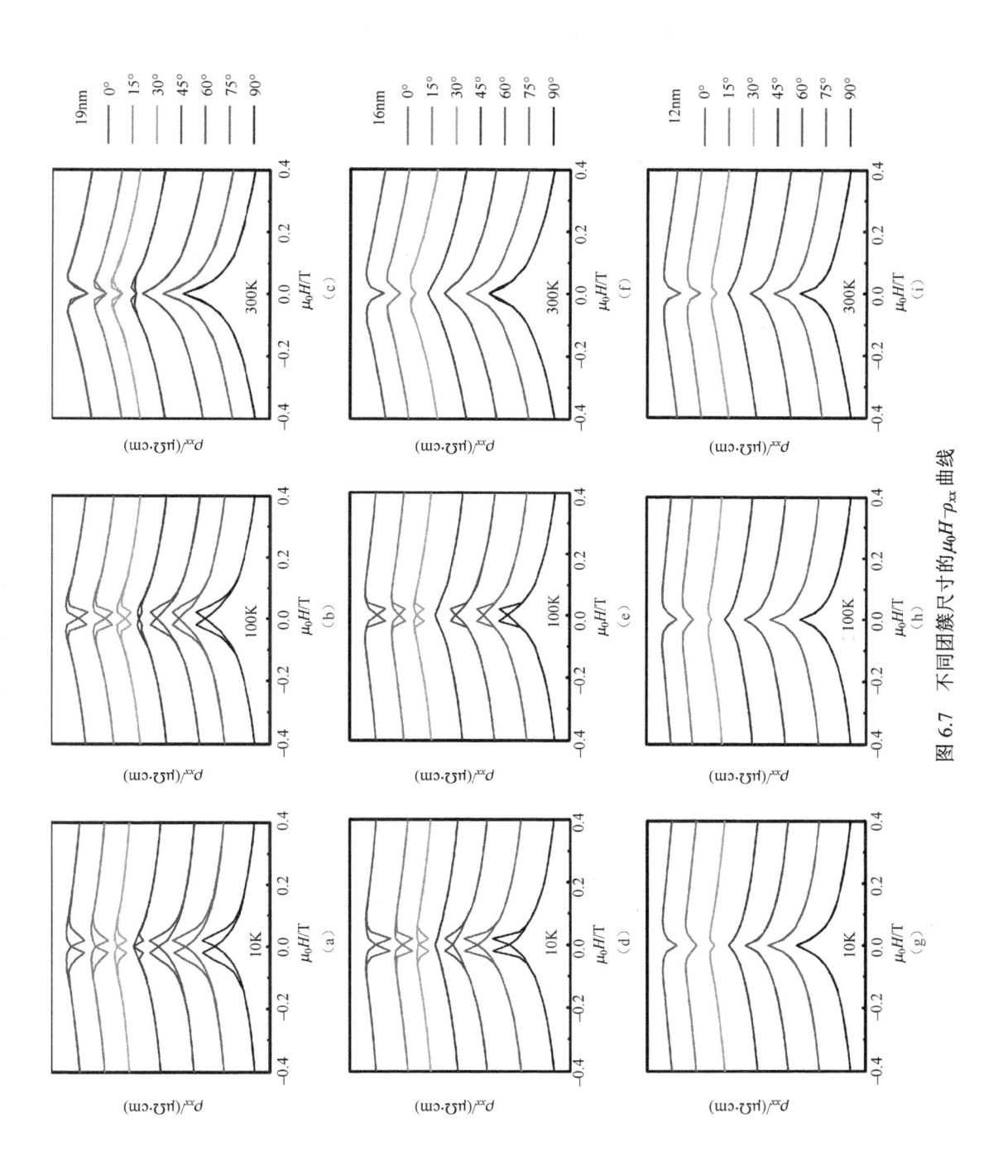

图 6.7 不同团簇尺寸的 $\mu_0 H$-ρ_{xx} 曲线

注意，在饱和磁场以上，电阻率并不是一成不变的，而是随着磁场的增大持续减小，这一点与 PHE 的情况是不同的。这一现象来源于纵向电阻中的磁子磁阻（magnon magnetoresistance，MMR），其表现为电阻随磁场的增加而线性减小[293]。另外，磁振子数量随温度的升高是不断增加的，所以 MMR 的影响也是更加明显。因此，300K 时饱和磁场下的磁阻线性非饱和行为比 10K 下是更明显的。这种由 MMR 引起的行为是 AMR 的特点之一，与磁畴状态无关。至此，我们可以得出结论，如果一种现象是由磁畴状态的变化引起的，那么这种现象会同时反映在 PHE 和 AMR 中，而不会仅在一种效应中观测到。

磁畴状态的转变不仅改变了 PHE 曲线的形状，而且对其幅值 $\Delta\rho_{xy}$ 也有明显的影响，图 6.8（a）和（b）分别展示了多畴薄膜磁场和角度依赖的 $\Delta\rho_{xy}$，图 6.8（c）展示了 10K 条件下，磁场和角度依赖的 $\Delta\rho_{xy}$ 随团簇尺寸的变化趋势。多畴薄膜具有最大的磁场依赖 $\Delta\rho_{xy}$ 值，但随着磁畴状态逐渐切换到单畴态，$\Delta\rho_{xy}$ 逐渐减小，如图 6.8（c）所示（左侧纵坐标）。由于畴壁钉扎位置的哈密顿量不具有纯自旋本征态[294]，杂质势能会将电子从一个本征态散射到另一个本征态，从而二流体模型的两个导电通道不再相互独立，使 ρ_{xy} 增加。随着磁场的增加，钉扎行为受到抑制，二流体模型的短路效应重新起主导作用，导致 ρ_{xy} 显著下降。与之相反，单畴薄膜中不存在此过程。也就是说，由于畴壁钉扎位置磁化扭转引起的波函数修正导致的附加电阻，使得多畴薄膜表现出显著的磁场依赖 $\Delta\rho_{xy}$。然而，随着磁畴状态从多畴态切换到单畴态，角度依赖的 $\Delta\rho_{xy}$ 表现出逐渐增加的趋势，如图 6.8（c）所示（右侧纵坐标轴）。与之相反，对于多畴薄膜，如图 6.4（a）～（c）所示，温度升高导致的钉扎状态切换到退钉扎状态，$\Delta\rho_{xy}$ 呈现出相反的趋势。因此说，角度依赖的 $\Delta\rho_{xy}$ 与畴壁退钉扎效应并不直接相关，而是与单畴态和多畴态的特征有关，因为畴壁钉扎效应在薄膜中是随机存在的。当团簇处于单畴态时，内部自旋的一致旋转可以维持二流体模型中传导电子的最佳通道，从而确保了 PHE 的最大变化幅值。从宏观角度看，单畴薄膜的面内磁各向异性和饱和磁化强度明显强于多畴薄膜，因此相应的角度依赖 PHE 也必然更加显著。同样，图 6.5 也表明随着磁畴状态从多畴态过渡到单畴态，角度依赖的各向异性磁电阻变化幅度大大增加，与 PHE 的变化趋势完全一致，进一步验证了以上结论的准确性。

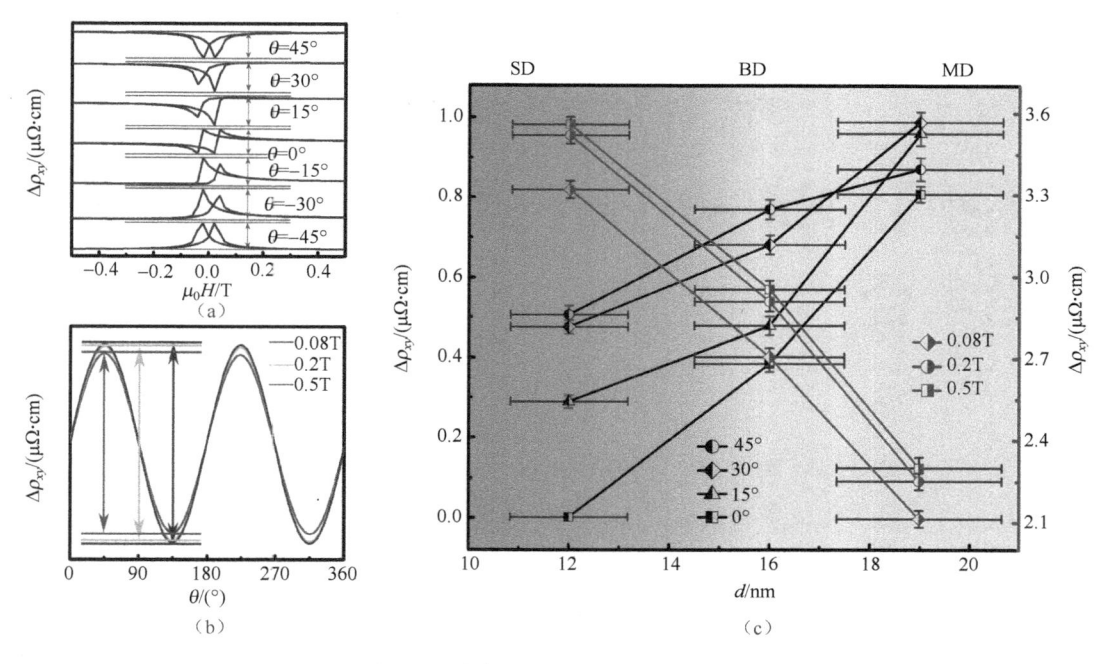

图 6.8 磁畴状态对 PHE 幅值的影响

（a）不同角度下磁场强度依赖的 $\Delta\rho_{xy}$；（b）不同磁场强度下角度依赖的 $\Delta\rho_{xy}$；（c）不同团簇尺寸下磁场依赖和角度依赖的 $\Delta\rho_{xy}$，右侧浅色背景区域和左侧深色背景区域分别表示多畴态和单畴态，中间的过渡区为双畴态

6.5 本章小结

综上所述，本研究工作基于微磁学模拟的预测结果，并利用 LECBD 技术的团簇尺寸精确可控特点，制备了具有多畴态、双畴态、单畴态的团簇组装 $Ni_{80}Fe_{20}$ 合金薄膜。多畴态和单畴态之间的切换不仅对 PHE 曲线的磁滞行为起到了调控作用，而且通过本身的畴壁钉扎和退钉扎行为，对磁场和角度依赖的 $\Delta\rho_{xy}$ 产生了影响。通过对 AMR 的系统研究，本研究工作验证了实验与理论结果的准确性。本研究工作通过控制磁畴状态，对 PHE 进行了有效调控，揭示了不同磁畴下 PHE 曲线的形状和幅值变化的物理起源，为 PHE 传感器的设计提供了重要思路。

第 7 章

团簇组装 NiFe/PVDF 柔性复合结构中的磁电耦合

柔性磁电器件是先进器件的关键类型之一，但制作工艺复杂，灵敏度低，阻碍了其实际应用。本研究工作以聚偏氟乙烯为衬底，采用团簇-超音速膨胀法制备柔性 NiFe 各向异性磁弹复合材料。在室温下，NiFe/PVDF 复合材料具有灵敏的角度分辨磁电耦合系数，可达 0.66μV/(°)。此种复合材料的强各向异性磁弹现象与短程有序团簇结构有密切关联。各向异性磁弹系数可以由温度和磁场强度依赖的 AMR 推导得到。磁扭矩结果也证明了磁弹性能具有较强的各向异性。压电效应和各向异性磁致伸缩效应的耦合为柔性电子罗盘的发展提供了可供参考的思路。这些研究结果揭示了未来通过可穿戴电子设备对重要生物健康指标进行非侵入式检测的应用前景。

7.1 引言

用角度依赖磁电耦合器件，易于实现电子皮肤、智能化、健康监测和弱场检测等功能的集成化，所以近年来此研究方向受到广泛关注[295-296]。然而，具有较强杨氏模量的压电层压制了磁电复合材料的各向异性形变和磁弹耦合性能。因此，较硬的衬底材料已经不再适用于此类应用。在过去的数十年间，尽管人们已经对能够像纸张一样折叠的磁电复合材料进行了大量研究，但到目前为止，仍存在很多悬而未决的问题[297]。将 $Sr_3Al_2O_6$ 牺牲层浸没在去离子水中溶解，然后得到二维杂化复合材料，引领了相应体系的研究[298-299]。然而，复杂的工艺和极端的生长条件限制了它的应用开发。柔性聚偏氟乙烯（polyvinylidene fluoride，PVDF）是一种压电高分子材料，也是磁电复合材料中重要的压电元件候选材料[296, 300]。磁性金属的磁各向异性和塑性变形可以通过外部应力来调节，因为在机械变形过程中，电子组分之间的自由转移不会显著改变费米能级[301]。然而，在一般的生长方法中，如激光烧蚀和磁控溅射技术，在衬底上沉积了具有高负载能量的微粒，从而产生了显著的内应力，对磁弹性各向异性产生了不利影响。团簇组装复合材料因其独特的结构相容性和稳定性而受到越来越多的关注[31, 197]。此外，基于团簇组装复合材料还可以研究其他各种与磁各向异性有关的现象和器件，但其起源超出了晶体多晶对称性的理论范畴[302-305]。因此，明确其起源并进一步获得高强度磁弹各向异性，不仅对基础磁学，而且对柔性磁电复合材料的设计都具有重要意义。

本研究工作通过在 PVDF 衬底上制备 NiFe 团簇薄膜，获得了高性能柔性磁电复合材料，其高灵敏度的磁电效应有助于厘清其来源。图 7.1 显示了该器件的光学照片，可以看出该器件具有良好的柔韧性。此外，复合材料具有超高的角度灵敏性，其精度接近 0.66μV/(°)。优越的柔性压电性能和强各向异性磁致伸缩极大地促进了角度分辨磁电耦合的实现。本研究工作展示了一种创新的柔性磁电复合材料制备方法，有助于无缝可穿戴设备的应用。

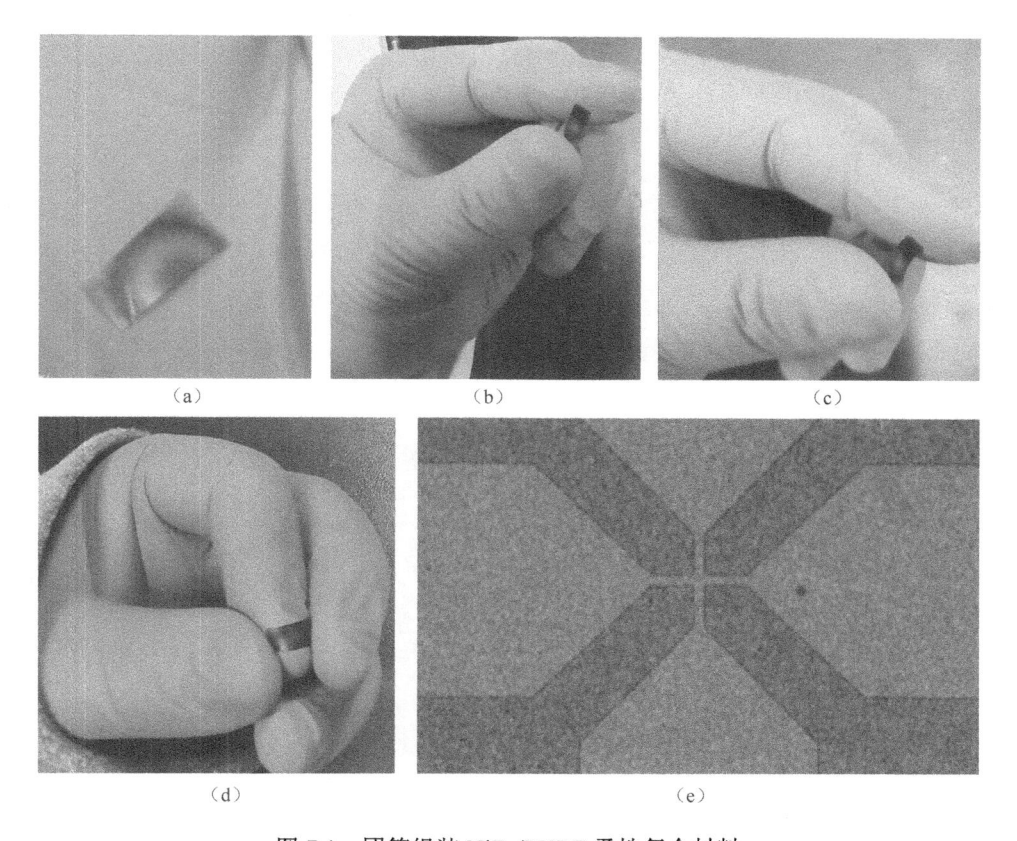

图 7.1　团簇组装 NiFe/PVDF 柔性复合材料

（a）柔性器件的光学图片；（b）～（d）柔性器件的弯曲状态；
（e）使用微纳加工方法获得的电极结构

7.2 团簇组装 NiFe/PVDF 柔性复合结构的制备及微结构

7.2.1 制备与性能表征手段

坡莫合金 NiFe（Ni:Fe 原子比为 4:1）团簇被气流带离形成区域，并通过凝聚和聚结继续生长成更大的颗粒，最终在气体中形成颗粒悬浮液（气溶胶）[305]。团簇薄膜的生长速率接近 0.5Å/s，可用石英晶体微天平进行精确监测，最终制备成由 NiFe 团簇薄膜和 PVDF 衬底组成的柔性磁电复合材料。通过 SEM 表征了压电应变系数 d_{33}，并采用典型的四探针法对磁电输运特性进行了研究。综合物性测量系统可提供变温度和变磁场条件。采用动态锁相放大器技术检测角度相关的磁电耦合效应。样品托固定在一对亥姆霍兹线圈的鞍点区域。采用 X 射线衍射仪和透射电子显微镜对材料进行了物相分析和微观结构表征。

7.2.2 微结构分析

室温下 NiFe/PVDF 磁电复合材料的 X 射线衍射图如图 7.2（a）所示。（111）和（200）衍射峰说明 NiFe 团簇是立方正交结构（Pm3m 空间群）[306-307]。威廉森-霍尔（Williamson-Hall）法被广泛用于微观组织分析[308]。测试仪器对衍射形状的贡献可以用图 7.3 中的高斯曲线来描述。在这种方法中，晶体尺寸 $D_\perp$ 与内部应变 ε 服从以下函数关系：

$$\varepsilon = \left| (\beta_{obs} - \beta_{ins})^2 \cos^2\theta - \frac{\lambda^2}{D_\perp^2} \right| \frac{1}{16\sin^2\theta}$$

式中：β_{obs} 和 β_{ins} 分别为 $f(2\theta)$ 和由设备导致的线宽；λ 为 X 射线波长。对于（111）晶粒，可以用谢勒（Scherrer）公式来估计晶粒尺寸。根据式（7.1），内部应变估计约为 1.3%，这可能源于柔性 PVDF 的自发变形。自扭应变的显著提高意味着我们获得了超柔性的磁电复合材料。

晶格常数通常按最强峰计算，对于 fcc 相，$a_{fcc} = \sqrt{3}d_{111}$[309]。通过 TEM 图像可测量单分散团簇的半径，如图 7.2（b）所示，其尺寸分布近似服从图 7.4（b）所示的正态分布，平均尺寸约为 4.66nm。更重要的是，在先前的报道中，临界尺寸的团簇具有很强的磁各向异性[310]。图 7.2（c）中有两种晶面间距，分别为（111）和（200）晶面，从测量的距离可以推导出，在 fcc 结构中，晶格常数 a_{fcc} 为 3.51Å。选区电子衍射（selected area electron diffraction, SAED）可以很好地被两个圆环拟合，准确地反映了图 7.2（d）中两个晶面的信息。

第 7 章　团簇组装 NiFe/PVDF 柔性复合结构中的磁电耦合

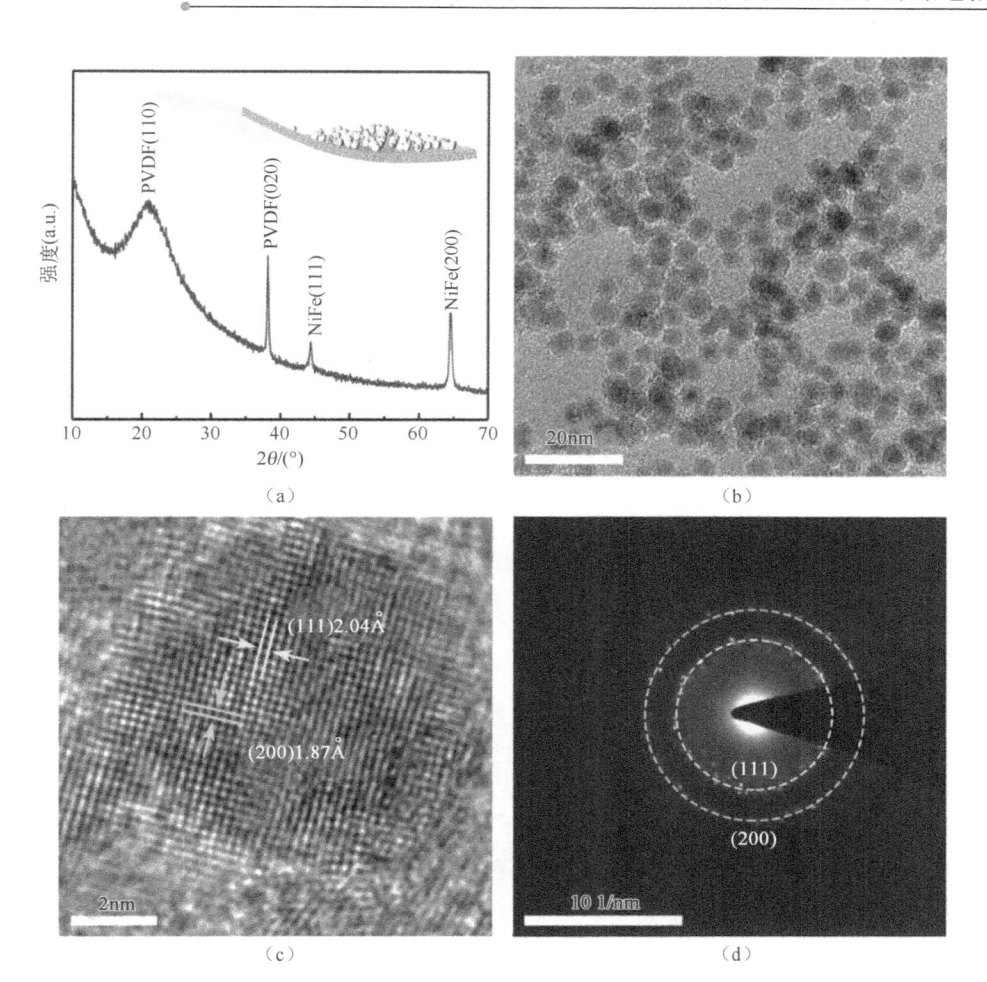

图 7.2　NiFe/PVDF 结构特性

（a）NiFe/PVDF 复合结构的 XRD 结果，插图示意了柔性复合结构；（b）通过透射电子显微镜获得的表面形貌；
（c）高分辨率图案；（d）SAED 图案和拟合环形曲线

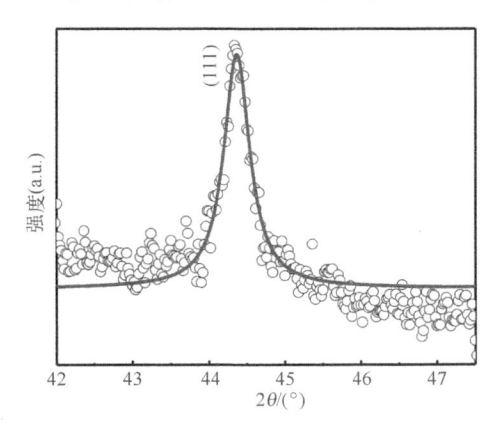

图 7.3　对 XRD 中(111)峰的高斯拟合

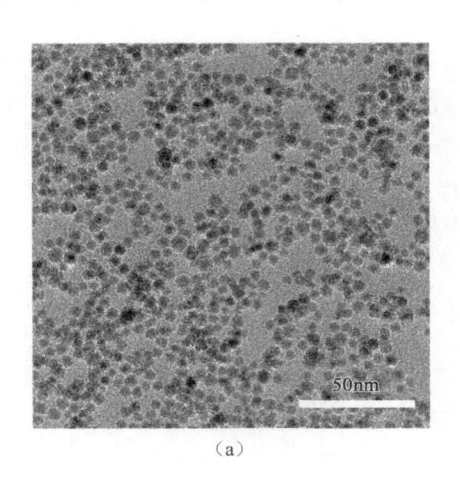

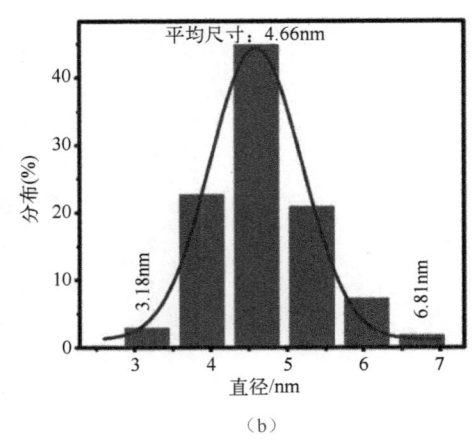

图 7.4 团簇颗粒尺寸分布

（a）NiFe 团簇的 TEM 图像；（b）团簇的尺寸分布

7.3 磁性及输运特性分析

图 7.5 所示为 NiFe/PVDF 复合结构磁电耦合特性。

室温下的压电响应如图 7.5（a）所示。在 25 V 的偏置电压下，表面形变可达 9nm。对于 PVDF 而言，压电系数是一个三阶张量，矩阵是可对角化的。因此，偏置电压与表面形变之间的简单线性关系可以通过面外方向的 d_{33} 系数来获得。此处 d_{33} 值约为 417 pm/V。两个极化状态之间的相位翻转是由偏置电压的切换驱动的，图 7.5（b）所示的相位差接近 180°。此外，幅值回路中的极小值与相位翻转的开关电压是一致的。图 7.5（b）中磁场依赖的相位翻转曲线反映了压磁响应特性。磁相位能与外加磁场同步响应，说明此处是本征的磁电耦合信号。各向异性磁致伸缩系数 λ 通过角度控制光杠杆放大技术（角度范围±30°）获得[204]。在图 7.5（c）中，磁电复合材料表现出明显的角度依赖磁致伸缩特性，其最大值为 $60×10^{-6}$。虽然绝对值远低于 TbDyFe，但高度灵敏的角度响应对柔性磁电复合材料是至关重要的，可促进对柔性磁电耦合的应用研究。有效压磁系数可用连续介质理论中的经验方程计算[311]。图 7.5（d）展示了 q_{33}-H 曲线的实验结果，但是可以看出此值并非常数。压磁系数的角度依赖现象是由 NiFe 团簇的磁畴切换引起的。由于其具有铁磁性，压磁过程也表现出反映磁化过程的明显磁滞特性。基于有限元分析方法模拟各向异性耦合，结果如图 7.5（e）所示。为了逐节消除背景信号和积累误差，此处使用了交叉电极测量磁电耦合系数的方法[见图 7.1（e）]。图 7.5（f）所示的实验结果与仿真结果是类似的。

第 7 章 团簇组装 NiFe/PVDF 柔性复合结构中的磁电耦合

图 7.5 NiFe/PVDF 复合结构磁电耦合特性

(a) 蝴蝶状压电曲线 $d_{33}-V$ 以及表面位移曲线 $D-V$；(b) 压电力显微镜的相位回线（●）和磁电耦合相位回线（◆）；
(c) 不同角度下磁场强度依赖的压电系数；(d) 不同角度下磁场强度依赖的磁致伸缩系数；
(e) 磁电耦合的模拟结果；(f) 磁电耦合的实验结果

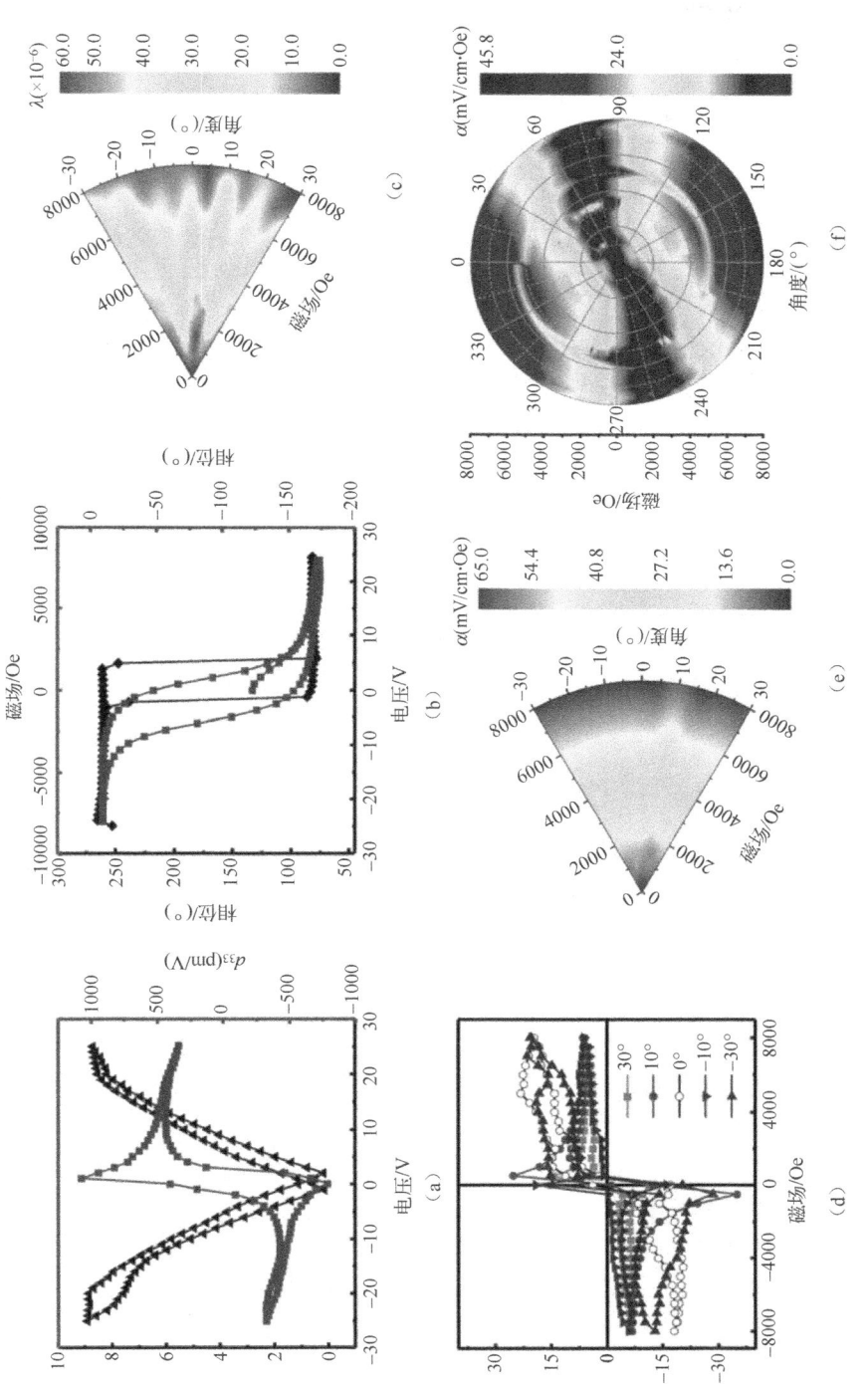

团簇组装薄膜的磁电输运性质及应用

本研究工作采用临界尺寸团簇来制备团簇复合材料。为了验证最优尺寸，将不同尺寸团簇组装的磁电复合材料进行了对比测量。不同尺寸团簇组装复合结构中的团簇形貌及尺寸分布如图 7.6 所示，其中：(a) 和 (b) 中平均团簇尺寸为 5.53nm，(c) 和 (d) 中平均团簇尺寸为 6.98nm，(e) 和 (f) 中平均团簇尺寸为 8.46nm。不同团簇尺寸复合体系的耦合系数如图 7.7 所示。在后续的研究中，采用临界尺寸团簇制备的复合材料表现出明显的各向异性磁电耦合效应，最大常数为 $40.9\text{mV}\cdot\text{cm}^{-1}\cdot\text{Oe}^{-1}$（0.7°）。结果表明，磁电复合材料具有灵敏的空间分辨特性。注意，在接近 70°（或 250°）而不是 90°（或 270°）的角度，磁电复合材料表现出几乎为零的电压。在排除其他因素后，可以确定柔性衬底导致了角度差异。因此，自卷曲特性可以解释预期非耦合角度 90°（或 270°）与实际角度之间的差异。

为了深入研究各向异性磁电耦合，此处表征了其磁性和输运性质。复合材料的磁各向异性如图 7.8（a）所示，易轴和难轴分别是面内和面外方向。可以用 M_r/M_s 和 H_c/H_s 这两个参数作为判断依据。室温下，面内方向的 M_r/M_s 和 H_c/H_s 比值分别可达 0.8 和 0.5。而面外方向表现出较大差异，M_r/M_s 和 H_c/H_s 的比值分别为 0.04 和接近于零。有趣的是，在图 7.9 中，这些比值几乎与温度无关。图 7.8（a）的插图为面内和面外 ZFC-FC 曲线（10～310K），表明复合材料的铁磁居里温度高于室温。所有这些特性意味着我们获得了磁各向异性和化学稳定的磁电复合材料。

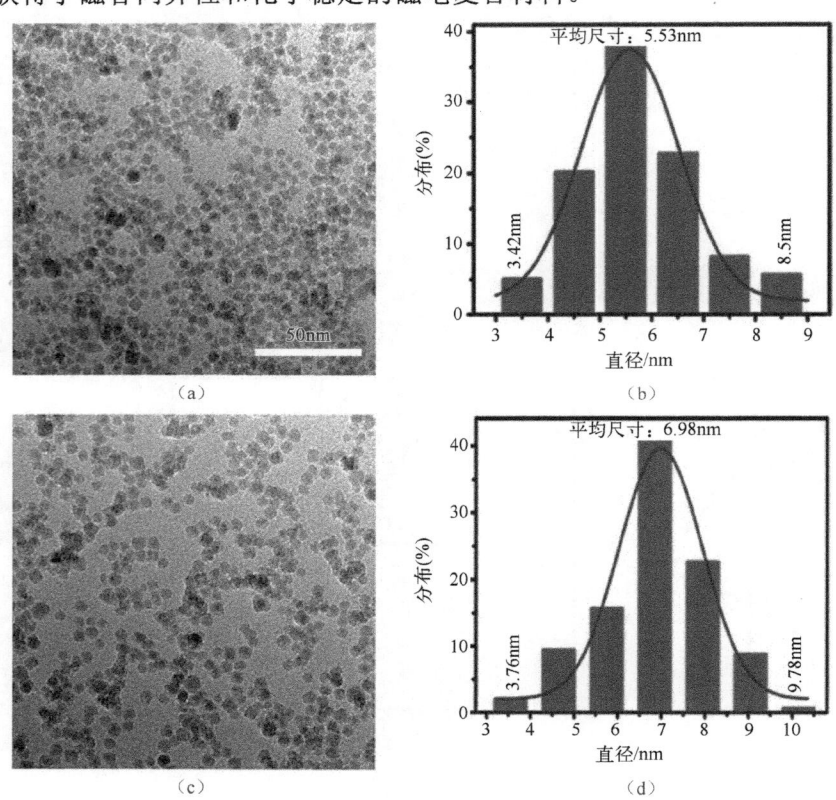

图 7.6 不同尺寸团簇组装复合结构中的团簇形貌及尺寸分布

（e） （f）

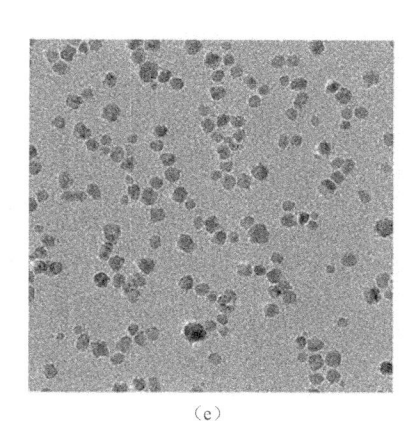

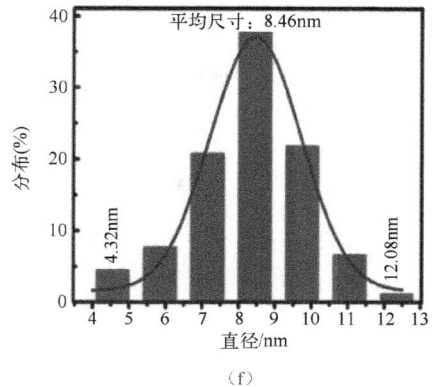

图 7.6 不同尺寸团簇组装复合结构中的团簇形貌及尺寸分布（续）

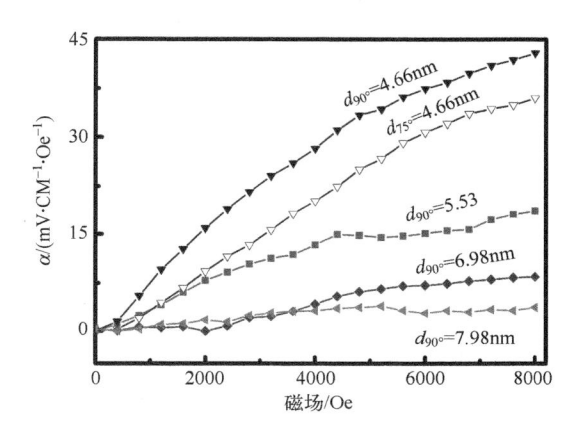

图 7.7 不同团簇尺寸复合体系的耦合系数

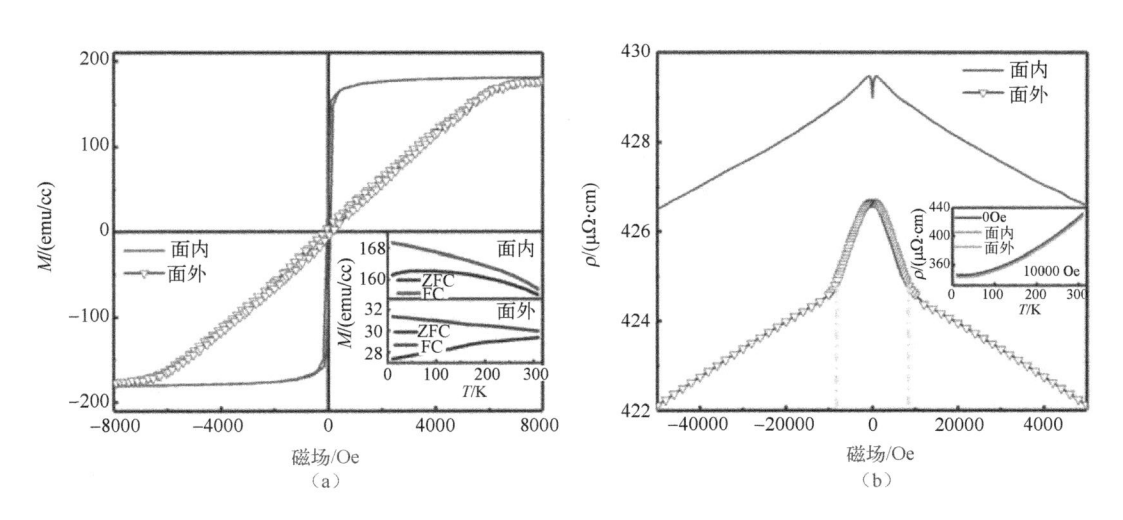

（a） （b）

图 7.8 复合结构的磁性和输运性质

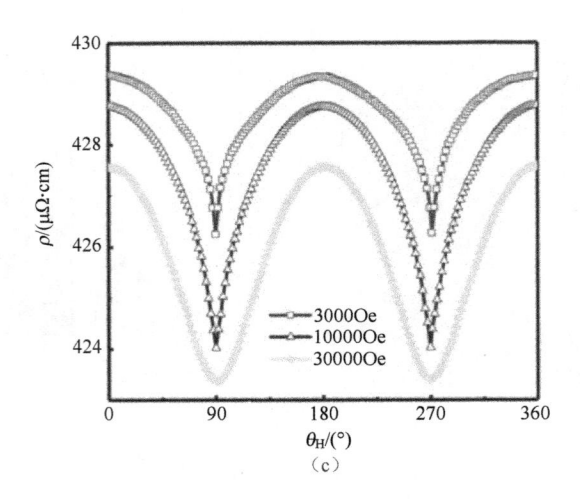

图 7.8 复合结构的磁性和输运性质（续）

（a）室温下的 M-H 曲线，插图展示了 ZFC-FC 曲线；（b）磁阻曲线，插图展示了电阻-温度曲线；
（c）不同磁场强度下角度依赖的磁阻

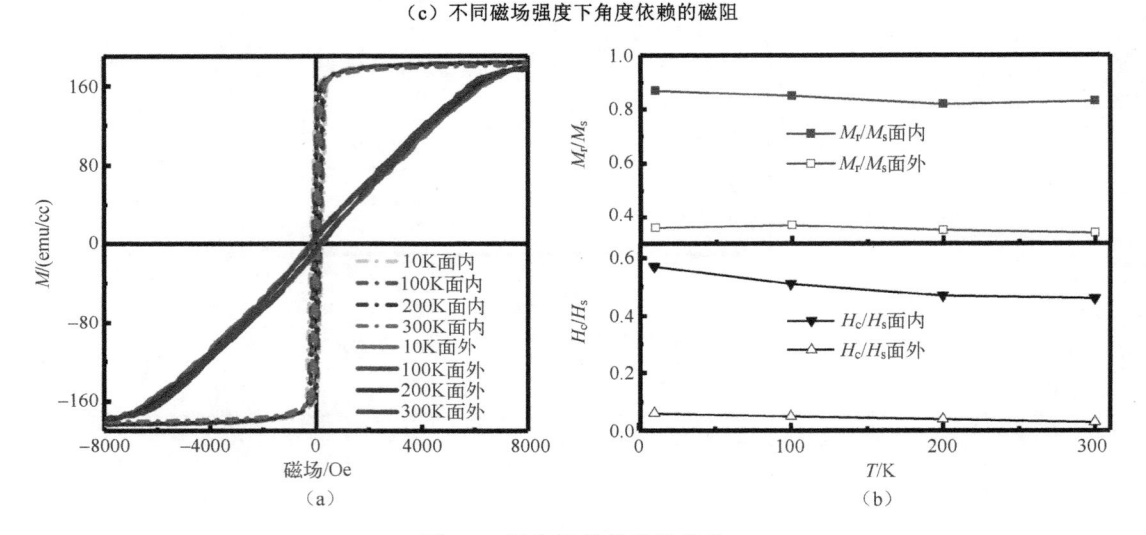

图 7.9 温度依赖的磁性变化

（a）不同温度下复合材料的面内和面外磁滞回线；（b）不同温度下的 M_r/M_s 和 H_c/H_s

磁阻曲线如图 7.8（b）所示，其中的虚线对应于面外方向的饱和磁场。如图 7.10 所示，在 50000 Oe 时 MR 值为 -1.1%。根据通用的 s-d 散射理论，当磁矩与磁场方向平行时，电阻率会减小，反之亦然。有趣的是，面内磁阻在达到饱和场前，随着磁场强度的增加，表现出先增加后减小的趋势，如图 7.8（b）所示。然而，面外方向的磁阻表现出随磁场强度的增加而单调减小的趋势。注意，当磁场高于饱和磁场时，面内、面外磁阻曲线呈现平行现象，这是磁振子磁阻的基本特征[310]。图 7.8（b）的插图显示，电阻率随温度的降低而不断减小，这是因为低温抑制了晶粒和晶界内的自旋涨落。同时，如图 7.11 所示，通过拟合 $d\rho/dT$-T^2 曲线，确认了磁振子磁阻是饱和磁场以上磁阻曲线的主要贡献。为了解释磁各向异性常数，在图 7.8（c）中进行了角度依赖的 MR 测量，显示出明显的周期性特征。

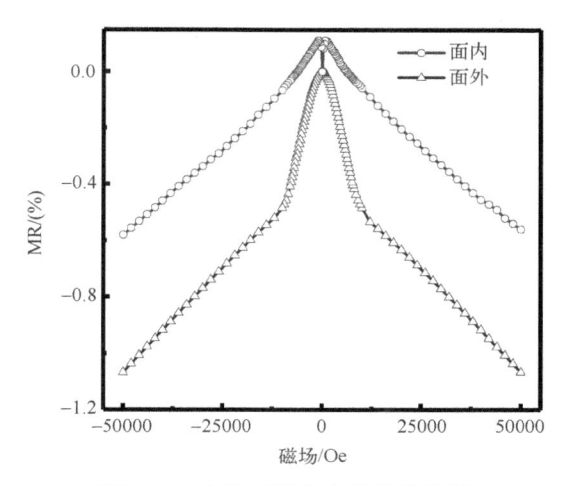

图 7.10 室温下的各向异性磁电阻

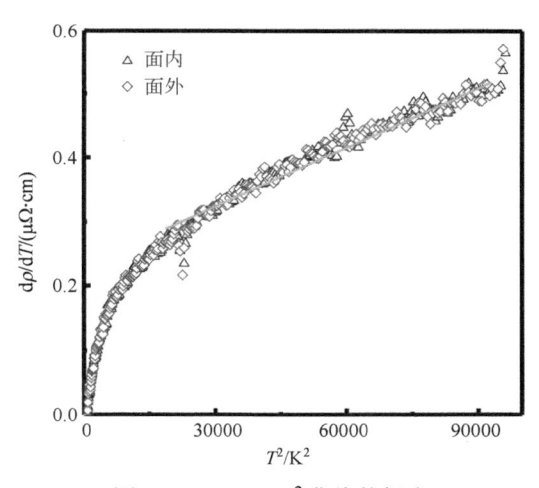

图 7.11 $d\rho/dT$-T^2 曲线的拟合

7.4 磁电耦合的角度依赖性

当考虑薄膜的正切矢量 e_t 时，定义磁场与 e_t 矢量的夹角为 θ_H，类似磁化和 e_t 矢量的夹角 θ_M。由于磁各向异性，θ_H 不完全等于 θ_M。因此，不能用 $\cos^2\theta_H$ 函数拟合 AMR 曲线，从多晶铁磁体的交换各向异性来看，AMR 服从如下关系[301, 312]：

$$\theta_M = \arccos\left(\sqrt{\frac{R_{xx} - R_\perp}{R_{/\!/} - R_\perp}}\right) \tag{7.2}$$

式中，$R_\parallel$ 是磁化平行于电流时的电阻，$R_\perp$ 是磁化垂直于电流时的电阻。图 7.12（a）所示为用式（7.2）计算得到的 θ_M 与 θ_H 之间的关系。可以很明显地看出，在高磁场下，θ_M 与 θ_H 之间的差异趋近于消失。这一现象意味着磁各向异性和磁弹能量在高场下不再受磁场角度调控。磁矩倾向于沿易轴方向排列，这导致了磁电耦合的各向异性。

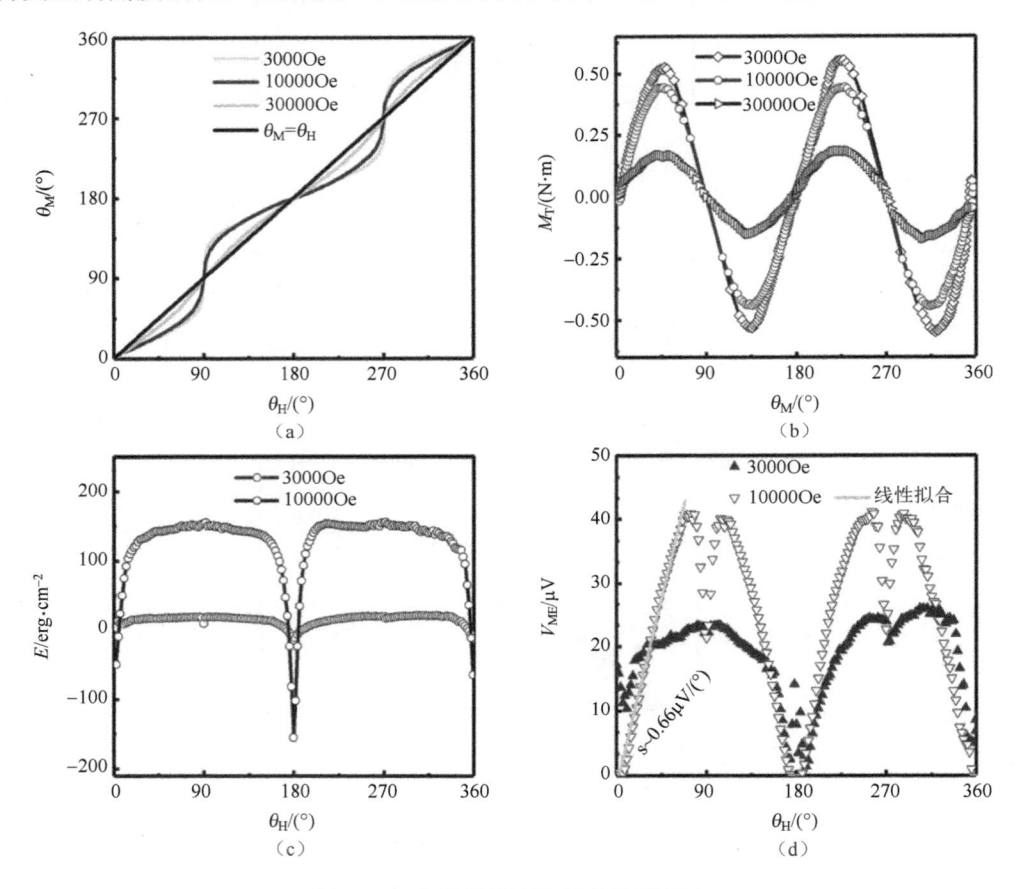

图 7.12 室温下角度依赖的关联行为

（a）磁化；（b）磁扭矩；（c）弹性能；（d）各向异性磁电耦合效应

可根据 θ_M 与 θ_H 的角度差进一步计算磁扭矩 M_T。根据平衡态能量最小原理，可得到如下线性关系：

$$M_T = \mu_r \mu_0 M_s H \sin(2\theta_M) \tag{7.3}$$

式中，μ_0 和 μ_r 为真空磁导率和相对磁导率，M_s 为饱和磁化强度。磁转矩 M_T 为图 7.12（b）中的矢量积，表明了室温下典型的角度依赖磁转矩 $M_T(\theta)$ 曲线。对于 NiFe/PVDF 体系的单轴面内各向异性，单位面积能量可表示为

$$E = K_\mu \sin^2\theta_M - \mu_0 M_s H \cos(\theta_H - \theta_M) \tag{7.4}$$

式中，K_μ 为磁各向异性常数。从式（7.4）中可提取 K_μ 值，结果如图 7.12（c）所示。有趣的是，单位面积能量 K_μ 表现出磁场角度依赖特性，但是随着磁场的增强，这种依赖关系趋于减弱。此外，K_μ 与饱和磁化强度 M_s 和饱和场 H_s 成正比。柔性磁电复合材料中几乎不存在阻尼，作为对照，我们选择较硬的硅衬底进行相关实验。如图 7.13 所示，NiFe/Si 体系的磁扭矩信号非常微弱，接近于背景噪声。此外，磁场与扭矩之间不存在正弦函数关系，因为坚硬衬底几乎可以完全消除形变。因此，柔性衬底对各向异性磁电耦合效应至关重要。在磁扭矩的作用下，悬臂梁自由端会产生偏转，曲率半径与 θ_H 的定量关系如图 7.14 所示。因此，在自由端会产生剪切力 F_p，从而在压电层上产生压应力。通过压电效应产生的输出电压（V_3）可由下式计算[313]：

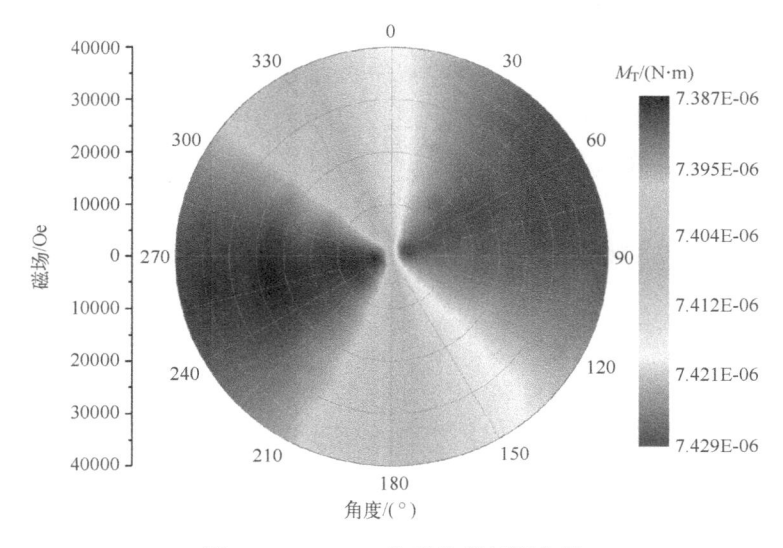

图 7.13 NiFe/Si 体系的磁扭矩信号

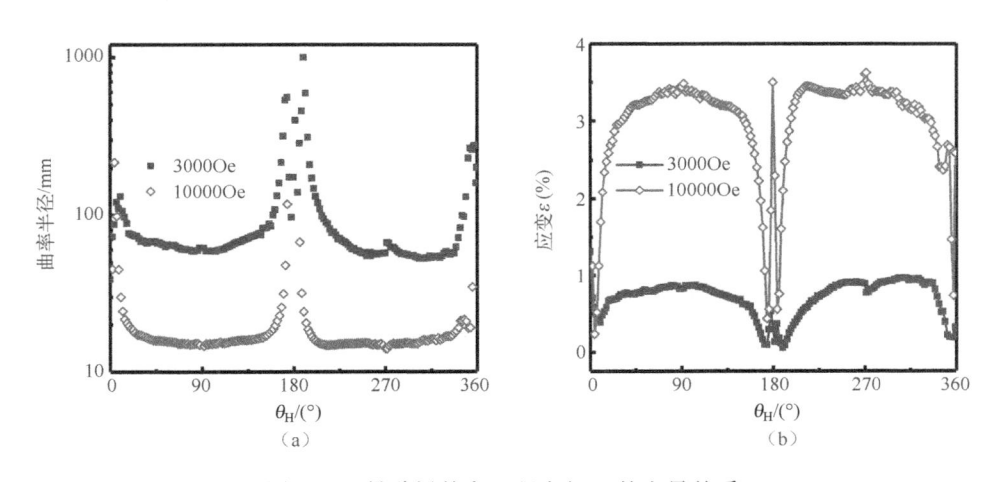

图 7.14 悬臂梁的变形程度与 θ_H 的定量关系

（a）曲率半径与 θ_H 之间的关系；（b）应变 ε 与 θ_H 之间的关系

$$V_3 = \frac{d_{33}F_p}{c_0} \tag{7.5}$$

式中，d_{33} 和 c_0 分别为 PVDF 的压电系数和电容。到目前为止，我们可以利用上式得到随角度变化的磁电系数，如图 7.12（d）所示。曲线的斜率代表了角度分辨能力，其值可达 $0.66\mu V/(°)$。

角度分辨磁电各向异性主要归因于自旋轨道耦合主导的弹性能量。在实际应用中，自旋轨道耦合的放大效应表现为轨道极化[314-315]。弹性应变和磁各向异性是相互关联的，这种关联特性取决于原子的位置。通过将磁化方向调控至最低能量方向，磁弹耦合的内能具有最小值，然后通过晶格畸变进一步降低内能。磁弹耦合导致的最著名现象是磁致伸缩，即由于磁化方向的改变而引起的晶格形变。团簇体系会破坏 NiFe 的立方周期性结构。然而必须记住的是，因为在团簇中会发生明显的晶体场退化，轨道磁矩随着体积的减小而增加。易轴平行于轨道磁矩最大的磁化方向似乎是一个普遍的行为，这适用于几乎所有的磁性过渡金属。近自由 NiFe 团簇中明显的界面各向异性应力形变是一个出色的性能指标。可以用交换劈裂来解释这种现象，其中磁各向异性能大于能带宽度。对于单轴各向异性系统，可以写成[315-316]：

$$K_\mu = \frac{\xi}{4\mu_B}(m_\parallel - m_\perp) \tag{7.6}$$

式中，ξ 为自旋-轨道耦合参数，$m_\parallel$ 和 $m_\perp$ 分别为假设磁化平行于对称轴和垂直于对称轴时的总轨道磁矩。各向异性能会因应变而发生改变。在短程有序团簇中，对称性被降低，从而产生单轴分量。因此，额外的单轴各向异性引起的动态形变有助于实现角度依赖磁电效应。

7.5 本章小结

综上所述，柔性磁电复合材料 NiFe/PVDF 表现出较强的各向异性磁弹耦合。更重要的是，此处获得了增强的磁场角度分辨磁电耦合效应。模拟仿真和实验结果都支持磁弹性能是短程有序团簇组装复合材料各向异性的来源。角度因子的灵敏度可达 $0.66\mu V/(°)$，并且在较高的磁场下，角度依赖特性会区域减弱。在低磁场条件下，各向异性行为响应具有双重对称性，而饱和磁场下具有"蝴蝶状"的四重对称。这些研究结果为进一步改进柔性磁电器件的设计提供了有效的方法和实验依据。

第 8 章

总结与展望

开发新型功能纳米材料是当前纳米科学领域的研究重点。作为构建纳米材料的一种基本单元，团簇因其各种奇异的特性而受到广泛的关注。更有趣的是，当团簇的尺寸减小到一定值或处于一定范围内时，其自身的性质也会出现极大的改变，这为新型纳米材料的研究提供了一条新的途径。因此，本书利用团簇组装薄膜的独特优势，针对目前自旋电子学研究领域内存在的几个问题提出了相应的设计思路和解决方法。具体的研究内容和结论如下所述。

（1）使用 LECBD 技术制备了团簇组装的 Fe/Fe_3O_4 核壳纳米结构薄膜。详细地研究了不完整核壳结构薄膜和具有不同核占比的完整核壳结构薄膜的 ρ-T 特性。当 Fe 核未完全被 Fe_3O_4 壳覆盖时就观测到了 TCR 随着温度变化而改变的行为，这一现象源自电流传导通道在 Fe 核与 Fe_3O_4 壳之间的切换。但是，大量传导通道的切换行为在不完整核壳结构薄膜中是不同步的，这导致 TCR 符号的变化温区较宽且电阻率变化幅度很小，因此并不适合于应用。然而，测试结果显示在完整核壳结构的特殊核占比范围内（$0.302 \leqslant w \leqslant 0.355$）却出现了一种新型的 SMIT 行为。该效应在单向变温条件下存在两次开关效应，同时极窄温区内带来的电阻率变化幅度高达两个数量级，并且在升温和降温的过程中不存在热滞后行为。这种新型的 SMIT 特性同样归因于电流传导通道在 Fe 核与 Fe_3O_4 壳之间的切换行为，极窄的切换温区以及电阻率的大幅度变化得益于团簇薄膜高度均匀的核壳结构。因此，我们在团簇组装的 Fe/Fe_3O_4 核壳纳米结构薄膜中构建了随温度变化可以在核与壳之间稳定切换的电流传导通道，并且发现传导通道还可以通过调控团簇的核占比来改变。通过 ANSYS 有限元分析，详细地展示了电流通道切换的细节，并利用 BEMT 模型对存在 SMIT 特性的特殊核占比范围进行了验证。这项研究工作不仅有效地解决了目前单一和复合材料中热致 MIT 行为存在的仅有一次转变、热滞后较大以及变化率低的问题，更重要的是为开发新型 SMIT 特性提供了思路和方法。

（2）使用 LECBD 技术制备了不同团簇尺寸的 $Ni_{80}Fe_{20}$ 薄膜，详细地研究了所有薄膜的电学输运性质以及磁学性质。结果显示，当团簇尺寸减小到特征尺寸 16.17nm 以下时，薄膜的 AHE 会发生符号反转的行为。同时，在 16.17nm 的薄膜中还观察到了 AHE 随着温度变化发生符号反转的行为。先前的理论预言到具有强表面散射效应的颗粒薄膜存在与其母体材料相反的 AHE 符号，但是由于当前诸多的制备方法并不能让体系的表面效应最大化，因此该行为一直没有被观察到。单分散团簇所拥有的大比表面积和团簇组装薄膜的疏松结构共同提高了 $Ni_{80}Fe_{20}$ 薄膜的表面效应。同时，团簇良好的形状稳定性和非常窄的尺寸分布，使得特征尺寸处发生的性能转变不会被平均化效应所掩盖。因此，在该体系中不仅观察到了 AHE 的符号反转行为，还找到了正负 AHE 共存的特征尺寸。通过已有的以及修正的标度定律拟合实验数据后可以发现，AHE 的符号反转归因于体散射效应和表面散射效应之间主导地位的切换，两种效应分别引起了正 AHE 和负 AHE。同时，温度和尺寸依赖的磁电阻（MR）在特征尺寸以下也表现出显著的转变，该现象进一步证实了散射效应切换理论。磁性的测试结果和 OOMMF 微磁学模拟还显示散射效应切换的尺寸与磁畴结构切换的尺寸一致，这表明畴壁的存在会限制表面散射效应。磁性测试结果很好地验证了特征尺寸以下的薄膜由表面效应所主导，进而再次表明了理论的准确性。这项研究工作为实现单一材料的 AHE 符号反转提供了一条有效的途径，从而有助于该行为的机理研究以及在自旋电子器件中的应用。

（3）为了让团簇颗粒之间的纳米接触点最小以保证团簇组装薄膜的受限空间效应最大化，我们通过调整制备系统的沉积距离获得了极小团簇尺寸的 $Ni_{80}Fe_{20}$ 薄膜。实验结果显示，在 9.08nm 以下的薄膜中能够观察到与纳米线相同的电阻跳跃行为。更有趣的是，磁场施加角度的略微偏离还会诱导团簇薄膜出现跳跃趋势切换行为。具体而言，当磁场沿着 9.08nm 薄膜的 z 轴（$\theta=90°$）施加时，磁电阻曲线会展现出显著的向上跳跃行为，而当磁场在 yz 平面内偏离一定角度后，原始的向上跳跃行为会在 $\theta=89.8°$ 处（偏离 0.2°）消失，并在 $\theta=89.5°$ 处（偏离 0.5°）变为向下跳跃。而 7.16nm 薄膜则在 $\theta=90°$ 处展现出向下跳跃行为，当磁场在 xz 平面发生偏离后，跳跃行为在 $\theta=89.8°$ 处几乎消失，并在 $\theta=89.5°$ 处变为向上跳跃。需要注意的是，两个薄膜在发生跳跃趋势切换的同时，都伴随着显著的电阻开关行为。因此，特征尺寸 9.08nm 以下的团簇组装 $Ni_{80}Fe_{20}$ 薄膜能同时通过跳跃趋势的切换以及电阻数值的突变来检测角度的偏离。理论分析表明，具有高阻态的向上跳跃和具有低阻态的向下跳跃分别由传统 AMR 和 DWMR 效应所主导。实验显示跳跃趋势的切换不仅能够通过调整磁场的偏离角度来实现，还能够通过调整团簇的尺寸来实现。因此，通过分析不同团簇尺寸薄膜性质的改变能够再次验证理论的准确性。最后，结合 OOMMF 微磁学模拟和 ANSYS 有限元分析，对团簇薄膜产生跳跃行为的原因和细节进行了更详细的分析。这项研究工作表明，利用团簇组装 $Ni_{80}Fe_{20}$ 薄膜对磁场方向偏离的敏感性能够开发出更灵敏和更安全的磁敏角度传感器。

（4）利用 LECBD 技术的团簇尺寸精确可控特点，制备了具有多畴态、双畴态、单畴态的团簇组装 $Ni_{80}Fe_{20}$ 合金薄膜。多畴态和单畴态之间的切换不仅对 PHE 曲线的磁滞行为起到了调控作用，而且通过本身的畴壁钉扎和退钉扎行为，对磁场和角度依赖的 $\Delta\rho_{xy}$ 产生了影响。通过对 AMR 效应的系统研究，这项研究工作验证了实验与理论结果的准确性。这项研究工作通过控制磁畴状态，对 PHE 进行了有效调控，揭示了不同磁畴下 PHE 曲线的形状和幅值变化的物理起源，为 PHE 传感器的设计提供了重要思路。

（5）利用 LECBD 技术，制备了柔性磁电复合材料 NiFe/PVDF，其表现出较强的各向异性磁弹耦合。更重要的是，此处获得了增强的磁场角度分辨磁电耦合效应。模拟仿真和实验结果都支持磁弹性能是短程有序团簇组装复合材料各向异性的来源。角度因子的灵敏度可达 $0.66\mu V/(°)$，并且在较高的磁场下，角度依赖特性会区域减弱。在低磁场条件下，各向异性行为响应具有双重对称性，而饱和磁场下具有"蝴蝶状"的四重对称。这些研究结果为进一步改进柔性磁电器件的设计提供了有效的方法和实验依据。

本书主要使用 LECBD 技术制备了几种团簇组装的纳米结构薄膜，通过合理的设计和选材以尝试去解决目前几个研究领域内遇到的困难。研究结果表明，团簇薄膜具有显著的尺寸依赖性，并在特征尺寸以内呈现出非常有趣且优异的性质，这能够有效地处理一些急需解决的问题。同时，简单的制备方法、较低的成本和显著的效应是团簇组装薄膜走向实际应用的优势。然而，学无止境，仍然有许多的实验和理论需要探索以完善性能和机理的研究：第一，尽管团簇尺寸的分布在薄膜中已经很窄，但是仍然没有达到极致，这可能会导致实验中确定的特征尺寸存在很小的偏差，而且会由于尺寸的较宽分布而使薄膜性能出现下降；因此，如果能使用质量选择装置对团簇的尺寸进行高精度的筛选，那么对于团簇组装薄膜的理论和应用研究都非常有帮助；所以后续的研究工作将集中于机器的研发以进行基础理论的研究和材料性能的最佳化探索。第二，本书中的研究工作都是通过制备多个团簇尺寸的薄膜才找到性质发生突变的特征尺寸，这对于新体系的探索是十分费时且费力的；因此，如果能够提出理论模型对团簇组装薄膜系统进行计算预测，那么就能避开很多的弯路以做到准确且有效的探索；这就意味着在后续的研究工作中需要将各种理论与团簇特性结合，从而提出普适性较强的物理模型，最终促进团簇领域的发展。第三，目前对于团簇组装薄膜的研究还只是处于基础性能的探索阶段，并未将具有优越性能的特征尺寸团簇组装薄膜加工成敏感元件，这使得我们甚至不清楚在经过微纳加工后薄膜的性能是否会发生变化或者下降。尽管目前已经开始了这一步的探索，但是将团簇组装薄膜推向实际应用必然还会经历诸多的困难。所以，工作远未结束，吾辈仍须努力！

参 考 文 献

[1] Binnig G, Rohrer H. Scanning tunneling microscopy-from birth to adolescence [J]. Reviews of Modern Physics, 1987, 59 (3): 615-625.

[2] Urban K W, Barthel J, Houben L, et al. Progress in atomic-resolution aberration corrected conventional transmission electron microscopy (CTEM) [J]. Progress in Materials Science, 2023, 133: 101037.

[3] Seidman D N. Three-Dimensional Atom-Probe Tomography: Advances and Applications [J]. Annual Review of Materials Research, 2007, 37: 127-158.

[4] Gault B, Chiaramonti A, Cojocaru-Mirédin O, et al. Atom probe tomography [J]. Nature Reviews Methods Primers, 2021, 1 (1): 51.

[5] Bian K. Scanning probe microscopy [J]. Nature Reviews Methods Primers, 2021, 1 (1): 35.

[6] Van Benthem K, Pennycook S J. Imaging and spectroscopy of defects in semiconductors using aberration-corrected STEM [J]. Applied Physics A, 2009, 96 (1): 161-169.

[7] Hofer W A, Foster A S, Shluger A L. Theories of scanning probe microscopes at the atomic scale [J]. Reviews of Modern Physics, 2003, 75 (4): 1287-1331.

[8] Meyer G, Bartels L, Rieder K-H. Atom manipulation with the STM: nanostructuring, tip functionalization, and femtochemistry [J]. Computational Materials Science, 2001, 20 (3): 443-450.

[9] Hla S W. Atom-by-atom assembly [J]. Reports on Progress in Physics, 2014, 77 (5): 056502.

[10] Geim A K, Grigorieva I V. Van der Waals heterostructures [J]. Nature, 2013, 499 (7459): 419-425.

[11] Wang L, Meric I, Huang P Y, et al. One-Dimensional Electrical Contact to a Two-Dimensional Material [J]. Science, 2013, 342 (6158): 614-617.

[12] Cheliotis I, Zergioti I. A review on transfer methods of two-dimensional materials [J]. 2D Materials, 2024, 11 (2): 022004.

[13] Eigler D M, Schweizer E K. Positioning single atoms with a scanning tunnelling microscope [J]. Nature, 1990, 344 (6266): 524-526.

[14] Wang Y, Chen Y, Bui H T, et al. An atomic-scale multi-qubit platform [J]. Science, 2023, 382 (6666): 87-92.

[15] Guo Y, Li J, Zhan X, et al. Van der Waals polarity-engineered 3D integration of 2D complementary logic [J]. Nature, 2024, 630 (8016): 346-352.

[16] Claridge S A, Castleman A W, Jr., Khanna S N, et al. Cluster-Assembled Materials [J]. ACS Nano, 2009, 3 (2): 244-255.

[17] 白玉龙. 铁性薄膜电、磁、热性能调控与机理研究 [D], 2018.

[18] 王广厚. 团簇物理学 [J]. 物理, 1995, 24 (1): 0-0.

[19] Couchman P R, Ryan C L. The Lindmann hypothesis and the size-dependence of melting temperature [J]. Philosophical Magazine A, 1978, 37 (3): 369-373.

[20] Labastie P, Whetten R L. Statistical thermodynamics of the cluster solid-liquid transition [J]. Physical Review Letters, 1990, 65 (13): 1567-1570.

[21] Kaiser B, Rademann K. Photoelectron spectroscopy of neutral mercury clusters Hgx ($x \leqslant 109$) in a molecular beam [J]. Physical Review Letters, 1992, 69 (22): 3204-3207.

[22] Zhao J, Chen X, Wang G. Critical size for a metal-nonmetal transition in transition-metal clusters [J]. Physical Review B, 1994, 50 (20): 15424-15426.

[23] Luo Z, Castleman A W. Special and General Superatoms [J]. Accounts of Chemical Research, 2014, 47 (10): 2931-2940.

[24] Kroto H W, Heath J R, O'brien S C, et al. C60: Buckminsterfullerene [J]. Nature, 1985, 318 (6042): 162-163.

[25] Li J, Li X, Zhai H-J, Wang L-S. Au20: A Tetrahedral Cluster [J]. Science, 2003, 299 (5608): 864-867.

[26] Schweber S S. Physics, Community and the Crisis in Physical Theory [J]. Physics Today, 1993, 46 (11): 34-40.

[27] 赵世峰. 基于团簇束流淀积的磁性纳米薄膜的制备及其性质研究 [D]; 南京大学, 2008.

[28] Howard-Fabretto L, Andersson G G. Metal Clusters on Semiconductor Surfaces and Application in Catalysis with a Focus on Au and Ru [J]. Advanced Materials, 2020, 32 (18): 1904122.

[29] Zhao L L, Jensen L, Schatz G C. Surface-Enhanced Raman Scattering of Pyrazine at the Junction between Two Ag20 Nanoclusters [J]. Nano Letters, 2006, 6 (6): 1229-1234.

[30] Liu F, Press M R, Khanna S N, Jena P. Magnetism and local order: Ab initio tight-binding theory [J]. Physical Review B, 1989, 39 (10): 6914-6924.

[31] Jiang N, Yang B, Bai Y, et al. The sign reversal of anomalous Hall effect derived from the transformation of scattering effect in cluster-assembled Ni0.8Fe0.2 nanostructural films [J]. Nanoscale, 2021, 13 (27): 11817-11826.

[32] Lu S, Xie L, Lai K, et al. Plasmonic evolution of atomically size-selected Au clusters by electron energy loss spectrum [J]. National Science Review, 2020, 8 (12):

[33] Popok V N. Energetic cluster ion beams: Modification of surfaces and shallow layers [J]. Materials Science and Engineering: R: Reports, 2011, 72 (7): 137-157.

[34] Yoon B, Akulin V M, Cahuzac P, et al. Morphology control of the supported islands grown from soft-landed clusters [J]. Surface Science, 1999, 443 (1): 76-88.

[35] 宋凤麒. Pb 包裹团簇的热力学稳定性和 BN 团簇薄膜的场发射性质研究 [D], 2005.

[36] Perez A, Melinon P, Dupuis V, et al. Functional nanostructures from clusters [J]. International Journal of Nanotechnology, 2010, 7 (4-8): 523-574.

[37] Xu X, Yin S, Moro R, De Heer W A. Magnetic Moments and Adiabatic Magnetization of Free Cobalt Clusters [J]. Physical Review Letters, 2005, 95 (23): 237209.

[38] Vilà-Nadal L, Mitchell S G, Markov S, et al. Towards Polyoxometalate-Cluster-Based Nano-Electronics [J]. Chemistry – A European Journal, 2013, 19 (49): 16502-16511.

[39] Sun C, Yang H, Yuan Y, et al. Controlling Assembly of Paired Gold Clusters within Apoferritin Nanoreactor for in Vivo Kidney Targeting and Biomedical Imaging [J]. Journal of the American Chemical Society, 2011, 133 (22): 8617-8624.

[40] Lu S, Hu K, Zuo Z, et al. Beam generation and structural optimization of size-selected Au923 clusters [J]. Nanoscale Advances, 2020, 2 (7): 2720-2725.

[41] 陈敏瑞. 纳米团簇点阵复杂导电网络的电阻输运特性及柔性传感器件应用 [D], 2020.

[42] Perez A, Melinon P, Dupuis V, et al. Cluster assembled materials: a novel class of nanostructured solids with original structures and properties [J]. Journal of Physics D: Applied Physics, 1997, 30 (5): 709.

[43] Yang Z, Ko C, Ramanathan S. Oxide Electronics Utilizing Ultrafast Metal-Insulator Transitions [J]. Annual Review of Materials Research, 2011, 41 (Volume 41, 2011): 337-367.

[44] Wigner E. Effects of the electron interaction on the energy levels of electrons in metals [J]. Transactions of the Faraday Society, 1938, 34 (0): 678-685.

[45] Wilson J A, Di Salvo F J, Mahajan S. Charge-Density Waves in Metallic, Layered, Transition-Metal Dichalcogenides [J]. Physical Review Letters, 1974, 32 (16): 882-885.

[46] Biermann S, Poteryaev A, Lichtenstein A I, Georges A. Dynamical Singlets and Correlation-Assisted Peierls Transition in VO2 [J]. Physical Review Letters, 2005, 94 (2): 026404.

[47] Mott N F. Metal-Insulator Transition [J]. Reviews of Modern Physics, 1968, 40 (4): 677-683.

[48] Mott N F, Pepper M, Pollitt S, et al. The Anderson transition [J]. Proceedings of the Royal Society of London A Mathematical and Physical Sciences, 1975, 345 (1641): 169-205.

[49] Belitz D, Kirkpatrick T R. The Anderson-Mott transition [J]. Reviews of Modern Physics, 1994, 66 (2): 261-380.

[50] Chen S, Liu J, Luo H, Gao Y. Calculation Evidence of Staged Mott and Peierls Transitions in VO2 Revealed by Mapping Reduced-Dimension Potential Energy Surface [J]. The Journal of Physical Chemistry Letters, 2015, 6 (18): 3650-3656.

[51] Driscoll T, Kim H-T, Chae B-G, et al. Phase-transition driven memristive system [J]. Applied Physics Letters, 2009, 95 (4): 043503.

[52] Ramírez J-G, Schmidt R, Sharoni A, et al. Ultra-thin filaments revealed by the dielectric response across the metal-insulator transition in VO2 [J]. Applied Physics Letters, 2013, 102 (6): 063110.

[53] Briggs R M, Pryce I M, Atwater H A. Compact silicon photonic waveguide modulator based on the vanadium dioxide metal-insulator phase transition [J]. Optics Express, 2010, 18 (11): 11192-11201.

[54] Coy H, Cabrera R, Sepúlveda N, Fernández F E. Optoelectronic and all-optical multiple memory states in vanadium dioxide [J]. Journal of Applied Physics, 2010, 108 (11):

[55] Ueno A, Kim J, Nagano H. Thermophysical Properties of Metal-Insulator Transition Materials During Phase Transition for Thermal Control Devices [J]. International Journal of Heat and Mass Transfer, 2021, 166: 120631.

[56] Kim B-J, Lee Y W, Chae B-G, et al. Temperature dependence of the first-order metal-insulator transition in VO2 and programmable critical temperature sensor [J]. Applied Physics Letters, 2007, 90 (2): 023515.

[57] Liu C, Wang N, Long Y. Multifunctional overcoats on vanadium dioxide thermochromic thin films with enhanced luminous transmission and solar modulation, hydrophobicity and anti-oxidation [J]. Applied Surface Science, 2013, 283: 222-226.

[58] Xiang L, Wen-Bo M. Structure, magnetic and transport properties of Fe3O4 near verwey transition [J]. ACTA PHYSICA SINICA, 2020, 69 (4): 040505.

[59] Mcgee R, Goswami A, Khorshidi B, et al. Effect of process parameters on phase stability and metal-insulator transition of vanadium dioxide (VO2) thin films by pulsed laser deposition [J]. Acta Materialia, 2017, 137: 12-21.

[60] Catalano S, Gibert M, Bisogni V, et al. Tailoring the electronic transitions of NdNiO3 films through (111)pc oriented interfaces [J]. APL Materials, 2015, 3 (6): 062506.

[61] Liu X H, Rata A D, Chang C F, et al. Verwey transition in Fe3O4 thin films: Influence of oxygen stoichiometry and substrate-induced microstructure [J]. Physical Review B, 2014, 90 (12): 125142.

[62] Nakayama M, Kondo T, Tian Z, et al. Slater to Mott Crossover in the Metal to Insulator Transition of Nd2Ir2O7 [J]. Physical Review Letters, 2016, 117 (5): 056403.

[63] Won C J, Kambale R C, Hur N. Magnetic and transport properties of Ni2MnGa-BaTiO3 metal-insulator particulate composite with percolation threshold [J]. Journal of Alloys and Compounds, 2011, 509 (24): 6969-6972.

[64] Kalinin Y E, Sitnikov A V, Stognei O V, et al. Electrical properties and giant magnetoresistance of the CoFeB-SiO2 amorphous granular composites [J]. Materials Science and Engineering: A, 2001, 304-306: 941-945.

[65] Wang H, Xiao S Q, Yu C Q, et al. Correlation of magnetoresistance and lateral photovoltage in Co3Mn2O/SiO2/Si metal-oxide-semiconductor structure [J]. New Journal of Physics, 2008, 10 (9): 093006.

[66] Volkov N V, Tarasov A S, Eremin E V, et al. Magnetic-field- and bias-sensitive conductivity of a hybrid Fe/SiO2/p-Si structure in planar geometry [J]. Journal of Applied Physics, 2011, 109 (12): 123924.

[67] Wu M, Benckiser E, Audehm P, et al. Orbital reflectometry of PrNiO3/PrAlO3 superlattices [J]. Physical Review B, 2015, 91 (19): 195130.

[68] Eres G, Lee S, Nichols J, et al. Versatile Tunability of the Metal Insulator Transition in (TiO2)/(VO2) Superlattices [J]. Advanced Functional Materials, 2020, 30 (51): 2004914.

[69] Žutić I, Fabian J, Das Sarma S. Spintronics: Fundamentals and applications [J]. Reviews of Modern Physics, 2004, 76 (2): 323-410.

[70] Bader S D, Parkin S S P. Spintronics [J]. Annual Review of Condensed Matter Physics, 2010, 1: 71-88.

[71] Hoffmann A, Bader S D. Opportunities at the Frontiers of Spintronics [J]. Physical Review Applied, 2015, 4 (4): 047001.

[72] Hall E H. On a New Action of the Magnet on Electric Currents [J]. American Journal of Mathematics, 1879, 2 (3): 287-292.

[73] Hall E. On the possibility of transvers currents in ferromagnets [J]. Philos Mag, 1881, 12: 157-172.

[74] Pugh E M. Hall Effect and the Magnetic Properties of Some Ferromagnetic Materials [J]. Physical Review, 1930, 36 (9): 1503-1511.

[75] Pugh E M, Rostoker N. Hall Effect in Ferromagnetic Materials [J]. Reviews of Modern Physics, 1953, 25 (1): 151-157.

[76] Nagaosa N, Sinova J, Onoda S, et al. Anomalous Hall effect [J]. Reviews of Modern Physics, 2010, 82 (2): 1539-1592.

[77] Karplus R, Luttinger J M. Hall Effect in Ferromagnetics [J]. Physical Review, 1954, 95 (5): 1154-1160.

[78] 田源. 铁及铁合金的反常霍尔效应和磁性研究 [D], 2010.

[79] Chang M-C, Niu Q. Berry phase, hyperorbits, and the Hofstadter spectrum: Semiclassical dynamics in magnetic Bloch bands [J]. Physical Review B, 1996, 53 (11): 7010-7023.

[80] Xiao D, Chang M-C, Niu Q. Berry phase effects on electronic properties [J]. Reviews of Modern Physics, 2010, 82 (3): 1959-2007.

[81] Yao Y, Kleinman L, Macdonald A H, et al. First Principles Calculation of Anomalous Hall Conductivity in Ferromagnetic bcc Fe [J]. Physical Review Letters, 2004, 92 (3): 037204.

[82] Dheer P N. Galvanomagnetic Effects in Iron Whiskers [J]. Physical Review, 1967, 156 (2): 637-644.

[83] Wang X, Vanderbilt D, Yates J R, Souza I. Fermi-surface calculation of the anomalous Hall conductivity [J]. Physical Review B, 2007, 76 (19): 195109.

[84] Jellinghaus W, De Andrés M P. Einfluß der Nachbarelemente des Eisens auf den Hall-Effekt eisenreicher Mischkristalle [J]. Annalen der Physik, 1961, 462 (3-4): 189-200.

[85] Smit J. The spontaneous hall effect in ferromagnetics I [J]. Physica, 1955, 21 (6): 877-887.

[86] Smit J. The spontaneous hall effect in ferromagnetics II [J]. Physica, 1958, 24 (1): 39-51.

[87] Berger L. Side-Jump Mechanism for the Hall Effect of Ferromagnets [J]. Physical Review B, 1970, 2 (11): 4559-4566.

[88] Tian Y, Ye L, Jin X. Proper Scaling of the Anomalous Hall Effect [J]. Physical Review Letters, 2009, 103 (8): 087206.

[89] Onoda S, Sugimoto N, Nagaosa N. Intrinsic Versus Extrinsic Anomalous Hall Effect in Ferromagnets [J]. Physical Review Letters, 2006, 97 (12): 126602.

[90] Miyasato T, Abe N, Fujii T, et al. Crossover Behavior of the Anomalous Hall Effect and Anomalous Nernst Effect in Itinerant Ferromagnets [J]. Physical Review Letters, 2007, 99 (8): 086602.

[91] Onoda S, Sugimoto N, Nagaosa N. Quantum transport theory of anomalous electric, thermoelectric, and thermal Hall effects in ferromagnets [J]. Physical Review B, 2008, 77 (16): 165103.

[92] Majumdar A K, Berger L. Hall Effect and Magnetoresistance in Pure Iron, Lead, Fe-Co, and Fe-Cr Dilute Alloys [J]. Physical Review B, 1973, 7 (9): 4203-4220.

[93] Shiomi Y, Onose Y, Tokura Y. Extrinsic anomalous Hall effect in charge and heat transport in pure iron, Fe0.997Si0.003, and Fe0.97Co0.03 [J]. Physical Review B, 2009, 79 (10): 100404.

[94] Feng J S Y, Pashley R D, Nicolet M A. Magnetoelectric properties of magnetite thin films [J]. Journal of Physics C: Solid State Physics, 1975, 8 (7): 1010.

[95] Fernández-Pacheco A, De Teresa J M, Orna J, et al. Universal scaling of the anomalous Hall effect in Fe3O4 epitaxial thin films [J]. Physical Review B, 2008, 77 (10): 100403.

[96] Sangiao S, Morellon L, Simon G, et al. Anomalous Hall effect in Fe (001) epitaxial thin films over a wide range in conductivity [J]. Physical Review B, 2009, 79 (1): 014431.

[97] Xiong P, Xiao G, Wang J Q, et al. Extraordinary Hall effect and giant magnetoresistance in the granular Co-Ag system [J]. Physical Review Letters, 1992, 69 (22): 3220-3223.

[98] Song S N, Sellers C, Ketterson J B. Anomalous Hall effect in (110)Fe/(110)Cr multilayers [J]. Applied Physics Letters, 1991, 59 (4): 479-481.

[99] Guo Z B, Mi W B, Aboljadayel R O, et al. Effects of surface and interface scattering on anomalous Hall effect in Co/Pd multilayers [J]. Physical Review B, 2012, 86 (10): 104433.

[100] Zhang Q, Li P, Wen Y, et al. Anomalous Hall effect in Fe/Au multilayers [J]. Physical Review B, 2016, 94 (2): 024428.

[101] Wang F, Wang X, Zhao Y-F, et al. Interface-induced sign reversal of the anomalous Hall effect in magnetic topological insulator heterostructures [J]. Nature Communications, 2021, 12 (1): 79.

[102] Rosenblatt D, Karpovski M, Gerber A. Reversal of the extraordinary Hall effect polarity in thin Co/Pd multilayers [J]. Applied Physics Letters, 2010, 96 (2): 022512.

[103] Keskin V, Aktaş B, Schmalhorst J, et al. Temperature and Co thickness dependent sign change of the anomalous Hall effect in Co/Pd multilayers: An experimental and theoretical study [J]. Applied Physics Letters, 2013, 102 (2): 022416.

[104] Tian Y, Yan S. Giant magnetoresistance: history, development and beyond [J]. Science China Physics, Mechanics and Astronomy, 2013, 56 (1): 2-14.

[105] Yang Y, Luo Z, Wu H, et al. Anomalous Hall magnetoresistance in a ferromagnet [J]. Nature Communications, 2018, 9 (1): 2255.

[106] Chen Y-T, Takahashi S, Nakayama H, et al. Theory of spin Hall magnetoresistance [J]. Physical Review B, 2013, 87 (14): 144411.

[107] Vélez S, Golovach V N, Bedoya-Pinto A, et al. Hanle Magnetoresistance in Thin Metal Films with Strong Spin-Orbit Coupling [J]. Physical Review Letters, 2016, 116 (1): 016603.

[108] Nakayama H, Kanno Y, An H, et al. Rashba-Edelstein Magnetoresistance in Metallic Heterostructures [J]. Physical Review Letters, 2016, 117 (11): 116602.

[109] Thomson W. XIX. On the electro-dynamic qualities of metals: Effects of magnetization on the electric conductivity of nickel and of iron [J]. Proceedings of the Royal Society of London, 1857, 8: 546-550.

[110] O'handley R C. Modern Magnetic Materials: Principles and Applications [M]. 1999.

[111] Zeng F L, Ren Z Y, Li Y, et al. Intrinsic Mechanism for Anisotropic Magnetoresistance and Experimental Confirmation in CoxFe1-x Single-Crystal Films [J]. Physical Review Letters, 2020, 125 (9): 097201.

[112] Smit J. Magnetoresistance of ferromagnetic metals and alloys at low temperatures [J]. Physica, 1951, 17 (6): 612-627.

[113] 缪冰锋. 过渡金属自旋相关输运研究 [D], 2014.

[114] Jia M W, Li J X, Chen H R, et al. Anomalous Hall magnetoresistance in single-crystal Fe(001) films [J]. New Journal of Physics, 2020, 22 (4): 043014.

[115] Kobs A, Heße S, Kreuzpaintner W, et al. Anisotropic Interface Magnetoresistance in Pt/Co/Pt Sandwiches [J]. Physical Review Letters, 2011, 106 (21): 217207.

[116] Gil W, Görlitz D, Horisberger M, Kötzler J. Magnetoresistance anisotropy of polycrystalline cobalt films: Geometrical-size and domain effects [J]. Physical Review B, 2005, 72 (13): 134401.

[117] Wegrowe J E, Kelly D, Franck A, et al. Magnetoresistance of Ferromagnetic Nanowires [J]. Physical Review Letters, 1999, 82 (18): 3681-3684.

[118] Hunt R. A magnetoresistive readout transducer [J]. IEEE Transactions on Magnetics, 1971, 7 (1): 150-154.

[119] Ching T, Fontana R E, Tsann L, et al. Design, fabrication and testing of spin-valve read heads for high density recording [J]. IEEE Transactions on Magnetics, 1994, 30 (6): 3801-3806.

[120] Heim D E, Fontana R E, Tsang C, et al. Design and operation of spin valve sensors [J]. IEEE Transactions on Magnetics, 1994, 30 (2): 316-321.

[121] Wunderlich J, Jungwirth T, Kaestner B, et al. Coulomb Blockade Anisotropic Magnetoresistance Effect in a (Ga,Mn)As Single-Electron Transistor [J]. Physical Review Letters, 2006, 97 (7): 077201.

[122] Gould C, Rüster C, Jungwirth T, et al. Tunneling Anisotropic Magnetoresistance: A Spin-Valve-Like Tunnel Magnetoresistance Using a Single Magnetic Layer [J]. Physical Review Letters, 2004, 93 (11): 117203.

[123] Velev J, Sabirianov R F, Jaswal S S, Tsymbal E Y. Ballistic Anisotropic Magnetoresistance [J]. Physical Review Letters, 2005, 94 (12): 127203.

[124] Li R-W, Wang H, Wang X, et al. Anomalously large anisotropic magnetoresistance in a perovskite manganite [J]. Proceedings of the National Academy of Sciences, 2009, 106 (34): 14224-14229.

[125] Cañón Bermúdez G S, Fuchs H, Bischoff L, et al. Electronic-skin compasses for geomagnetic field-driven artificial magnetoreception and interactive electronics [J]. Nature Electronics, 2018, 1 (11): 589-595.

[126] Becker C, Karnaushenko D, Kang T, et al. Self-assembly of highly sensitive 3D magnetic field vector angular encoders [J]. Science Advances, 2019, 5 (12): eaay7459.

[127] 黄采伦, 王安琪, 王靖, et al. 高压断路器操动机构在线监测用角位移传感器 [J]. 传感技术学报, 2018, 31 (09): 1341-1347.

[128] 赵建飞. 基于霍尔效应的刹车踏板角度传感器设计与标定 [D], 2018.

[129] 邓水发, 郑伟峰. 磁性角度传感器信号处理方法研究 [J]. 仪器仪表标准化与计量, 2015, (05): 37-39.

[130] 杨星, 张家祺, 王晶, 汪洋. 全角度无接触式智能角度传感器设计与验证 [J]. 计算机工程与设计, 2016, 37 (01): 71-75+194.

[131] Wouters C, Vranković V, Rössler C, et al. Design and fabrication of an innovative three-axis Hall sensor [J]. Sensors and Actuators A: Physical, 2016, 237: 62-71.

[132] Wu Z, Bian L, Chen S. Packaged angle-sensing device with magnetoelectric laminate composite and magnetic circuit [J]. Sensors and Actuators A: Physical, 2018, 273: 232-239.

[133] Wang Z, Wang X, Li M, et al. Highly Sensitive Flexible Magnetic Sensor Based on Anisotropic Magnetoresistance Effect [J]. Advanced Materials, 2016, 28 (42): 9370-9377.

[134] Guo Y, Deng Y, Wang S X. Multilayer anisotropic magnetoresistive angle sensor [J]. Sensors and Actuators A: Physical, 2017, 263: 159-165.

[135] Kumar A S A, George B, Mukhopadhyay S C. Technologies and Applications of Angle Sensors: A Review [J]. IEEE Sensors Journal, 2021, 21 (6): 7195-7206.

[136] 黄少楚, 冯晓明, 卢丽卿, et al. 基于各向异性磁阻传感器灵敏度与分辨率的探讨 [J]. 大学物理实验, 2018, 31 (04): 9-12.

[137] Pugh E M, Lippert T W. Hall e.m.f. and Intensity of Magnetization [J]. Physical Review, 1932, 42 (5): 709-713.

[138] Koch K M. Notizen: Zum Problem der galvanomagnetischen Effekte in Ferromagneticis [J]. Zeitschrift für Naturforschung A, 1955, 10 (6): 496-498.

[139] Ky V D. Planar Hall Effect in Ferromagnetic Films [J]. physica status solidi (b), 1968, 26 (2): 565-569.

[140] Baibich M N, Broto J M, Fert A, et al. Giant Magnetoresistance of (001)Fe/(001)Cr Magnetic Superlattices [J]. Physical Review Letters, 1988, 61 (21): 2472-2475.

[141] Binasch G, Grünberg P, Saurenbach F, Zinn W. Enhanced magnetoresistance in layered magnetic structures with antiferromagnetic interlayer exchange [J]. Physical Review B, 1989, 39 (7): 4828-4830.

[142] Julliere M. Tunneling between ferromagnetic films [J]. Physics Letters A, 1975, 54 (3): 225-226.

[143] Miyazaki T, Tezuka N. Giant magnetic tunneling effect in Fe/Al2O3/Fe junction [J]. Journal of Magnetism and Magnetic Materials, 1995, 139 (3): L231-L234.

[144] Li T, Zhang L, Hong X. Anisotropic magnetoresistance and planar Hall effect in correlated and topological materials [J]. Journal of Vacuum Science & Technology A, 2021, 40 (1):

[145] Mcguire T, Potter R. Anisotropic magnetoresistance in ferromagnetic 3d alloys [J]. IEEE Transactions on Magnetics, 1975, 11 (4): 1018-1038.

[146] Seemann K M, Freimuth F, Zhang H, et al. Origin of the Planar Hall Effect in Nanocrystalline Co60Fe20B20 [J]. Physical Review Letters, 2011, 107 (8): 086603.

[147] Tang H X, Kawakami R K, Awschalom D D, Roukes M L. Giant Planar Hall Effect in Epitaxial (Ga,Mn)As Devices [J]. Physical Review Letters, 2003, 90 (10): 107201.

[148] Tomar R, Kakkar S, Bera C, Chakraverty S. Anisotropic magnetoresistance and planar Hall effect in (001) and (111) LaVO3/SrTiO3 heterostructures [J]. Physical Review B, 2021, 103 (11): 115407.

[149] Wadehra N, Tomar R, Varma R M, et al. Planar Hall effect and anisotropic magnetoresistance in polar-polar interface of LaVO3-KTaO3 with strong spin-orbit coupling [J]. Nature Communications, 2020, 11 (1): 874.

[150] Wu B, Pan X-C, Wu W, et al. Oscillating planar Hall response in bulk crystal of topological insulator Sn doped Bi1.1Sb0.9Te2S [J]. Applied Physics Letters, 2018, 113 (1): 011902.

[151] Taskin A A, Legg H F, Yang F, et al. Planar Hall effect from the surface of topological insulators [J]. Nature Communications, 2017, 8 (1): 1340.

[152] Mor V, Roy D, Schultz M, Klein L. Composed planar Hall effect sensors with dual-mode operation [J]. AIP Advances, 2016, 6 (2): 025302.

[153] Díaz-Michelena M. Small Magnetic Sensors for Space Applications [J]. Sensors, 2009, 9 (4): 2271-2288.

[154] Elzwawy A, Rasly M, Morsy M, et al. Magnetic Sensors: Principles, Methodologies, and Applications [M]//ALI G A M, CHONG K F, MAKHLOUF A S H. Handbook of Nanosensors: Materials and Technological Applications. Cham; Springer Nature Switzerland. 2024: 891-928.

[155] Schuhl A, Van Dau F N, Childress J R. Low‑field magnetic sensors based on the planar Hall effect [J]. Applied Physics Letters, 1995, 66 (20): 2751-2753.

[156] Kim D Y, Park B S, Kim C G. Optimization of planar Hall resistance using biaxial currents in a NiO/NiFe bilayer: Enhancement of magnetic field sensitivity [J]. Journal of Applied Physics, 2000, 88 (6): 3490-3494.

[157] Lim B, Mahfoud M, Das P T, et al. Advances and key technologies in magnetoresistive sensors with high thermal stabilities and low field detectivities [J]. APL Materials, 2022, 10 (5): 051108.

[158] Hung T Q, Oh S, Sinha B, et al. High field-sensitivity planar Hall sensor based on NiFe/Cu/IrMn trilayer structure [J]. Journal of Applied Physics, 2010, 107 (9): 09E715.

[159] Oh S, Jadhav M, Lim J, et al. An organic substrate based magnetoresistive sensor for rapid bacteria detection [J]. Biosensors and Bioelectronics, 2013, 41: 758-763.

[160] Pham H Q, Tran B V, Doan D T, et al. Highly Sensitive Planar Hall Magnetoresistive Sensor for Magnetic Flux Leakage Pipeline Inspection [J]. IEEE Transactions on Magnetics, 2018, 54 (6): 1-5.

[161] Lee S, Hong S, Park W, et al. High Accuracy Open-Type Current Sensor with a Differential Planar Hall Resistive Sensor [J]. Sensors, 2018, 18 (7): 2231.

[162] Kim K, Torati S R, Reddy V, Yoon S. Planar Hall resistance sensor for monitoring current [J]. Journal of Magnetics, 2014, 19 (2): 151-154.

[163] Becker E W, Bier K, Henkes W. Strahlen aus kondensierten Atomen und Molekeln im Hochvakuum [J]. Zeitschrift für Physik, 1956, 146 (3): 333-338.

[164] 廖开明. 针对电化学传感和光电化学优化的银纳米粒子—碳复合电极 [D], 2013.

[165] Popok V N, Barke I, Campbell E E B, Meiwes-Broer K-H. Cluster-surface interaction: From soft landing to implantation [J]. Surface Science Reports, 2011, 66 (10): 347-377.

[166] Knoll M. Charging potential and secondary emission of bodies under electron irradiation [J]. Z Tech Phys, 1935, 16: 467-475.

[167] Zwolkin V. Scanning electron microscope [J]. ASTM bull, 1942, 117: 15-23.

[168] 邹艳波. 二次电子发射的 Monte Carlo 模拟及应用 [D], 2017.

[169] 李中文. 超快透射电子显微镜研发及纳米材料的结构动力学研究 [D], 2018.

[170] Mello D, Nacucchi M, Anastasi G, et al. New approach in Auger elemental relative sensitive factor calculation by using TEM-EDS analysis based on bi-layers of pure elements [J]. Ultramicroscopy, 2018, 193: 143-150.

[171] Shibata N, Kohno Y, Nakamura A, et al. Atomic resolution electron microscopy in a magnetic field free environment [J]. Nature Communications, 2019, 10 (1): 2308.

[172] Faulkner H M L, Rodenburg J M. Movable Aperture Lensless Transmission Microscopy: A Novel Phase Retrieval Algorithm [J]. Physical Review Letters, 2004, 93 (2): 023903.

[173] Twitchett-Harrison A C, Yates T J V, Newcomb S B, et al. High-Resolution Three-Dimensional Mapping of Semiconductor Dopant Potentials [J]. Nano Letters, 2007, 7 (7): 2020-2023.

[174] Binnig G, Quate C F, Gerber C. Atomic Force Microscope [J]. Physical Review Letters, 1986, 56 (9): 930-933.

[175] 任贺. 静电/磁力探针表征介电及铁磁纳米薄膜有限元电磁场模拟 [D], 2021.

[176] 邬新. 几种双钙钛矿氧化物薄膜/超晶格的结构与性质研究 [D], 2021.

[177] 尚晓江, 邱峰, 赵海峰. ANSYS 结构有限元高级分析方法与范例应用 [M]. 2nd ed. 北京: 中国水利水电出版社, 2008.

[178] 李泉凤. 电磁场数值计算与电磁铁设计 [M]. 清华大学出版社, 2002.

[179] Han J K, Choi D, Fujiyoshi M, et al. Current density redistribution from no current crowding to current crowding in Pb-free solder joints with an extremely thick Cu layer [J]. Acta Materialia, 2012, 60 (1): 102-111.

[180] 牟从普. 自旋转移矩效应驱动磁性纳米结构的磁化动力学研究 [D], 2013.

[181] 宋承昆. 磁斯格明子的动力学及在自旋电子学中的应用 [D], 2021.

[182] Boone C T, Katine J A, Carey M, et al. Rapid Domain Wall Motion in Permalloy Nanowires Excited by a Spin-Polarized Current Applied Perpendicular to the Nanowire [J]. Physical Review Letters, 2010, 104 (9): 097203.

[183] Mu C P, Wang W W, Zhang B, et al. Dynamic micromagnetic simulation of permalloy antidot array film [J]. Physica B: Condensed Matter, 2010, 405 (5): 1325-1328.

[184] Anand M, Carrey J, Banerjee V. Role of dipolar interactions on morphologies and tunnel magnetoresistance in assemblies of magnetic nanoparticles [J]. Journal of Magnetism and Magnetic Materials, 2018, 454: 23-31.

[185] Kim J-S, Lee H-J, Hong J-I, You C-Y. Field driven magnetic racetrack memory accompanied with the interfacial Dzyaloshinskii-Moriya interaction [J]. Journal of Magnetism and Magnetic Materials, 2018, 455: 45-53.

[186] Sun L, Cao R X, Miao B F, et al. Creating an Artificial Two-Dimensional Skyrmion Crystal by Nanopatterning [J]. Physical Review Letters, 2013, 110 (16): 167201.

[187] Venkat G, Kumar D, Franchin M, et al. Proposal for a Standard Micromagnetic Problem: Spin Wave Dispersion in a Magnonic Waveguide [J]. IEEE Transactions on Magnetics, 2013, 49 (1): 524-529.

[188] Zheng H, Wagner L K. Computation of the Correlated Metal-Insulator Transition in Vanadium Dioxide from First Principles [J]. Physical Review Letters, 2015, 114 (17): 176401.

[189] Zheng H, Wagner L K. Erratum: Computation of the Correlated Metal-Insulator Transition in Vanadium Dioxide from First Principles [Phys. Rev. Lett. 114, 176401 (2015)] [J]. Physical Review Letters, 2018, 120 (5): 059901.

[190] Ahadi K, Stemmer S. Novel Metal-Insulator Transition at the SmTiO3/SrTiO3 Interface [J]. Physical Review Letters, 2017, 118 (23): 236803.

[191] Padhi B, Phillips P W. Pressure-induced metal-insulator transition in twisted bilayer graphene [J]. Physical Review B, 2019, 99 (20): 205141.

[192] Cheng S, Lee M-H, Li X, et al. Operando characterization of conductive filaments during resistive switching in Mott VO2 [J]. Proceedings of the National Academy of Sciences, 2021, 118 (9): e2013676118.

[193] Zhang Y, Ramanathan S. Analysis of "on" and "off" times for thermally driven VO2 metal-insulator transition nanoscale switching devices [J]. Solid-State Electronics, 2011, 62 (1): 161-164.

[194] Xie R, Bui C T, Varghese B, et al. An Electrically Tuned Solid-State Thermal Memory Based on Metal-Insulator Transition of Single-Crystalline VO2 Nanobeams [J]. Advanced Functional Materials, 2011, 21 (9): 1602-1607.

[195] Lu Q, Bishop S R, Lee D, et al. Electrochemically Triggered Metal-Insulator Transition between VO2 and V2O5 [J]. Advanced Functional Materials, 2018, 28 (34): 1803024.

[196] Lee J H, Trier F, Cornelissen T, et al. Imaging and Harnessing Percolation at the Metal-Insulator Transition of NdNiO3 Nanogaps [J]. Nano Letters, 2019, 19 (11): 7801-7805.

[197] Bai Y, Yang B, Zhang H, et al. Multi-interface spin exchange regulated biased magnetoelectric coupling in Cluster-assembled multiferroic heterostructural films [J]. Acta Materialia, 2018, 155: 166-174.

[198] Assali S, Dijkstra A, Li A, et al. Growth and Optical Properties of Direct Band Gap Ge/Ge0.87Sn0.13 Core/Shell Nanowire Arrays [J]. Nano Letters, 2017, 17 (3): 1538-1544.

[199] Li L, Lu Y, Jiang C, et al. Actively Targeted Deep Tissue Imaging and Photothermal-Chemo Therapy of Breast Cancer by Antibody-Functionalized Drug-Loaded X-Ray-Responsive Bismuth Sulfide@Mesoporous Silica Core-Shell Nanoparticles [J]. Advanced Functional Materials, 2018, 28 (5): 1704623.

[200] Huo W, Liu X, Tan S, et al. Ultrahigh hardness and high electrical resistivity in nano-twinned, nanocrystalline high-entropy alloy films [J]. Applied Surface Science, 2018, 439: 222-225.

[201] Psiuk R, Milczarek M, Jenczyk P, et al. Improved mechanical properties of W-Zr-B coatings deposited by hybrid RF magnetron – PLD method [J]. Applied Surface Science, 2021, 570: 151239.

[202] Bai Y, Jiang N, Zhao S. Giant magnetoelectric effects in pseudo 1–3 heterostructure films with FeGa nanocluster-assembled micron-scale discs embedded into Bi5Ti3FeO15 matrices [J]. Nanoscale, 2018, 10 (21): 9816-9821.

[203] 韩民. 团簇束流与团簇淀积 [D], 1997.

[204] Bai Y, Yang B, Guo F, et al. Enhanced magnetostriction derived from magnetic single domain structures in cluster-assembled SmCo films [J]. Nanotechnology, 2017, 28 (45): 455705.

[205] Graat P C J, Somers M a J. Simultaneous determination of composition and thickness of thin iron-oxide films from XPS Fe 2p spectra [J]. Applied Surface Science, 1996, 100-101: 36-40.

[206] Cheng Y, Liu H, Li H B, et al. Annealing effects on the structural, magnetic and electrical properties of the nanocrystalline Fe3O4 films [J]. Journal of Physics D: Applied Physics, 2009, 42 (21): 215004.

[207] Liu S, Zheng L, Yu P, et al. Novel Composites of α-Fe2O3 Tetrakaidecahedron and Graphene Oxide as an Effective Photoelectrode with Enhanced Photocurrent Performances [J]. Advanced Functional Materials, 2016, 26 (19): 3331-3339.

[208] Mi W B, Shen J J, Jiang E Y, Bai H L. Microstructure, magnetic and magneto-transport properties of polycrystalline Fe3O4 films [J]. Acta Materialia, 2007, 55 (6): 1919-1926.

[209] Mitra A, Mohapatra J, Meena S S, et al. Verwey Transition in Ultrasmall-Sized Octahedral Fe3O4 Nanoparticles [J]. The Journal of Physical Chemistry C, 2014, 118 (33): 19356-19362.

[210] Peng D L, Sumiyama K, Konno T J, et al. Characteristic transport properties of CoO-coated monodispersive Co cluster assemblies [J]. Physical Review B, 1999, 60 (3): 2093-2100.

[211] Scherwitzl R, Gariglio S, Gabay M, et al. Metal-Insulator Transition in Ultrathin LaNiO3 Films [J]. Physical Review Letters, 2011, 106 (24): 246403.

[212] Peng D L, Hihara T, Sumiyama K. Electrical properties of oxide-coated metal (Co, Cr, Ti) cluster assemblies [J]. physica status solidi (a), 2003, 196 (2): 450-458.

[213] Rakshit R, Hattori A N, Naitoh Y, et al. Three-Dimensional Nanoconfinement Supports Verwey Transition in Fe3O4 Nanowire at 10nm Length Scale [J]. Nano Letters, 2019, 19 (8): 5003-5010.

[214] Kelly M J, Nicholas R J. The physics of quantum well structures [J]. Reports on Progress in Physics, 1985, 48 (12): 1699.

[215] Dingle R, Wiegmann W, Henry C H. Quantum States of Confined Carriers in Very Thin AlxGa1-xAs-GaAs-AlxGa1-xAs Heterostructures [J]. Physical Review Letters, 1974, 33 (14): 827-830.

[216] Yang J B, Zhou X D, Yelon W B, et al. Magnetic and structural studies of the Verwey transition in Fe3−δO4 nanoparticles [J]. Journal of Applied Physics, 2004, 95 (11): 7540-7542.

[217] Hu P, Chang T, Chen W-J, et al. Temperature effects on magnetic properties of Fe3O4 nanoparticles synthesized by the sol-gel explosion-assisted method [J]. Journal of Alloys and Compounds, 2019, 773: 605-611.

[218] Nikiforov V N, Koksharov Y A, Polyakov S N, et al. Magnetism and Verwey transition in magnetite nanoparticles in thin polymer film [J]. Journal of Alloys and Compounds, 2013, 569: 58-61.

[219] Cai Y, Shen Y, Xie A, et al. Green synthesis of soya bean sprouts-mediated superparamagnetic Fe3O4 nanoparticles [J]. Journal of Magnetism and Magnetic Materials, 2010, 322 (19): 2938-2943.

[220] Ślawska-Waniewska A, Roig A, Gich M, et al. Effect of surface modifications on magnetic coupling in Fe nanoparticle systems [J]. Physical Review B, 2004, 70 (5): 054412.

[221] Lee A K H, Jayathilaka P B, Bauer C A, et al. Magnetic force microscopy of epitaxial magnetite films through the Verwey transition [J]. Applied Physics Letters, 2010, 97 (16): 162502.

[222] Lee J, Kwon S G, Park J-G, Hyeon T. Size Dependence of Metal-Insulator Transition in Stoichiometric Fe3O4 Nanocrystals [J]. Nano Letters, 2015, 15 (7): 4337-4342.

[223] Mei Y, Zhou Z J, Luo H L. Electrical resistivity of rf - sputtered iron oxide thin films [J]. Journal of Applied Physics, 1987, 61 (8): 4388-4389.

[224] García-Vidal F J, Pitarke J M, Pendry J B. Effective Medium Theory of the Optical Properties of Aligned Carbon Nanotubes [J]. Physical Review Letters, 1997, 78 (22): 4289-4292.

[225] Hilton D J, Prasankumar R P, Fourmaux S, et al. Enhanced Photosusceptibility near Tc for the Light-Induced Insulator-to-Metal Phase Transition in Vanadium Dioxide [J]. Physical Review Letters, 2007, 99 (22): 226401.

[226] Andvaag I R, Lins E, Burgess I J. An Effective Medium Theory Description of Surface-Enhanced Infrared Absorption from Metal Island Layers Grown on Conductive Metal Oxide Films [J]. The Journal of Physical Chemistry C, 2021, 125 (40): 22301-22311.

[227] Mclachlan D S, Hwang J H, Mason T O. Evaluating Dielectric Impedance Spectra using Effective Media Theories [J]. Journal of Electroceramics, 2000, 5 (1): 37-51.

[228] Zhang Q, Zheng D, Wen Y, et al. Effect of surface roughness on the anomalous Hall effect in Fe thin films [J]. Physical Review B, 2020, 101 (13): 134412.

[229] Elsafi B, Trigui F, Fakhfakh Z. Influence of interfacial scattering on giant magnetoresistance in Co/Cu ultrathin multilayers [J]. Journal of Applied Physics, 2011, 109 (3): 033910.

[230] Zheng L, He Z, Zhang R, et al. Enhancement of Anomalous Hall Effect via Interfacial Scattering in Metal-Organic Semiconductor Fe(C60)1- Granular Films Near the Metal-Insulator Transition [J]. Advanced Functional Materials, 2019, 29 (36): 1808747.

[231] Guo Z B, Mi W B, Manchon A, et al. Anomalous Hall effect and magnetoresistance behavior in Co/Pd1−xAgx multilayers [J]. Applied Physics Letters, 2013, 102 (6): 062413.

[232] Vedyaev A V, Granovskii A B, Kalitsov A V, Brouers F. Anomalous Hall effect in granular alloys [J]. Journal of Experimental and Theoretical Physics, 1997, 85 (6): 1204–1210.

[233] Jiang N, Bai Y, Yang B, et al. Switchable metal–insulator transition in core–shell cluster-assembled nanostructure films [J]. Nanoscale, 2020, 12 (35): 18144–18152.

[234] Hrabec A, Gonçalves F J T, Spencer C S, et al. Spin-orbit interaction enhancement in permalloy thin films by Pt doping [J]. Physical Review B, 2016, 93 (1): 014432.

[235] Cai R, Xing W, Zhou H, et al. Anomalous Hall effect mechanisms in the quasi-two-dimensional van der Waals ferromagnet Fe0.29TaS2 [J]. Physical Review B, 2019, 100 (5): 054430.

[236] Gerber A, Milner A, Finkler A, et al. Correlation between the extraordinary Hall effect and resistivity [J]. Physical Review B, 2004, 69 (22): 224403.

[237] Wang X-Z, Wang L-S, Zhang Q-F, et al. Electrical transport properties in Fe-Cr nanocluster-assembled granular films [J]. Journal of Magnetism and Magnetic Materials, 2017, 438: 185–192.

[238] Liu Z Q, Chen H, Wang J M, et al. Electrical switching of the topological anomalous Hall effect in a non-collinear antiferromagnet above room temperature [J]. Nature Electronics, 2018, 1 (3): 172–177.

[239] Vedyaev A, Ryzhanova N, Strelkov N, et al. Spin accumulation dynamics in spin valves in the terahertz regime [J]. Physical Review B, 2020, 101 (1): 014401.

[240] Zhang S, Levy P M. Conductivity and magnetoresistance in magnetic granular films (invited) [J]. Journal of Applied Physics, 1993, 73 (10): 5315–5319.

[241] Wu L, Mendoza-Garcia A, Li Q, Sun S. Organic Phase Syntheses of Magnetic Nanoparticles and Their Applications [J]. Chemical Reviews, 2016, 116 (18): 10473–10512.

[242] Muxworthy A R, Williams W. Critical single-domain/multidomain grain sizes in noninteracting and interacting elongated magnetite particles: Implications for magnetosomes [J]. Journal of Geophysical Research: Solid Earth, 2006, 111 (B12):

[243] Billas I M L, Châtelain A, De Heer W A. Magnetism of Fe, Co and Ni clusters in molecular beams [J]. Journal of Magnetism and Magnetic Materials, 1997, 168 (1): 64–84.

[244] Billas I M L, Châtelain A, De Heer W A. Magnetism from the Atom to the Bulk in Iron, Cobalt, and Nickel Clusters [J]. Science, 1994, 265 (5179): 1682–1684.

[245] Olsson K S, An K, Ma X, et al. Temperature-dependent Brillouin light scattering spectra of magnons in yttrium iron garnet and permalloy [J]. Physical Review B, 2017, 96 (2): 024448.

[246] Wu Y, Mudryk Y, Biswas A, et al. From a conventional ferromagnetism to a frustrated magnetism: An unexpected role of Fe in Nd(Al1−xFex)2 (x ⩽ 0.2) [J]. Journal of Alloys and Compounds, 2020, 830: 154613.

[247] Pal P, Banerjee R, Banerjee R, et al. Magnetic ordering in Ni-rich NiMn alloys around the multicritical point: Experiment and theory [J]. Physical Review B, 2012, 85 (17): 174405.

[248] Tsoi G M, Wenger L E, Senaratne U, et al. Memory effects in a superparamagnetic Fe2O3 system [J]. Physical Review B, 2005, 72 (1): 014445.

[249] Jiang N, Jiang Y, Lu Q, Zhao S. Dynamic exchange effect induced multi-state magnetic phase diagram in manganese oxide Pr1-xCaxMnO3 [J]. Journal of Alloys and Compounds, 2019, 805: 50-56.

[250] Angervo I, Saloaro M, Tikkanen J, et al. Improving the surface structure of high quality Sr2FeMoO6 thin films for multilayer structures [J]. Applied Surface Science, 2017, 396: 754-759.

[251] Dho J, Kim W S, Hur N H. Reentrant Spin Glass Behavior in Cr-Doped Perovskite Manganite [J]. Physical Review Letters, 2002, 89 (2): 027202.

[252] Li H, Lou L, Hou F, et al. Simultaneously increasing the magnetization and coercivity of bulk nanocomposite magnets via severe plastic deformation [J]. Applied Physics Letters, 2013, 103 (14):

[253] Hono K, Sepehri-Amin H. Prospect for HRE-free high coercivity Nd-Fe-B permanent magnets [J]. Scripta Materialia, 2018, 151: 6-13.

[254] Farmer B, Bhat V S, Balk A, et al. Direct imaging of coexisting ordered and frustrated sublattices in artificial ferromagnetic quasicrystals [J]. Physical Review B, 2016, 93 (13): 134428.

[255] Ding H F, Schmid A K, Li D, et al. Magnetic Bistability of Co Nanodots [J]. Physical Review Letters, 2005, 94 (15): 157202.

[256] Yani A, Kurniawan C, Djuhana D. Investigation of the ground state domain structure transition on magnetite (Fe3O4) [J]. AIP Conference Proceedings, 2018, 2023 (1): 020020.

[257] Kuźmiński M, Ślawska-Waniewska A, Lachowicz H K, Knobel M. The effect of particle size and surface-to-volume ratio distribution on giant magnetoresistance (GMR) in melt-spun Cu–Co alloys [J]. Journal of Magnetism and Magnetic Materials, 1999, 205 (1): 7-13.

[258] De Araujo C I L, Munford M L, Delatorre R G, et al. Spin-polarized current in permalloy clusters electrodeposited on silicon: Two-dimensional giant magnetoresistance [J]. Applied Physics Letters, 2008, 92 (22): 222101.

[259] Miao Y, Yang D, Jia L, et al. Magnetocrystalline anisotropy correlated negative anisotropic magnetoresistance in epitaxial Fe30Co70 thin films [J]. Applied Physics Letters, 2021, 118 (4): 042404.

[260] Silva R A, Machado T S, Cernicchiaro G, et al. Magnetoresistance and magnetization reversal of single Co nanowires [J]. Physical Review B, 2009, 79 (13): 134434.

[261] Oliveira A B, Rezende S M, Azevedo A. Magnetization reversal in permalloy ferromagnetic nanowires investigated with magnetoresistance measurements [J]. Physical Review B, 2008, 78 (2): 024423.

[262] Sun Y, Dong T, Yu L, et al. Planar Growth, Integration, and Applications of Semiconducting Nanowires [J]. Advanced Materials, 2020, 32 (27): 1903945.

[263] Zhao D, Huang H, Chen S, et al. In Situ Growth of Leakage-Free Direct-Bridging GaN Nanowires:

Application to Gas Sensors for Long-Term Stability, Low Power Consumption, and Sub-ppb Detection Limit [J]. Nano Letters, 2019, 19 (6): 3448-3456.

[264] Giordano M C, Escobar Steinvall S, Watanabe S, et al. Ni80Fe20 nanotubes with optimized spintronic functionalities prepared by atomic layer deposition [J]. Nanoscale, 2021, 13 (31): 13451-13462.

[265] Wang J, Wu S, Ma J, et al. Nanoscale control of stripe-ordered magnetic domain walls by vertical spin transfer torque in La0.67Sr0.33MnO3 film [J]. Applied Physics Letters, 2018, 112 (7): 072408.

[266] Nguyen V D, Vila L, Laczkowski P, et al. Detection of Domain-Wall Position and Magnetization Reversal in Nanostructures Using the Magnon Contribution to the Resistivity [J]. Physical Review Letters, 2011, 107 (13): 136605.

[267] Feng Y P, Schiffer P, Osheroff D D. Anisotropic thermal conduction in the antiferromagnetic spin-ordered phase of solid 3He [J]. Physical Review B, 1994, 49 (13): 8790-8796.

[268] Brands M, Wieser R, Hassel C, et al. Reversal processes and domain wall pinning in polycrystalline Co-nanowires [J]. Physical Review B, 2006, 74 (17): 174411.

[269] Gregg J F, Allen W, Ounadjela K, et al. Giant Magnetoresistive Effects in a Single Element Magnetic Thin Film [J]. Physical Review Letters, 1996, 77 (8): 1580-1583.

[270] Levy P M, Zhang S. Resistivity due to Domain Wall Scattering [J]. Physical Review Letters, 1997, 79 (25): 5110-5113.

[271] Philippi-Kobs A, Farhadi A, Matheis L, et al. Impact of Symmetry on Anisotropic Magnetoresistance in Textured Ferromagnetic Thin Films [J]. Physical Review Letters, 2019, 123 (13): 137201.

[272] Mihai A P, Attané J P, Marty A, et al. Electron-magnon diffusion and magnetization reversal detection in FePt thin films [J]. Physical Review B, 2008, 77 (6): 060401.

[273] Tsai J L, Lee S F, Yao Y D, et al. Magnetoresistance study in thin zig zag NiFe wires [J]. Journal of Applied Physics, 2002, 91 (10): 7983-7985.

[274] Franken J H, Hoeijmakers M, Swagten H J M, Koopmans B. Tunable Resistivity of Individual Magnetic Domain Walls [J]. Physical Review Letters, 2012, 108 (3): 037205.

[275] Hämäläinen S J, Madami M, Qin H, et al. Control of spin-wave transmission by a programmable domain wall [J]. Nature Communications, 2018, 9 (1): 4853.

[276] Atkinson D, Allwood D A, Xiong G, et al. Magnetic domain-wall dynamics in a submicrometre ferromagnetic structure [J]. Nature Materials, 2003, 2 (2): 85-87.

[277] Ki S, Dho J. Strong uniaxial magnetic anisotropy in triangular wave-like ferromagnetic NiFe thin films [J]. Applied Physics Letters, 2015, 106 (21):

[278] Perna P, Maccariello D, Ajejas F, et al. Engineering Large Anisotropic Magnetoresistance in La0.7Sr0.3MnO3 Films at Room Temperature [J]. Advanced Functional Materials, 2017, 27 (26): 1700664.

[279] Sharifi I, Shokrollahi H, Doroodmand M M, Safi R. Magnetic and structural studies on CoFe2O4 nanoparticles synthesized by co-precipitation, normal micelles and reverse micelles methods [J]. Journal of Magnetism and Magnetic Materials, 2012, 324 (10): 1854-1861.

[280] Cross R W, Oti J O, Russek S E, et al. Magnetoresistance of thin-film NiFe devices exhibiting single-domain behavior [J]. IEEE Transactions on Magnetics, 1995, 31 (6): 3358-3360.

[281] Haug T, Perzlmaier K, Back C H. In situ magnetoresistance measurements of ferromagnetic nanocontacts in the Lorentz transmission electron microscope [J]. Physical Review B, 2009, 79 (2): 024414.

[282] Lu Z, Zhou Y, Du Y, et al. Current-assisted magnetization switching in a mesoscopic NiFe ring with nanoconstrictions of a wire [J]. Applied Physics Letters, 2006, 88 (14): 142507.

[283] Li H, Wang H-W, He H, et al. Giant anisotropic magnetoresistance and planar Hall effect in the Dirac semimetal Cd3As2 [J]. Physical Review B, 2018, 97 (20): 201110.

[284] Granell P N, Wang G, Cañon Bermudez G S, et al. Highly compliant planar Hall effect sensor with sub 200 nT sensitivity [J]. npj Flexible Electronics, 2019, 3 (1): 3.

[285] Elzwawy A, Pişkin H, Akdoğan N, et al. Current trends in planar Hall effect sensors: evolution, optimization, and applications [J]. Journal of Physics D: Applied Physics, 2021, 54 (35): 353002.

[286] Wang Y-P, Liu F-F, Zhou C, Jiang C-J. Ionic liquid gating control of planar Hall effect in Ni80Fe20/HfO2 heterostructures [J]. Chinese Physics B, 2020, 29 (7): 077507.

[287] Naftalis N, Kaplan A, Schultz M, et al. Field-dependent anisotropic magnetoresistance and planar Hall effect in epitaxial magnetite thin films [J]. Physical Review B, 2011, 84 (9): 094441.

[288] Shen Y, Li Z-F, Guo S-Y, et al. Encapsulation of Ultrafine Metal-Organic Framework Nanoparticles within Multichamber Carbon Spheres by a Two-Step Double-Solvent Strategy for High-Performance Catalysts [J]. ACS Applied Materials & Interfaces, 2021, 13 (10): 12169-12180.

[289] Liang Y-J, Fan F, Ma M, et al. Size-dependent electromagnetic properties and the related simulations of Fe3O4 nanoparticles made by microwave-assisted thermal decomposition [J]. Colloids and Surfaces A: Physicochemical and Engineering Aspects, 2017, 530: 191-199.

[290] Zhang T, Dressel M. Grain-size effects on the charge ordering and exchange bias in Pr0.5Ca0.5MnO3: The role of spin configuration [J]. Physical Review B, 2009, 80 (1): 014435.

[291] Groen I, Pham V T, Leo N, et al. Disentangling Spin, Anomalous, and Planar Hall Effects in Ferromagnet--Heavy-Metal Nanostructures [J]. Physical Review Applied, 2021, 15 (4): 044010.

[292] Bance S, Oezelt H, Schrefl T, et al. Influence of defect thickness on the angular dependence of coercivity in rare-earth permanent magnets [J]. Applied Physics Letters, 2014, 104 (18): 182408.

[293] Jiang N, Yang B, Jiang Y, et al. Ultrasensitive Angle Deviation Feedback Based on Jump Switching of the Anisotropic Magnetoresistance Effect in Cluster-Assembled Nanostructured Films [J]. The Journal

of Physical Chemistry C, 2022, 126 (44): 18931-18942.

[294] Huse D A, Henley C L. Pinning and Roughening of Domain Walls in Ising Systems Due to Random Impurities [J]. Physical Review Letters, 1985, 54 (25): 2708-2711.

[295] Polat E O, Mercier G, Nikitskiy I, et al. Flexible graphene photodetectors for wearable fitness monitoring [J]. Science Advances, 2019, 5 (9): eaaw7846.

[296] Tang E L, Wang L, Han Y F. Space debris positioning based on two-dimensional PVDF piezoelectric film sensor [J]. Advances in Space Research, 2019, 63 (8): 2410-2421.

[297] Chu Z, Shi H, Shi W, et al. Enhanced Resonance Magnetoelectric Coupling in (1-1) Connectivity Composites [J]. Advanced Materials, 2017, 29 (19): 1606022.

[298] Dong G, Li S, Yao M, et al. Super-elastic ferroelectric single-crystal membrane with continuous electric dipole rotation [J]. Science, 2019, 366 (6464): 475-479.

[299] Spaldin N A, Ramesh R. Advances in magnetoelectric multiferroics [J]. Nature Materials, 2019, 18 (3): 203-212.

[300] Zhao S, Wan J-G, Yao M, et al. Flexible Sm–Fe/polyvinylidene fluoride heterostructural film with large magnetoelectric voltage output [J]. Applied Physics Letters, 2010, 97 (21): 212902.

[301] Wen X, Wang B, Sheng P, et al. Determination of stress-coefficient of magnetoelastic anisotropy in flexible amorphous CoFeB film by anisotropic magnetoresistance [J]. Applied Physics Letters, 2017, 111 (14): 142403.

[302] Liu B, Wang B, Nie T, et al. Effect of isothermal crystallization in antiferromagnetic IrMn on the formation of spontaneous exchange bias [J]. Applied Physics Letters, 2021, 118 (25): 252404.

[303] Sheng P, Xie Y, Bai Y, et al. Magnetoelastic anisotropy of antiferromagnetic materials [J]. Applied Physics Letters, 2019, 115 (24): 242403.

[304] Yu Y, Xu F, Guo S, et al. Inferring the magnetic anisotropy of a nanosample through dynamic cantilever magnetometry measurements [J]. Applied Physics Letters, 2020, 116 (19): 193102.

[305] Chen X, Wang B, Wen X, et al. Stress-coefficient of magnetoelastic anisotropy in flexible Fe, Co and Ni thin films [J]. Journal of Magnetism and Magnetic Materials, 2020, 505: 166750.

[306] Liu Y, Chi Y, Shan S, et al. Characterization of magnetic NiFe nanoparticles with controlled bimetallic composition [J]. Journal of Alloys and Compounds, 2014, 587: 260-266.

[307] Sam S, Fortas G, Guittoum A, et al. Electrodeposition of NiFe films on Si(100) substrate [J]. Surface Science, 2007, 601 (18): 4270-4273.

[308] Dijith K S, Aiswarya R, Praveen M, et al. Polyol derived Ni and NiFe alloys for effective shielding of electromagnetic interference [J]. Materials Chemistry Frontiers, 2018, 2 (10): 1829-1841.

[309] Guechi N, Bourzami A, Guittoum A, et al. Structural, magnetic and electrical properties of Fe$_x$Ni$_{100-x}$/Si(100) films [J]. Physica B: Condensed Matter, 2014, 441: 47-53.

[310] Nguyen V D, Naylor C, Vila L, et al. Magnon magnetoresistance of NiFe nanowires: Size dependence and domain wall detection [J]. Applied Physics Letters, 2011, 99 (26): 262504.

[311] Chen Y, Gao J, Fitchorov T, et al. Large converse magnetoelectric coupling in FeCoV/lead zinc niobate-lead titanate heterostructure [J]. Applied Physics Letters, 2009, 94 (8): 082504.

[312] Krivorotov I N, Leighton C, Nogués J, et al. Relation between exchange anisotropy and magnetization reversal asymmetry in Fe/MnF2 bilayers [J]. Physical Review B, 2002, 65 (10): 100402.

[313] Wu J, Hu Z, Gao X, et al. A Magnetoelectric Compass for In-Plane AC Magnetic Field Detection [J]. IEEE Transactions on Industrial Electronics, 2021, 68 (4): 3527-3536.

[314] Eriksson O, Johansson B, Albers R C, et al. Orbital magnetism in Fe, Co, and Ni [J]. Physical Review B, 1990, 42 (4): 2707-2710.

[315] Hjortstam O, Baberschke K, Wills J M, et al. Magnetic anisotropy and magnetostriction in tetragonal and cubic Ni [J]. Physical Review B, 1997, 55 (22): 15026-15032.

[316] O'donnell J, Rzchowski M S, Eckstein J N, Bozovic I. Magnetoelastic coupling and magnetic anisotropy in La0.67Ca0.33MnO3 films [J]. Applied Physics Letters, 1998, 72 (14): 1775-1777.